全国高职高专机电类专业创新型规划教材
"互联网+"新形态教材

电力安全管理与控制

主　编　许培德　陈　丹
副主编　蒋素琼　戴立庆　庄清霖
主　审　林世治　张志军

黄 河 水 利 出 版 社
·郑 州·

内 容 提 要

本书是全国高职高专机电类专业创新型规划教材，是根据教育部对高职高专教育的教学基本要求及中国水利教育协会职业技术教育分会高等职业教育教学研究会组织制定的电力安全管理与控制课程标准编写完成的。本书主要内容包括通用知识、岗位知识、专业技能三个部分。其中：通用知识部分共分为三个项目，包括安全生产政策文件，施工图识图、绘制的基本知识，项目管理的基本知识；岗位知识部分共分为两个项目，包括配电线路工程相关规定和标准，施工组织设计及专项施工方案的内容和编制方法；专业技能部分共分为三个项目，包括配电线路工程施工工艺和方法，识别、分析工程质量通病和危险源，调查分析工程质量、职业健康安全与环境问题等。

本书可作为高等职业院校能源动力类和资源环境与安全类专业教材，也可作为电力企业技术人员的培训教材。

图书在版编目(CIP)数据

电力安全管理与控制/许培德，陈丹主编. —郑州：黄河水利出版社，2023. 7

全国高职高专机电类专业创新型规划教材

ISBN 978-7-5509-3629-4

Ⅰ. ①电… Ⅱ. ①许… ②陈… Ⅲ. ①电力工业-安全管理-高等职业教育-教材 Ⅳ. ①TM08

中国国家版本馆 CIP 数据核字(2023)第 134912 号

组稿编辑：王路平　电话：0371-66022212　E-mail：hhslwlp@ 163. com

韩莹莹　66025553　hhslhyy@ 163. com

责任编辑：赵红菲　责任校对：王单飞　封面设计：张心怡　责任监制：常红昕

出版发行：黄河水利出版社

地址：河南省郑州市顺河路 49 号　邮政编码：450003

网址：www. yrcp. com　E-mail：hhslcbs@ 126. com

发行部电话：0371-66020550

承印单位：河南承创印务有限公司

开本：787 mm×1 092 mm　1/16

印张：18

字数：420 千字　　印数：1—2 100

版次：2023 年 7 月第 1 版　　印次：2023 年 7 月第 1 次印刷

定价：65. 00 元

前 言

本书是贯彻落实中共中央办公厅、国务院办公厅《关于推动现代职业教育高质量发展的意见》(2021 年 10 月)、《国家职业教育改革实施方案》(国发〔2019〕4 号)等文件精神,在中国水利教育协会指导下,由中国水利教育协会职业技术教育分会高等职业教育教学研究会组织编写的机电类专业创新型规划教材。教材以学生能力培养为主线,体现出实用性、实践性、创新性的教材特色,是理论联系实际、教学面向生产的高职教育精品规划教材。

电力安全管理与控制是保障电力工程顺利实施的关键,对我国的经济发展具有重要意义,电力安全是电力管理中的重点内容,其对电力系统的正常运行有着直接的影响,同时和电力服务的质量密切相关,因此一定要做好电力安全管理与控制。由于电力安全管理与控制中涉及的内容十分复杂,对管理技术水平要求也比较高,这对电力安全管理也提出了很高的要求。电力安全管理与控制的主体是基层的技术组织管理人员,其主要工作内容是深入施工现场,协助搞好施工监理,与施工队一起复核工程量,提供施工现场所需材料规格、型号和到场日期,做好现场材料的验收签证和管理,及时对隐蔽工程进行验收和工程量签证,协助项目经理做好工程的资料收集、保管和归档,对现场施工的进度和成本负有主要责任。因此,该书密切结合“1+X”证书制度改革,以电力安全管理岗位的工作任务为导向,结合当前电力安全生产的基本原则,着重与本专业相关课程基本理论和知识的联系,着重现代管理手段和方法在生产中的运用,字里行间透析出团结合作的团队精神、精益求精的工匠精神在电力安全生产组织管理中的重要性。本书的相关内容突出对解决工程实际问题的能力培养和强调对理论与实际相结合的“复合型人才”培养,这就使得教材内容新颖、实用且符合行业发展的要求,实现“岗、课、证”相融通的目标。

本书的编写以习近平新时代中国特色社会主义思想为指引,贯彻落实党的二十大精神,全面落实以德树人根本任务。希望广大学员通过学习该教材,深入贯彻党的二十大精神,深入推进能源革命,加强能源产供储销体系建设,确保能源安全,进一步提升电力安全防护能力,有力夯实电力安全保供基础,为保障人民群众安全可靠用电、助力国家清洁能源产业高地建设贡献力量。

本书的编写团队成员,既有教学经验丰富的一线老师,又有电力行业企业的技术骨干人员,由学校与电力行业企业共同建设基于电力真实的工作场景,展现电力行业最新的政策法规,行业新水平、新技术,培养学生综合职业素养,最终实现“电力企业岗位技能需求”与“课程内容”的有效对接与融合。

本书编写人员及编写分工如下:福建水利电力职业技术学院许培德编写项目一、项目四,福建水利电力职业技术学院蒋素琼编写项目二、项目三,福建水利电力职业技术学院陈丹编写项目五,福建船政交通职业学院戴立庆编写项目六,福建伟海电力工程有限公司庄清霖编写项目七、项目八。本书由许培德、陈丹担任主编,并负责全书统稿;由蒋素琼、戴立庆、庄清霖担任副主编;由福建水利电力职业技术学院林世治教授、福建国禹建设有限公司总经理张志军担任主审。

本书在编写过程中,得到了福建伟海电力工程有限公司等企业有关专家的技术指导,并参阅和借鉴了许多优秀教材、专著和有关文献资料,在此一并致谢!

由于编者水平有限,加之时间仓促,虽然在编写过程中反复推敲核实,但仍不免有疏漏之处,恳请广大读者热心指点,以便做进一步修改和完善。

编 者

2023 年 4 月

本书互联网全部资源

目 录

第三部分 专业技能

第一部分　通用知识

项目一　安全生产政策文件

任务一　《中共中央　国务院关于推进安全生产领域改革发展的意见》

安全生产是关系人民群众生命财产安全的大事，是经济社会协调健康发展的标志，是党和政府对人民利益高度负责的要求。党中央、国务院历来高度重视安全生产工作，党的十八大以来作出一系列重大决策部署，推动全国安全生产工作取得积极进展。同时也要看到，当前我国正处在工业化、城镇化持续推进过程中，生产经营规模不断扩大，传统和新型生产经营方式并存，各类事故隐患和安全风险交织叠加，安全生产基础薄弱、监管体制机制和法律制度不完善、企业主体责任落实不力等问题依然突出，生产安全事故易发多发，尤其是重特大安全事故频发势头尚未得到有效遏制，一些事故发生呈现由高危行业领域向其他行业领域蔓延趋势，直接危及生产安全和公共安全。为进一步加强安全生产工作，现就推进安全生产领域改革发展提出如下意见。

一、总体要求

（一）指导思想。全面贯彻党的十八大和十八届三中、四中、五中、六中全会精神，以邓小平理论、“三个代表”重要思想、科学发展观为指导，深入贯彻习近平总书记系列重要讲话精神和治国理政新理念新思想新战略，进一步增强“四个意识”，紧紧围绕统筹推进“五位一体”总体布局和协调推进“四个全面”战略布局，牢固树立新发展理念，坚持安全发展，坚守发展决不能以牺牲安全为代价这条不可逾越的红线，以防范遏制重特大生产安全事故为重点，坚持安全第一、预防为主、综合治理的方针，加强领导、改革创新，协调联动、齐抓共管，着力强化企业安全生产主体责任，着力堵塞监督管理漏洞，着力解决不遵守法律法规的问题，依靠严密的责任体系、严格的法治措施、有效的体制机制、有力的基础保障和完善的系统治理，切实增强安全防范治理能力，大力提升我国安全生产整体水平，确保人民群众安康幸福、共享改革发展和社会文明进步成果。

(二)基本原则

——坚持安全发展。贯彻以人民为中心的发展思想,始终把人的生命安全放在首位,正确处理安全与发展的关系,大力实施安全发展战略,为经济社会发展提供强有力的安全保障。

——坚持改革创新。不断推进安全生产理论创新、制度创新、体制机制创新、科技创新和文化创新,增强企业内生动力,激发全社会创新活力,破解安全生产难题,推动安全生产与经济社会协调发展。

——坚持依法监管。大力弘扬社会主义法治精神,运用法治思维和法治方式,深化安全生产监管执法体制改革,完善安全生产法律法规和标准体系,严格规范公正文明执法,增强监管执法效能,提高安全生产法治化水平。

——坚持源头防范。严格安全生产市场准入,经济社会发展要以安全为前提,把安全生产贯穿城乡规划布局、设计、建设、管理和企业生产经营活动全过程。构建风险分级管控和隐患排查治理双重预防工作机制,严防风险演变、隐患升级导致生产安全事故发生。

——坚持系统治理。严密层级治理和行业治理、政府治理、社会治理相结合的安全生产治理体系,组织动员各方面力量实施社会共治。综合运用法律、行政、经济、市场等手段,落实人防、技防、物防措施,提升全社会安全生产治理能力。

(三)目标任务。到2020年,安全生产监管体制机制基本成熟,法律制度基本完善,全国生产安全事故总量明显减少,职业病危害防治取得积极进展,重特大生产安全事故频发势头得到有效遏制,安全生产整体水平与全面建成小康社会目标相适应。到2030年,实现安全生产治理体系和治理能力现代化,全民安全文明素质全面提升,安全生产保障能力显著增强,为实现中华民族伟大复兴的中国梦奠定稳固可靠的安全生产基础。

二、健全落实安全生产责任制

(四)明确地方党委和政府领导责任。坚持党政同责、一岗双责、齐抓共管、失职追责,完善安全生产责任体系。地方各级党委和政府要始终把安全生产摆在重要位置,加强组织领导。党政主要负责人是本地区安全生产第一责任人,班子其他成员对分管范围内的安全生产工作负领导责任。地方各级安全生产委员会主任由政府主要负责人担任,成员由同级党委和政府及相关部门负责人组成。

地方各级党委要认真贯彻执行党的安全生产方针,在统揽本地区经济社会发展全局中同步推进安全生产工作,定期研究决定安全生产重大问题。加强安全生产监管机构领导班子、干部队伍建设。严格安全生产履职绩效考核和失职责任追究。强化安全生产宣传教育和舆论引导。发挥人大对安全生产工作的监督促进作用、政协对安全生产工作的民主监督作用。推动组织、宣传、政法、机构编制等单位支持保障安全生产工作。动员社会各界积极参与、支持、监督安全生产工作。

地方各级政府要把安全生产纳入经济社会发展总体规划,制定实施安全生产专项规划,健全安全投入保障制度。及时研究部署安全生产工作,严格落实属地监管责任。充分发挥安全生产委员会作用,实施安全生产责任目标管理。建立安全生产巡查制度,督促各部门和下级政府履职尽责。加强安全生产监管执法能力建设,推进安全科技创新,提升信息化管理水平。严格安全准入标准，指导管控安全风险，督促整治重大隐患，强化源头治理。加强应急管理，完善安全生产应急救援体系。依法依规开展事故调查处理，督促落实问题整改。

（五）明确部门监管责任。按照管行业必须管安全、管业务必须管安全、管生产经营必须管安全和谁主管谁负责的原则，厘清安全生产综合监管与行业监管的关系，明确各有关部门安全生产和职业健康工作职责，并落实到部门工作职责规定中。安全生产监督管理部门负责安全生产法规标准和政策规划制定修订、执法监督、事故调查处理、应急救援管理、统计分析、宣传教育培训等综合性工作，承担职责范围内行业领域安全生产和职业健康监管执法职责。负有安全生产监督管理职责的有关部门依法依规履行相关行业领域安全生产和职业健康监管职责，强化监管执法，严厉查处违法违规行为。其他行业领域主管部门负有安全生产管理责任，要将安全生产工作作为行业领域管理的重要内容，从行业规划、产业政策、法规标准、行政许可等方面加强行业安全生产工作，指导督促企事业单位加强安全管理。党委和政府其他有关部门要在职责范围内为安全生产工作提供支持保障，共同推进安全发展。

（六）严格落实企业主体责任。企业对本单位安全生产和职业健康工作负全面责任，要严格履行安全生产法定责任，建立健全自我约束、持续改进的内生机制。企业实行全员安全生产责任制度，法定代表人和实际控制人同为安全生产第一责任人，主要技术负责人负有安全生产技术决策和指挥权，强化部门安全生产职责，落实一岗双责。完善落实混合所有制企业以及跨地区、多层级和境外中资企业投资主体的安全生产责任。建立企业全过程安全生产和职业健康管理制度，做到安全责任、管理、投入、培训和应急救援“五到位”。国有企业要发挥安全生产工作示范带头作用，自觉接受属地监管。

（七）健全责任考核机制。建立与全面建成小康社会相适应和体现安全发展水平的考核评价体系。完善考核制度，统筹整合、科学设定安全生产考核指标，加大安全生产在社会治安综合治理、精神文明建设等考核中的权重。各级政府要对同级安全生产委员会成员单位和下级政府实施严格的安全生产工作责任考核，实行过程考核与结果考核相结合。各地区各单位要建立安全生产绩效与履职评定、职务晋升、奖励惩处挂钩制度，严格落实安全生产“一票否决”制度。

（八）严格责任追究制度。实行党政领导干部任期安全生产责任制，日常工作依责尽职、发生事故依责追究。依法依规制定各有关部门安全生产权力和责任清单，尽职照单免责、失职照单问责。建立企业生产经营全过程安全责任追溯制度。严肃查处安全生产领域项目审批、行政许可、监管执法中的失职渎职和权钱交易等腐败行为。严格事故直报制度，对瞒报、谎报、漏报、迟报事故的单位和个人依法依规追责。对被追究刑事责任的生产经营者依法实施相应的职业禁入，对事故发生负有重大责任的社会服务机构和人员依法严肃追究法律责任，并依法实施相应的行业禁入。

三、改革安全监管监察体制

（九）完善监督管理体制。加强各级安全生产委员会组织领导，充分发挥其统筹协调作用，切实解决突出矛盾和问题。各级安全生产监督管理部门承担本级安全生产委员会日常工作,负责指导协调、监督检查、巡查考核本级政府有关部门和下级政府安全生产工作,履行综合监管职责。负有安全生产监督管理职责的部门,依照有关法律法规和部门职责,健全安全生产监管体制,严格落实监管职责。相关部门按照各自职责建立完善安全生产工作机制,形成齐抓共管格局。坚持管安全生产必须管职业健康,建立安全生产和职业健康一体化监管执法体制。

(十)改革重点行业领域安全监管监察体制。依托国家煤矿安全监察体制,加强非煤矿山安全生产监管监察,优化安全监察机构布局,将国家煤矿安全监察机构负责的安全生产行政许可事项移交给地方政府承担。着重加强危险化学品安全监管体制改革和力量建设,明确和落实危险化学品建设项目立项、规划、设计、施工及生产、储存、使用、销售、运输、废弃处置等环节的法定安全监管责任,建立有力的协调联动机制,消除监管空白。完善海洋石油安全生产监督管理体制机制,实行政企分开。理顺民航、铁路、电力等行业跨区域监管体制,明确行业监管、区域监管与地方监管职责。

(十一)进一步完善地方监管执法体制。地方各级党委和政府要将安全生产监督管理部门作为政府工作部门和行政执法机构,加强安全生产执法队伍建设,强化行政执法职能。统筹加强安全监管力量,重点充实市、县两级安全生产监管执法人员,强化乡镇(街道)安全生产监管力量建设。完善各类开发区、工业园区、港区、风景区等功能区安全生产监管体制,明确负责安全生产监督管理的机构,以及港区安全生产地方监管和部门监管责任。

(十二)健全应急救援管理体制。按照政事分开原则,推进安全生产应急救援管理体制改革,强化行政管理职能,提高组织协调能力和现场救援时效。健全省、市、县三级安全生产应急救援管理工作机制,建设联动互通的应急救援指挥平台。依托公安消防、大型企业、工业园区等应急救援力量,加强矿山和危险化学品等应急救援基地和队伍建设,实行区域化应急救援资源共享。

四、大力推进依法治理

(十三)健全法律法规体系。建立健全安全生产法律法规立改废释工作协调机制。加强涉及安全生产相关法规一致性审查,增强安全生产法制建设的系统性、可操作性。制定安全生产中长期立法规划,加快制定修订安全生产法配套法规。加强安全生产和职业健康法律法规衔接融合。研究修改刑法有关条款,将生产经营过程中极易导致重大生产安全事故的违法行为列入刑法调整范围。制定完善高危行业领域安全规程。设区的市根据立法法的立法精神,加强安全生产地方性法规建设,解决区域性安全生产突出问题。

(十四)完善标准体系。加快安全生产标准制定修订和整合,建立以强制性国家标准为主体的安全生产标准体系。鼓励依法成立的社会团体和企业制定更加严格规范的安全生产标准,结合国情积极借鉴实施国际先进标准。国务院安全生产监督管理部门负责生产经营单位职业危害预防治理国家标准制定发布工作;统筹提出安全生产强制性国家标准立项计划,有关部门按照职责分工组织起草、审查、实施和监督执行,国务院标准化行政主管部门负责及时立项、编号、对外通报、批准并发布。

(十五)严格安全准入制度。严格高危行业领域安全准入条件。按照强化监管与便民服务相结合原则，科学设置安全生产行政许可事项和办理程序，优化工作流程，简化办事环节，实施网上公开办理，接受社会监督。对与人民群众生命财产安全直接相关的行政许可事项，依法严格管理。对取消、下放、移交的行政许可事项，要加强事中事后安全监管。

（十六）规范监管执法行为。完善安全生产监管执法制度，明确每个生产经营单位安全生产监督和管理主体，制定实施执法计划，完善执法程序规定，依法严格查处各类违法违规行为。建立行政执法和刑事司法衔接制度，负有安全生产监督管理职责的部门要加强与公安、检察院、法院等协调配合，完善安全生产违法线索通报、案件移送与协查机制。对违法行为当事人拒不执行安全生产行政执法决定的，负有安全生产监督管理职责的部门应依法申请司法机关强制执行。完善司法机关参与事故调查机制，严肃查处违法犯罪行为。研究建立安全生产民事和行政公益诉讼制度。

（十七）完善执法监督机制。各级人大常委会要定期检查安全生产法律法规实施情况，开展专题询问。各级政协要围绕安全生产突出问题开展民主监督和协商调研。建立执法行为审议制度和重大行政执法决策机制，评估执法效果，防止滥用职权。健全领导干部非法干预安全生产监管执法的记录、通报和责任追究制度。完善安全生产执法纠错和执法信息公开制度，加强社会监督和舆论监督，保证执法严明、有错必纠。

（十八）健全监管执法保障体系。制定安全生产监管监察能力建设规划，明确监管执法装备及现场执法和应急救援用车配备标准，加强监管执法技术支撑体系建设，保障监管执法需要。建立完善负有安全生产监督管理职责的部门监管执法经费保障机制，将监管执法经费纳入同级财政全额保障范围。加强监管执法制度化、标准化、信息化建设，确保规范高效监管执法。建立安全生产监管执法人员依法履行法定职责制度，激励保证监管执法人员忠于职守、履职尽责。严格监管执法人员资格管理，制定安全生产监管执法人员录用标准，提高专业监管执法人员比例。建立健全安全生产监管执法人员凡进必考、入职培训、持证上岗和定期轮训制度。统一安全生产执法标志标识和制式服装。

（十九）完善事故调查处理机制。坚持问责与整改并重，充分发挥事故查处对加强和改进安全生产工作的促进作用。完善生产安全事故调查组组长负责制。健全典型事故提级调查、跨地区协同调查和工作督导机制。建立事故调查分析技术支撑体系，所有事故调查报告要设立技术和管理问题专篇，详细分析原因并全文发布，做好解读，回应公众关切。对事故调查发现有漏洞、缺陷的有关法律法规和标准制度，及时启动制定修订工作。建立事故暴露问题整改督办制度，事故结案后一年内，负责事故调查的地方政府和国务院有关部门要组织开展评估，及时向社会公开，对履职不力、整改措施不落实的，依法依规严肃追究有关单位和人员责任。

五、建立安全预防控制体系

（二十）加强安全风险管控。地方各级政府要建立完善安全风险评估与论证机制，科学合理确定企业选址和基础设施建设、居民生活区空间布局。高危项目审批必须把安全生产作为前置条件，城乡规划布局、设计、建设、管理等各项工作必须以安全为前提，实行重大安全风险“一票否决”。加强新材料、新工艺、新业态安全风险评估和管控。紧密结合供给侧结构性改革,推动高危产业转型升级。位置相邻、行业相近、业态相似的地区和行业要建立完善重大安全风险联防联控机制。构建国家、省、市、县四级重大危险源信息管理体系,对重点行业、重点区域、重点企业实行风险预警控制,有效防范重特大生产安全事故。

(二十一)强化企业预防措施。企业要定期开展风险评估和危害辨识。针对高危工艺、设备、物品、场所和岗位,建立分级管控制度,制定落实安全操作规程。树立隐患就是事故的观念,建立健全隐患排查治理制度、重大隐患治理情况向负有安全生产监督管理职责的部门和企业职代会"双报告"制度,实行自查自改自报闭环管理。严格执行安全生产和职业健康"三同时"制度。大力推进企业安全生产标准化建设,实现安全管理、操作行为、设备设施和作业环境的标准化。开展经常性的应急演练和人员避险自救培训,着力提升现场应急处置能力。

(二十二)建立隐患治理监督机制。制定生产安全事故隐患分级和排查治理标准。负有安全生产监督管理职责的部门要建立与企业隐患排查治理系统联网的信息平台,完善线上线下配套监管制度。强化隐患排查治理监督执法,对重大隐患整改不到位的企业依法采取停产停业、停止施工、停止供电和查封扣押等强制措施,按规定给予上限经济处罚,对构成犯罪的要移交司法机关依法追究刑事责任。严格重大隐患挂牌督办制度,对整改和督办不力的纳入政府核查问责范围,实行约谈告诫、公开曝光,情节严重的依法依规追究相关人员责任。

(二十三)强化城市运行安全保障。定期排查区域内安全风险点、危险源,落实管控措施,构建系统性、现代化的城市安全保障体系,推进安全发展示范城市建设。提高基础设施安全配置标准,重点加强对城市高层建筑、大型综合体、隧道桥梁、管线管廊、轨道交通、燃气、电力设施及电梯、游乐设施等的检测维护。完善大型群众性活动安全管理制度,加强人员密集场所安全监管。加强公安、民政、国土资源、住房城乡建设、交通运输、水利、农业、安全监管、气象、地震等相关部门的协调联动,严防自然灾害引发事故。

(二十四)加强重点领域工程治理。深入推进对煤矿瓦斯、水害等重大灾害以及矿山采空区、尾矿库的工程治理。加快实施人口密集区域的危险化学品和化工企业生产、仓储场所安全搬迁工程。深化油气开采、输送、炼化、码头接卸等领域安全整治。实施高速公路、乡村公路和急弯陡坡、临水临崖危险路段公路安全生命防护工程建设。加强高速铁路、跨海大桥、海底隧道、铁路浮桥、航运枢纽、港口等防灾监测、安全检测及防护系统建设。完善长途客运车辆、旅游客车、危险物品运输车辆和船舶生产制造标准,提高安全性能,强制安装智能视频监控报警、防碰撞和整车整船安全运行监管技术装备,对已运行的要加快安全技术装备改造升级。

(二十五)建立完善职业病防治体系。将职业病防治纳入各级政府民生工程及安全生产工作考核体系,制定职业病防治中长期规划,实施职业健康促进计划。加快职业病危害严重企业技术改造、转型升级和淘汰退出,加强高危粉尘、高毒物品等职业病危害源头治理。健全职业健康监管支撑保障体系,加强职业健康技术服务机构、职业病诊断鉴定机构和职业健康体检机构建设,强化职业病危害基础研究、预防控制、诊断鉴定、综合治疗能力。完善相关规定,扩大职业病患者救治范围,将职业病失能人员纳入社会保障范围,对符合条件的职业病患者落实医疗与生活救助措施。加强企业职业健康监管执法,督促落实职业病危害告知、日常监测、定期报告、防护保障和职业健康体检等制度措施,落实职业病防治主体责任。

六、加强安全基础保障能力建设

(二十六)完善安全投入长效机制。加强中央和地方财政安全生产预防及应急相关资金使用管理,加大安全生产与职业健康投入,强化审计监督。加强安全生产经济政策研究,完善安全生产专用设备企业所得税优惠目录。落实企业安全生产费用提取管理使用制度,建立企业增加安全投入的激励约束机制。健全投融资服务体系,引导企业集聚发展灾害防治、预测预警、检测监控、个体防护、应急处置、安全文化等技术、装备和服务产业。

(二十七)建立安全科技支撑体系。优化整合国家科技计划,统筹支持安全生产和职业健康领域科研项目,加强研发基地和博士后科研工作站建设。开展事故预防理论研究和关键技术装备研发,加快成果转化和推广应用。推动工业机器人、智能装备在危险工序和环节广泛应用。提升现代信息技术与安全生产融合度,统一标准规范,加快安全生产信息化建设,构建安全生产与职业健康信息化全国"一张网"。加强安全生产理论和政策研究,运用大数据技术开展安全生产规律性、关联性特征分析,提高安全生产决策科学化水平。

(二十八)健全社会化服务体系。将安全生产专业技术服务纳入现代服务业发展规划,培育多元化服务主体。建立政府购买安全生产服务制度。支持发展安全生产专业化行业组织,强化自治自律。完善注册安全工程师制度。改革完善安全生产和职业健康技术服务机构资质管理办法。支持相关机构开展安全生产和职业健康一体化评价等技术服务,严格实施评价公开制度,进一步激活和规范专业技术服务市场。鼓励中小微企业订单式、协作式购买运用安全生产管理和技术服务。建立安全生产和职业健康技术服务机构公示制度和由第三方实施的信用评定制度,严肃查处租借资质、违法挂靠、弄虚作假、垄断收费等各类违法违规行为。

(二十九)发挥市场机制推动作用。取消安全生产风险抵押金制度,建立健全安全生产责任保险制度,在矿山、危险化学品、烟花爆竹、交通运输、建筑施工、民用爆炸物品、金属冶炼、渔业生产等高危行业领域强制实施,切实发挥保险机构参与风险评估管控和事故预防功能。完善工伤保险制度,加快制定工伤预防费用的提取比例、使用和管理具体办法。积极推进安全生产诚信体系建设,完善企业安全生产不良记录"黑名单"制度,建立失信惩戒和守信激励机制。

(三十)健全安全宣传教育体系。将安全生产监督管理纳入各级党政领导干部培训内容。把安全知识普及纳入国民教育,建立完善中小学安全教育和高危行业职业安全教育体系。把安全生产纳入农民工技能培训内容。严格落实企业安全教育培训制度,切实做到先培训、后上岗。推进安全文化建设,加强警示教育,强化全民安全意识和法治意识。发挥工会、共青团、妇联等群团组织作用,依法维护职工群众的知情权、参与权与监督权。加强安全生产公益宣传和舆论监督。建立安全生产"12350"专线与社会公共管理平台统一接报、分类处置的举报投诉机制。鼓励开展安全生产志愿服务和慈善事业。加强安全生产国际交流合作,学习借鉴国外安全生产与职业健康先进经验。

各地区各部门要加强组织领导,严格实行领导干部安全生产工作责任制,根据本意见提出的任务和要求,结合实际认真研究制定实施办法,抓紧出台推进安全生产领域改革发展的具体政策措施,明确责任分工和时间进度要求,确保各项改革举措和工作要求落实到位。贯彻落实情况要及时向党中央、国务院报告,同时抄送国务院安全生产委员会办公室。中央全面深化改革领导小组办公室将适时牵头组织开展专项监督检查。

任务二 《国家发展改革委 国家能源局关于推进电力安全生产领域改革发展的实施意见》

为贯彻落实《中共中央 国务院关于推进安全生产领域改革发展的意见》(中发〔2016〕32 号),推进电力安全生产领域改革发展,落实电力企业主体责任,完善电力安全生产监督管理机制,保障电力系统安全稳定运行,防范和遏制重特大事故的发生,现提出以下实施意见。

一、落实电力安全生产责任

(一)压实企业安全生产主体责任。企业是安全生产的责任主体,对本单位安全生产工作负全面责任,要严格履行安全生产法定责任,实行全员安全生产责任制度,健全自我约束、持续改进的常态化机制。要健全法定代表人和实际控制人同为安全生产第一责任人的责任体系,建立并完善电力安全生产保证体系和监督体系,建立全过程安全生产管理制度,做到安全责任、管理、投入、培训和应急救援“五到位”。各电力企业和电力项目参建单位应当自觉接受派出能源监管机构及地方政府有关部门的安全监督管理。

(二)明确行业安全生产监管法定责任。国家能源局依据国家法律法规和部门职责,切实履行电力行业安全生产监督管理责任;不断完善电力安全生产政策法规体系和标准规范体系;指导地方电力管理等有关部门加强电力安全生产管理相关工作;统筹部署全国电力安全监管工作,组织开展电力安全生产督查,强化监管执法,严厉查处违法违规行为。派出能源监管机构依据国家规定职责和法律法规授权,开展相关工作,并接受地方政府的业务指导。

(三)落实地方安全生产管理法定责任。按照“管行业必须管安全、管业务必须管安全、管生产经营必须管安全”的原则,地方各级政府电力管理等有关部门按照国家法律法规及有关规定,履行地方电力安全管理责任,将安全生产工作作为行业管理的重要内容,督促指导电力企业落实安全生产主体责任,加强电力安全生产管理。

二、完善安全监管体制

(四)完善电力安全监管体系。牢固树立安全发展、科学发展理念,加强电力安全监管体系建设,逐步理顺电力行业跨区域监管体制,明确行业监管、区域监管与地方监管职责,鼓励有条件的地区先行先试。地方各级政府电力管理等有关部门积极协助配合国家能源局及其派出能源监管机构,构建上下联动、相互支撑、无缝对接的电力安全监管体系。

（五）完善电力安全监管职能。国家能源局依法依规履行电力行业安全监管职责，组织、指导和协调全国电力安全生产监管工作。各派出能源监管机构根据国家规定职责和法律法规授权，履行电力安全监管职责，加强监管执法，严厉查处违法违规行为。地方各级政府电力管理等有关部门依法依规履行地方电力安全管理责任，并积极配合派出能源监管机构，做好相关工作。

（六）强化电力安全协同监管。国家能源局及其派出能源监管机构加强与地方各级政府电力管理等有关部门的沟通联系，强化协同监管，形成工作合力，联合组织开展安全检查、安全执法等工作，积极配合、协助安监等相关专业部门做好安全监管工作。

（七）规范电力事故调查工作。特别重大电力事故，由国务院或者国务院授权的部门组成事故调查组进行调查；重大电力事故，由国家能源局组织或参与调查，有关派出能源监管机构和省级政府电力管理等有关部门参加；较大电力事故，由派出能源监管机构组织或参与调查，有关省级政府电力管理等有关部门参加；一般电力事故，由派出能源监管机构视情况组织或参与调查。

三、严格安全生产执法

（八）严肃安全生产事故查处。严格事故调查处理，严肃查处事故责任单位和责任人。对于发生事故的单位，负责组织事故调查的部门要在事故结案后一年内对其进行评估，存在履职不力、整改措施不落实或落实不到位的，依法依规严肃追究有关单位和人员责任，并及时向社会公开。企业要加大安全生产责任追究力度，严格事故责任处理，研究建立责任处理与职务晋升挂钩机制。对被追究刑事责任的生产经营者实施相应的职业禁入。

（九）强化安全监管行政执法。加强电力安全执法检查工作，完善执法程序规定，规范行政执法行为，发现危及安全情况的及时予以纠正，存在违法违规行为的坚决予以制止。完善通报、约谈制度，对事故多发频发、企业履职不到位及其他涉及安全的重大事项，及时予以通报或约谈企业负责人。积极推进电力安全生产诚信体系建设，完善安全生产不良记录和“黑名单”制度，建立失信惩戒和守信激励机制。畅通“12398”能源监管热线，加大社会参与监督电力安全生产违法违规问题的力度。

（十）健全安全生产考核激励机制。健全电力安全生产考核评价体系，坚持过程考核和结果考核相结合，科学设定可量化的考核指标。建立安全生产绩效与履职评定、职务晋升、奖励惩处挂钩制度，落实安全生产“一票否决”制。企业要研究建立以安全绩效为引导的动态薪酬管理制度，研究试行企业领导班子年度及离任专项安全履职评价考核制度，严格落实一岗双责考核机制。

（十一）加强安全信息管理。规范电力事故事件及相关信息的报送工作，畅通报送渠道，确保及时、准确、完整。对于瞒报、谎报、漏报、迟报事故的单位和个人，依法依规予以处理。完善安全生产执法信息公开制度，建立电力安全信息共享平台，及时发布安全信息。

（十二）严格安全生产监管责任追究。研究制定电力安全生产监管权力和责任清单，尽职免责，失职问责。建立电力安全生产全过程责任追溯制度，杜绝安全生产领域项目审批、行政许可、监管执法等方面的违法违规行为。

四、创新安全发展机制

（十三）健全企业安全资信管理。电力企业要强化安全资质准入管理和业务评价准入参考机制，建立承包单位安全履职能力基础信息数据库，健全承包单位安全履约评价动态管控机制，实行承包单位和管理人员安全资信“双报备”制、施工作业人员安全资质与安全记录“双审核”制。

（十四）严格落实安全评估制。电力企业要严格执行新、改、扩电力建设工程安全设施和职业病防护设施“三同时”制度，开展电力建设工程危险性较大的分部分项工程专项施工方案评估、安全投入与工期的动态评估、新技术新材料新工艺安全性评估，燃煤电厂液氨罐区和贮灰场大坝定期安全评估。

（十五）推进安全责任保险制度。发挥保险机构参与风险管控和事故预防功能的优势，引导保险机构服务电力安全生产，完善安全生产责任保险投保、服务与评价制度。构建政府、保险机构、企业等多方协调运作机制，实现安全生产责任保险公共信息共享。鼓励保险机构根据安全生产状况实行浮动费率，促进企业提高安全生产管理水平。

（十六）健全社会化服务体系。支持发展电力安全生产专业化行业组织，强化行业自律，推进电力行业安全生产咨询服务等第三方机构产业化和社会化。鼓励中小微电力企业订单式、协作式购买运用安全生产管理和技术服务。鼓励企业、高校、科研院所和第三方机构联合开展事故预防理论研究和关键技术装备研发，建设一批电力安全生产领域产、学、研中心，加快成果转化和推广应用。

（十七）建立科技支撑体系。充分应用现代信息化技术，适应大数据时代流程再造，实施“互联网+安全监管”战略，实现监管手段创新，完善监督检查、数据分析、人员行为“三位一体”管理网络，实现流程和模式创新。建立电力行业安全生产信息大数据平台，深度挖掘大数据应用价值，以信息技术手段提升电力安全生产管理水平。推进能源互联网、电力及外部环境综合态势感知、高压柔性输电、新型储能技术等新技术在电力建设和设备改造中的安全应用。

（十八）推进市场化改革与安全协同发展。规范市场交易和调度运行业务流程，推动电力市场参与各方的技术标准统一，加强监督执行，保障电网运行安全。加强辅助服务的市场化交易机制的监管，加大对负荷侧参与电网运行调节、“源、网、荷友好互动”等新型电力市场形态的安全监管。强化对多种所有制形式、业务形态各异的大量新兴市场主体的安全监管，构建与电力市场化改革发展相适应的安全保障体系。

五、建立健全安全生产预控体系

（十九）加强安全风险管控。健全安全风险辨识评估机制，构建风险辨识、评估、预警、防范和管控的闭环管理体系，建立健全风险清册或台账，确定管控重点，实行风险分类分级管理，加强新材料、新工艺、新业态安全风险评估和管控，有效实施风险控制。各企业要研究制定重特大事故风险管控措施，根据作业场所、任务、环境、强度及人员能力等，认真辨识风险及危害程度，合理确定作业定员、时间等组织方案，实行分级管控，落实分级管控责任。

（二十）加强隐患排查治理。牢固树立隐患就是事故的观念，健全隐患排查治理制度、重大隐患治理情况向所在地负有安全监管职责的部门和企业职代会“双报告”制度，实行自查自报自改闭环管理。制定隐患排查治理导则或通则，建立隐患排查治理系统联网信息平台，建立重大隐患报告和公示制度，严格重大隐患挂牌督办制度，实行隐患治理“绿色通道”，优先安排人员和资金治理重大隐患。

（二十一）落实企业事故预防措施。加强安全危险因素分析，制定落实电力安全措施和反事故措施计划，形成安全隐患排查、整改、消除的闭环管理长效机制。严格执行“两票三制”，完善组织管理，落实安全措施，强化安全监护，保障作业安全。

（二十二）加强重大危险源监控。严格落实重大危险源安全管理规定和标准规范，认真开展危险源辨识与评估，完善重大危险源监控设施。加强液氨罐区、油区、氢站等安全管理，落实重大危险源防范措施。加强重大危险源源头管控，新建燃煤发电项目应采用没有重大危险源的技术路线，生产过程中存在重大危险源的燃煤发电企业应研究实施重大危险源替代改造方案。

（二十三）强化安全禁令清单。针对电力安全生产过程中存在的突出问题和薄弱环节，进一步规范电力安全生产监督管理，从人员资格、作业流程控制、安全生产条件、安全生产管理等方面，明确必须坚决禁止的行为，避免和减少事故的发生。

（二十四）建立职业病防治体系。建立职业病防治中长期规划，制定职业健康安全发展目标，实施职业健康促进计划。强化高危粉尘、高毒作业管理，加强对贮煤、输煤及锅炉巡检过程中煤尘、矽尘和设备噪声等职业病危害治理。强化企业主要负责人持续改进职业健康水平的责任，将职业病防治纳入安全生产工作考核体系，落实职业病危害告知、日常监测、定期检测评价和报告、防护保障和职业健康监护等制度措施。

六、加强电力运行安全管理

（二十五）加强电网运行安全管理。调度机构要科学合理安排运行方式，做好电力平衡工作。各电力企业要严格执行调度指令，做到令行禁止。加强电网设备运维检修管理。加强涉网机组安全管理，建立网源协调全过程管理机制。加强大容量重要输电通道安全运行，制定相应的防范策略和应对措施。提升机组深度调峰和调频能力，完善新能源及分布式电源接入技术标准体系，增强电网对新能源的安全消纳能力。加强电网安全运行风险管控工作，确保电网安全稳定运行和可靠供电。

（二十六）加强电力二次系统安全管理。加强电力二次系统安全管理工作，梳理分析电力系统继电保护和安全自动装置等二次系统的配置和策略；查找和消除二次设备、二次回路、保护定值和软件版本等方面的隐患；加强发电侧涉网继电保护等二次系统的正确配置和安全运行。

（二十七）提升电力设备安全水平。加强设备运行安全性分析和设备全寿命周期管理，制定设备治理滚动计划。加强设备状态监测、设备维护和巡视检查，完善设备安全监视与保护装置。加强设备设施缺陷管理，着力整治“家族性”缺陷。加强电力设施保护，防范电力设施遭受外力破坏。

（二十八）保障水电站大坝运行安全。切实做好水电站大坝防汛调度、安全定期检查、安全注册登记和信息化建设等工作，加强病险大坝的除险加固和隐患排查治理。强化水电站大坝安全监测和运行安全分析，开展高坝大库的安全性研究。

（二十九）加强电力可靠性管理。加强电力可靠性数据统计及监督管理，提高可靠性数据的真实性、准确性和完整性。强化可靠性统计数据的分析，充分发挥可靠性技术与数据在电力规划设计、项目建设、运营维护、优质服务中的辅助决策作用。加强可靠性分析应用工作，服务企业安全生产，为电力安全生产监督管理提供支撑。

（三十）加强电力技术监督管理。建立企业主要技术负责人负总责的技术监督管理体系，赋予主要技术负责人安全生产技术决策和指挥权。健全完善技术监督组织体系和标准体系，规范电力技术监督服务工作。建立全国电力技术监督网，加强技术监督专业交流沟通。

七、加强建设工程施工安全和工程质量管理

（三十一）加强工程源头管理。优化工程选线、选址方案，规范开工程序，完善建设施工安全方案和相应安全防护措施，认真做好电力建设工程设计审核和阶段性验收工作（含防雷设施）。严格落实国务院《企业投资项目核准和备案条例》，加强对核准（备案）电力项目监督管理，将安全生产条件作为电力项目核准（备案）项目事中事后检查的重要内容，加大电力项目建设和验收阶段检查力度，对未核先建、核建不符、超国家总量控制核准以及不符合安全技术标准的电力工程项目，立即停工整改。

（三十二）严格工程工期管理。建设单位要依照国家有关工程建设工期规定和项目可行性研究报告中施工组织设计的工期要求，对工程充分论证、评估，科学确定项目合理工期及每个阶段所需的合理时间，严格执行国家有关建设项目开工规定，禁止违规开工。工期确需调整的，必须按照相关规范经过原设计审查单位或安全评价机构等审查，论证和评估其对安全生产的影响，提出并落实施工组织措施和安全保障措施。

（三十三）规范招投标管理和发承包管理。建设单位要明确勘察、设计、施工、物资材料和设备采购等环节招投标文件及合同的安全和质量约定，严格审查招投标过程中有关国家强制性标准的实质性响应，招标投标确定的中标价格要体现合理造价要求，防止造价过低带来安全质量问题。加强工程发包管理，将承包单位纳入工程安全管理体系，严禁以包代管。加强参建单位资质和人员资格审查，严厉查处租借资质、违规挂靠、弄虚作假等各类违法违规行为。

（三十四）严格安全措施审查。建设单位和监理单位要建立健全专项施工方案编制及专家论证审查制度，严格审查和评估复杂地质条件、复杂结构以及技术难度大的工程项目安全技术措施。设计单位要对新技术、新设备、新材料、新工艺给施工安全带来的风险进行分析和评估，提出预防事故的措施和建议。监理单位要严格审查施工组织设计、作业指导书及专项施工方案，尤其是施工重要部位、关键环节、关键工序安全技术措施方案。

（三十五）加强现场安全管理。施工单位要进一步规范电力建设施工作业管理，完善施工工序和作业流程，严格落实施工现场安全措施，强化工程项目安全监督检查。监理单位要加强现场监理，创新监理手段，实现工程重点部位、关键工序施工的全过程跟踪，严控

安全风险。各参建单位要加强施工现场安全生产标准化建设,完善安全生产标准化体系,建立安全生产标准化考评机制,从安全设备设施、技术装备、施工环境等方面提高施工现场本质安全水平,提升电力建设安全生产保障能力。健全现场安全检查制度,及时排查和治理隐患,制止和纠正施工作业不安全行为。

(三十六)加强工程质量监督管理。理顺电力建设工程质量监督管理体系,强化政府监管,优化监督机制,落实主体责任。建立健全电力建设工程质量控制机制,落实国家工程建设标准强制性条文,严格控制施工质量和工艺流程,加强关键环节和关键工序的过程控制和质量验收,保证工程质量。

八、加强网络与信息安全管理

(三十七)加强网络安全建设。坚持统筹谋划,做好顶层设计,推进网络安全技术布防建设。按照“安全分区、网络专用、横向隔离、纵向认证”要求,做好电力监控系统的安全防护。开展关键网络安全技术创新研究与应用,支持电力监控系统安全防护关键设备研发,推动商用密码应用,组织实施网络安全重大专项工程,加快网络安全实时监测手段建设。

(三十八)建立安全审查制度。按照国家相关法律法规规定,制定电力行业网络安全审查制度,形成支撑网络安全审查的电力行业网络安全标准体系,探索建立电力行业网络安全审查专业机构,组建电力行业网络安全审查专家库,开展重要网络产品及服务选型审查,提高网络安全可控水平。

(三十九)做好安全防护风险评估与等级保护测评工作。建立健全电力监控系统安全防护管理制度,开展电力监控系统安全防护风险评估,推进电力工控设备信息安全漏洞检测。完善电力行业信息安全等级保护测评标准和规范,加强信息安全等级保护测评机构和测评力量建设。

九、完善电力应急管理

(四十)完善应急管理体制。按照统一领导、综合协调、属地为主、分工负责的原则,完善国家指导协调、地方政府属地指挥、企业具体负责、社会各界广泛参与的电力应急管理体制。加强各级应急指挥机构和应急管理机构建设,明确责任分工,落实资金与装备保障。

(四十一)健全应急管理机制。加强预警信息共享机制建设,建立应急会商制度,以现代科技手段提升监测预警能力。建立协同联动机制,开展跨省跨区电力应急合作,形成应急信息、资源区域共享。完善灾后评估机制,科学指导灾后恢复重建工作。推进电力应急领域金融机制创新。

(四十二)加强应急预案管理。健全应急预案体系,强化预案编制管理和评审备案,充分发挥预案在应急处置中的主导作用。注重预案情景构建,突出风险分析和应急资源能力评估,提高预案针对性和可操作性。推动应急演练常态化,创新演练模式,逐步实现桌面推演与实战演练、专项演练与综合演练、常态化演练与示范性演练相结合。

(四十三)强化大面积停电防范和应急处置。落实《国家大面积停电事件应急预案》,

推进省、市、县各级政府制订出台大面积停电事件应急预案。健全各级人民政府主导、电力企业具体应对、社会各方力量共同参与的大面积停电事件应对机制。积极推进电力设施抗灾能力建设,加快防范大面积停电关键技术研究与应用,重点提升电网防御和应对重特大自然灾害的能力。强化大面积停电事件应急处置资金保障,探索大面积停电事件资源征用和停电损失保险业务。

(四十四)加强应急处置能力建设。加强企业专业化应急抢修救援队伍、应急物资装备、应急经费保障建设和应急通信保障体系建设,提升极端情况下应急处置能力。推动重要电力用户自身应急能力建设。组织开展电力企业应急能力建设评估,推进评估成果应用。

十、加强保障能力建设

(四十五)健全规章制度标准规范体系。加强电力安全生产规章制度标准规范顶层设计,增强规章制度标准规范的系统性、可操作性。建立健全电力安全生产规章制度标准规范立改废释工作协调机制,加快推进规章制度标准规范制修订工作。完善电力建设工程、危险化学品等高危作业的安全规程。建立以强制性标准为主体、推荐性标准为补充的电力安全标准体系。

(四十六)保障安全生产投入。电力企业要加大安全生产投入,保证安全生产条件。电力建设参建单位要按照高危行业有关标准,提取并规范使用安全生产费用。推动制定电力企业安全生产费用提取标准,实行安全生产费用专款专用。建立健全政府引导、企业为主、社会资本共同参与的多元化安全投入长效机制,引导企业研发、采用先进适用的安全技术和产品,吸引社会资本参与电力安全基础设施项目建设和重大安全科技攻关。鼓励企业通过发行债券、基金等多种投融资方式加大安全投入。

(四十七)持续推进安全生产标准化建设。建立健全电力安全生产标准化工作长效机制,推进电力企业安全生产标准化创建工作。强化企业班组建设,实现安全管理、操作行为、设备设施和作业环境的标准化,提升企业本质安全水平。

(四十八)加大安全教育培训力度。电力企业要全面落实安全培训的主体责任,抓好本单位从业人员安全培训工作,依法对从业人员进行与其所从事岗位相应的安全教育培训,确保从业人员具备必要安全生产知识。电力企业应当制定本单位年度安全培训计划,建立安全培训管理制度,保障安全培训投入,保证培训时间,建立安全培训档案,如实记录安全生产培训的时间、内容、参加人员以及考核结果等情况。要将外包单位作业人员、劳务派遣人员、实习人员等纳入本单位从业人员统一管理,对其进行岗位安全操作规程和安全操作技能教育培训。

(四十九)推进安全文化建设。营造安全和谐的氛围与环境,有序推进电力安全文化建设,不断提高人员安全意识和安全技能,培养良好的安全行为习惯,提升各类人员综合安全素养。创建安全文化示范企业,打造安全文化精品,鼓励和引导社会力量参与电力安全文化作品创作和推广。

(五十)加强安全监管监督能力建设。加强电力安全监管能力建设,充实安全监督管理力量,建立安全监管人员定期培训轮训机制,按规定配备安全监管执法装备及现场执法车辆,建立电力安全专家库,完善安全监管执法支撑体系。企业要依法设置安全监督管理机构,有条件的企业鼓励设置安全总监,充实安全监督管理力量,支持并维护安全监督人员行使安全监督权力。

任务三　国务院《"十四五"国家应急体系规划》

为全面贯彻落实习近平总书记关于应急管理工作的一系列重要指示和党中央、国务院决策部署,扎实做好安全生产、防灾减灾救灾等工作,积极推进应急管理体系和能力现代化,根据《中华人民共和国国民经济和社会发展第十四个五年规划和 2035 年远景目标纲要》,制定本规划。

一、规划背景

(一)"十三五"时期取得的工作进展

"十三五"时期,各地区、各有关部门以习近平新时代中国特色社会主义思想为指导,认真贯彻落实党中央、国务院决策部署,推动应急管理事业改革发展取得重大进展,防范化解重大安全风险能力明显提升,各项目标任务如期实现。

应急管理体系不断健全。改革完善应急管理体制,组建应急管理部,强化了应急工作的综合管理、全过程管理和力量资源的优化管理,增强了应急管理工作的系统性、整体性、协同性,初步形成统一指挥、专常兼备、反应灵敏、上下联动的中国特色应急管理体制。深化应急管理综合行政执法改革,组建国家矿山安全监察局,加强危险化学品安全监管力量。建立完善风险联合会商研判机制、防范救援救灾一体化机制、救援队伍预置机制、扁平化指挥机制等,推动制修订一批应急管理法律法规和应急预案,全灾种、大应急工作格局基本形成。

应急救援效能显著提升。稳步推进公安消防部队、武警森林部队转制,组建国家综合性消防救援队伍,支持各类救援队伍发展,加快构建以国家综合性消防救援队伍为主力、专业救援队伍为协同、军队应急力量为突击、社会力量为辅助的中国特色应急救援力量体系。对标全灾种、大应急任务需要,加大先进、特种、专用救援装备配备力度,基本建成中央、省、市、县、乡五级救灾物资储备体系,完善全国统一报灾系统,加强监测预警、应急通信、紧急运输等保障能力建设,灾害事故综合应急能力大幅提高,成功应对了多次重特大事故灾害,经受住了一系列严峻考验。

安全生产水平稳步提高。不断强化党政同责、一岗双责、齐抓共管、失职追责的安全生产责任制,严格省级人民政府安全生产和消防工作考核,开展国务院安全生产委员会成员单位年度安全生产工作考核,完善激励约束机制。持续开展以危险化学品、矿山、消防、交通运输、城市建设、工业园区、危险废物等为重点的安全生产专项整治。逐步建立安全风险分级管控和隐患排查治理双重预防工作机制,科技强安专项行动初见成效。按可比口径计算,2020 年全国各类事故、较大事故和重特大事故起数比 2015 年分别下降 43.3%、36.1%和 57.9%,死亡人数分别下降 38.8%、37.3%和 65.9%。

防灾减灾能力明显增强。建立自然灾害防治工作部际联席会议制度,实施自然灾害防治九项重点工程,启动第一次全国自然灾害综合风险普查,推进大江大河和中小河流治理,实施全国地质灾害防治、山洪灾害防治、重点火险区综合治理、平安公路建设、农村危房改造、地震易发区房屋加固等一批重点工程,城乡灾害设防水平和综合防灾减灾能力明显提升。与"十二五"时期相比,"十三五"期间全国自然灾害因灾死亡失踪人数、倒塌房屋数量和直接经济损失占国内生产总值比重分别下降 37.6%、70.8%和 38.9%。

(二)面临的形势

"十四五"时期,我国发展仍然处于重要战略机遇期。以习近平同志为核心的党中央着眼党和国家事业发展全局,坚持以人民为中心的发展思想,统筹发展和安全两件大事,把安全摆到了前所未有的高度,对全面提高公共安全保障能力、提高安全生产水平、完善国家应急管理体系等作出全面部署,为解决长期以来应急管理工作存在的突出问题、推进应急管理体系和能力现代化提供了重大机遇。但同时也要看到,我国是世界上自然灾害最为严重的国家之一,灾害种类多、分布地域广、发生频率高、造成损失重,安全生产仍处于爬坡过坎期,各类安全风险隐患交织叠加,生产安全事故仍然易发多发。

风险隐患仍然突出。我国安全生产基础薄弱的现状短期内难以根本改变,危险化学品、矿山、交通运输、建筑施工等传统高危行业和消防领域安全风险隐患仍然突出,各种公共服务设施、超大规模城市综合体、人员密集场所、高层建筑、地下空间、地下管网等大量建设,导致城市内涝、火灾、燃气泄漏爆炸、拥挤踩踏等安全风险隐患日益凸显,重特大事故在地区和行业间呈现波动反弹态势。随着全球气候变暖,我国自然灾害风险进一步加剧,极端天气趋强趋重趋频,台风登陆更加频繁、强度更大,降水分布不均衡、气温异常变化等因素导致发生洪涝、干旱、高温热浪、低温雨雪冰冻、森林草原火灾的可能性增大,重特大地震灾害风险形势严峻复杂,灾害的突发性和异常性愈发明显。

防控难度不断加大。随着工业化、城镇化持续推进,我国中心城市、城市群迅猛发展,人口、生产要素更加集聚,产业链、供应链、价值链日趋复杂,生产生活空间高度关联,各类承灾体暴露度、集中度、脆弱性大幅增加。新能源、新工艺、新材料广泛应用,新产业、新业态、新模式大量涌现,引发新问题,形成新隐患,一些"想不到、管得少"的领域风险逐渐凸显。同时,灾害事故发生的隐蔽性、复杂性、耦合性进一步增加,重特大灾害事故往往引发一系列次生、衍生灾害事故和生态环境破坏,形成复杂多样的灾害链、事故链,进一步增加风险防控和应急处置的复杂性及难度。全球化、信息化、网络化的快速发展,也使灾害事故影响的广度和深度持续增加。

应急管理基础薄弱。应急管理体制改革还处于深化过程中,一些地方改革还处于磨合期,亟待构建优化协同高效的格局。防汛抗旱、抗震救灾、森林草原防灭火、综合减灾等工作机制还需进一步完善,安全生产综合监管和行业监管职责需要进一步理顺。应急救援力量不足特别是国家综合性消防救援队伍力量短缺问题突出,应急管理专业人才培养滞后,专业队伍、社会力量建设有待加强。科技信息化水平总体较低,风险隐患早期感知、早期识别、早期预警、早期发布能力欠缺,应急物资、应急通信、指挥平台、装备配备、紧急运输、远程投送等保障尚不完善。基层应急能力薄弱,公众风险防范意识、自救互救能力不足等问题比较突出,应急管理体系和能力与国家治理体系和治理能力现代化的要求存在很大差距。

二、总体要求

（一）指导思想

以习近平新时代中国特色社会主义思想为指导，全面贯彻落实党的十九大和十九届历次全会精神，增强“四个意识”、坚定“四个自信”、做到“两个维护”，坚持系统观念，统筹推进“五位一体”总体布局，协调推进“四个全面”战略布局，坚定不移贯彻新发展理念，坚持稳中求进工作总基调，坚持人民至上、生命至上，坚持总体国家安全观，更好统筹发展和安全，以推动高质量发展为主题，以防范化解重大安全风险为主线，深入推进应急管理体系和能力现代化，坚决遏制重特大事故，最大限度降低灾害事故损失，全力保护人民群众生命财产安全和维护社会稳定，为建设更高水平的平安中国和全面建设社会主义现代化强国提供坚实安全保障。

（二）基本原则

坚持党的领导。加强党对应急管理工作的集中统一领导，全面贯彻党的基本理论、基本路线、基本方略，把党的政治优势、组织优势、密切联系群众优势和社会主义集中力量办大事的制度优势转化为应急管理事业发展的强大动力和坚强保障。

坚持以人为本。坚持以人民为中心的发展思想，始终做到发展为了人民、发展依靠人民、发展成果由人民共享，始终把保护人民群众生命财产安全和身体健康放在第一位，全面提升国民安全素质和应急意识，促进人与自然和谐共生。

坚持预防为主。健全风险防范化解机制，做到关口前移、重心下移，加强源头管控，夯实安全基础，强化灾害事故风险评估、隐患排查、监测预警，综合运用人防物防技防等手段，真正把问题解决在萌芽之时、成灾之前。

坚持依法治理。运用法治思维和法治方式，加快构建适应应急管理体制的法律法规和标准体系，坚持权责法定、依法应急，增强全社会法治意识，实现应急管理的制度化、法治化、规范化。

坚持精准治理。科学认识和系统把握灾害事故致灾规律，统筹事前、事中、事后各环节，差异化管理、精细化施策，做到预警发布精准、抢险救援精准、恢复重建精准、监管执法精准。

坚持社会共治。把群众观点和群众路线贯穿工作始终，加强和创新社会治理，发挥市场机制作用，强化联防联控、群防群治，普及安全知识，培育安全文化，不断提高全社会安全意识，筑牢防灾减灾救灾的人民防线。

（三）主要目标

总体目标：到 2025 年，应急管理体系和能力现代化建设取得重大进展，形成统一指挥、专常兼备、反应灵敏、上下联动的中国特色应急管理体制，建成统一领导、权责一致、权威高效的国家应急能力体系，防范化解重大安全风险体制机制不断健全，应急救援力量建设全面加强，应急管理法治水平、科技信息化水平和综合保障能力大幅提升，安全生产、综合防灾减灾形势趋稳向好，自然灾害防御水平明显提升，全社会防范和应对处置灾害事故能力显著增强。到 2035 年，建立与基本实现现代化相适应的中国特色大国应急体系，全面实现依法应急、科学应急、智慧应急，形成共建共治共享的应急管理新格局。

专栏1 “十四五”时期主要指标

序号	指标	预期值	属性
1	生产安全事故死亡人数	下降 15%	约束性
2	重特大生产安全事故起数	下降 20%	约束性
3	单位国内生产总值生产安全事故死亡率	下降 33%	约束性
4	工矿商贸就业人员十万人生产安全事故死亡率	下降 20%	约束性
5	年均每百万人口因自然灾害死亡率	<1	预期性
6	年均每十万人受灾人次	<15 000	预期性
7	年均因自然灾害直接经济损失占国内生产总值比例	<1%	预期性

应急管理体制机制更加完善。领导体制、指挥体制、职能配置、机构设置、协同机制更趋合理,应急管理队伍建设、能力建设、作风建设取得重大进展,应急管理机构基础设施、装备条件大幅改善,工作效率、履职能力全面提升。县级以上应急管理部门行政执法装备配备达标率达到 80%。

灾害事故风险防控更加高效。安全风险分级管控与隐患排查治理机制进一步完善,多灾种和灾害链综合监测、风险早期感知识别和预报预警能力显著增强,城乡基础设施防灾能力、重点行业领域安全生产水平大幅提升,危险化学品、矿山、交通运输、建筑施工、火灾等重特大安全事故得到有效遏制,严防生产安全事故应急处置引发次生环境事件。灾害事故信息上报及时准确,灾害预警信息发布公众覆盖率达到 90%。

大灾巨灾应对准备更加充分。综合救援、专业救援、航空救援力量布局更加合理,应急救援效能显著提升,应急预案、应急通信、应急装备、应急物资、应急广播、紧急运输等保障能力全面加强。航空应急力量基本实现 2 小时内到达灾害事故易发多发地域,灾害事故发生后受灾人员基本生活得到有效救助时间缩短至 10 小时以内。

应急要素资源配置更加优化。科技资源、人才资源、信息资源、产业资源配置更趋合理高效,应急管理基础理论研究、关键技术研究、重大装备研发取得重大突破,规模合理、素质优良的创新型人才队伍初步形成,应急管理科技信息化水平明显提高,“一带一路”自然灾害防治和应急管理国际合作机制逐步完善。县级以上应急管理部门专业人才占比达到 60%。

共建共治共享体系更加健全。全社会安全文明程度明显提升,社会公众应急意识和自救互救能力显著提高,社会治理的精准化水平持续提升,规范有序、充满活力的社会应急力量发展环境进一步优化,共建共治共享的应急管理格局基本形成。重点行业规模以上企业新增从业人员安全技能培训率达到 100%。

三、深化体制机制改革,构建优化协同高效的治理模式

(一)健全领导指挥体制

按照常态应急与非常态应急相结合,建立国家应急指挥总部指挥机制,省、市、县建设本级应急指挥部,形成上下联动的应急指挥部体系。按照综合协调、分类管理、分级负责、

属地为主的原则，健全中央与地方分级响应机制，明确各级各类灾害事故响应程序，进一步理顺防汛抗旱、抗震救灾、森林草原防灭火等指挥机制。将消防救援队伍和森林消防队伍整合为一支正规化、专业化、职业化的国家综合性消防救援队伍，实行严肃的纪律、严密的组织，按照准现役、准军事化标准建设管理，完善统一领导、分级指挥的领导体制，组建统一的领导指挥机关，建立中央地方分级指挥和队伍专业指挥相结合的指挥机制，加快建设现代化指挥体系，建立与经济社会发展相适应的队伍编制员额同步优化机制。完善应急管理部门管理体制，全面实行准军事化管理。

（二）完善监管监察体制

推进应急管理综合行政执法改革，整合监管执法职责，组建综合行政执法队伍，健全监管执法体系。推动执法力量向基层和一线倾斜，重点加强动态巡查、办案等一线执法工作力量。制定应急管理综合行政执法事项指导目录，建立完善消防执法跨部门协作机制，构建消防安全新型监管模式。制定实施安全生产监管监察能力建设规划，负有安全生产监管监察职责的部门要加强力量建设，确保切实有效履行职责。加强各级矿山安全监察机构力量建设，完善国家监察、地方监管、企业负责的矿山安全监管监察体制。推进地方矿山安全监管机构能力建设，通过政府购买服务方式为监管工作提供技术支撑。

（三）优化应急协同机制

强化部门协同。充分发挥相关议事协调机构的统筹作用，发挥好应急管理部门的综合优势和各相关部门的专业优势，明确各部门在事故预防、灾害防治、信息发布、抢险救援、环境监测、物资保障、恢复重建、维护稳定等方面的工作职责。健全重大安全风险防范化解协同机制和灾害事故应对处置现场指挥协调机制。

强化区域协同。健全自然灾害高风险地区，以及京津冀、长三角、粤港澳大湾区、成渝城市群及长江、黄河流域等区域协调联动机制，统一应急管理工作流程和业务标准，加强重大风险联防联控，联合开展跨区域、跨流域风险隐患普查，编制联合应急预案，建立健全联合指挥、灾情通报、资源共享、跨域救援等机制。组织综合应急演练，强化互助调配衔接。

（四）压实应急管理责任

强化地方属地责任。建立党政同责、一岗双责、齐抓共管、失职追责的应急管理责任制。将应急管理体系和能力建设纳入地方各级党政领导干部综合考核评价内容。推动落实地方党政领导干部安全生产责任制，制定安全生产职责清单和年度工作清单，将安全生产纳入高质量发展评价体系。健全地方政府预防与应急准备、灾害事故风险隐患调查及监测预警、应急处置与救援救灾等工作责任制，推动地方应急体系和能力建设。

明确部门监管责任。严格落实管行业必须管安全、管业务必须管安全、管生产经营必须管安全要求，依法依规进一步夯实有关部门在危险化学品、新型燃料、人员密集场所等相关行业领域的安全监管职责，加强对机关、团体、企业、事业单位的安全管理，健全责任链条，加强工作衔接，形成监管合力，严格把关重大风险隐患，着力防范重点行业领域系统性安全风险，坚决遏制重特大事故。

落实生产经营单位主体责任。健全生产经营单位负责、职工参与、政府监管、行业自律、社会监督的安全生产治理机制。将生产经营单位的主要负责人列为本单位安全生产第一责任人。以完善现代企业法人治理体系为基础,建立企业全员安全生产责任制度。健全生产经营单位重大事故隐患排查治理情况向负有安全生产监督管理职责的部门和职工大会(职代会)“双报告”制度。推动重点行业领域规模以上企业组建安全生产管理和技术团队,提高企业履行主体责任的专业能力。实施工伤预防行动计划,按规定合理确定工伤保险基金中工伤预防费的比例。

严格责任追究。健全灾害事故直报制度,严厉追究瞒报、谎报、漏报、迟报责任。建立完善重大灾害调查评估和事故调查机制,坚持事故查处“四不放过”原则,推动事故调查重点延伸到政策制定、法规修订、制度管理、标准技术等方面。加强对未遂事故和人员受伤事故的调查分析,严防小隐患酿成大事故。完善应急管理责任考评指标体系和奖惩机制,定期开展重特大事故调查处理情况“回头看”。综合运用巡查、督查等手段,强化对安全生产责任落实情况的监督考核。

四、夯实应急法治基础,培育良法善治的全新生态

(一)推进完善法律法规架构

加快完善安全生产法配套法规规章,推进制修订应急管理、自然灾害防治、应急救援组织、国家消防救援人员、矿山安全、危险化学品安全等方面法律法规,推动构建具有中国特色的应急管理法律法规体系。支持各地因地制宜开展应急管理地方性法规规章制修订工作。持续推进精细化立法,健全应急管理立法立项、起草、论证、协调、审议机制和立法后实施情况评估机制。完善应急管理规章、规范性文件制定制度和监督管理制度,定期开展规范性文件集中清理和专项审查。完善公众参与政府立法机制,畅通公众参与渠道。开展丰富多样的普法活动,加大典型案例普法宣传。

(二)严格安全生产执法

加大危险化学品、矿山、工贸、交通运输、建筑施工等重点行业领域安全生产执法力度,持续推进“互联网+ 执法”。综合运用“四不两直”、异地交叉执法、“双随机、一公开”等方式,加大重点抽查、突击检查力度,建立健全安全生产典型执法案例报告制度,严厉打击非法生产经营行为。全面推行行政执法公示、执法全过程记录、重大执法决定法制审核三项制度,以及公众聚集场所投入使用、营业前消防安全检查告知承诺制。健全安全生产行政处罚自由裁量标准,细化行政处罚等级。严格事故前严重违法行为责任追究,严格执行移送标准和程序,规范实施行政执法与刑事司法衔接机制。加强执法监督,完善内外部监督机制。

(三)推动依法行政决策

将应急管理行政决策全过程纳入法治化轨道,对一般和重大行政决策实行分类管理。完善公众参与、专家论证、风险评估、合法性审查、集体讨论决定等法定程序和配套制度,健全并实施应急管理重大行政决策责任倒查和追究机制。定期制定和更新决策事项目录和标准,依法向社会公布。建立依法应急决策制度,规范启动条件、实施方式、尽职免予问责等内容。深化应急管理“放管服”改革,加强事前事中事后监管和地方承接能力建设,积极营造公平有序竞争的市场环境。

（四）推进应急标准建设

实施应急管理标准提升行动计划，建立结构完整、层次清晰、分类科学的应急管理标准体系。构建完善应急管理、矿山安全等相关专业标准化技术组织。针对灾害事故暴露出的标准短板，加快制修订一批支撑法律有效实施的国家标准和行业标准，研究制定应急管理领域大数据、物联网、人工智能等新技术应用标准，鼓励社会团体制定应急产品及服务类团体标准。加快安全生产、消防救援领域强制性标准制修订，尽快制定港区消防能力建设标准，开展应急管理相关国家标准实施效果评估。推动企业标准化与企业安全生产治理体系深度融合，开展国家级应急管理标准试点示范。鼓励先进企业创建应急管理相关国际标准，推动标准和规则互认。加大应急管理标准外文版供给。

五、防范化解重大风险，织密灾害事故的防控网络

（一）注重风险源头防范管控

加强风险评估。以第一次全国自然灾害综合风险普查为基准，编制自然灾害风险和防治区划图。加强地震构造环境精细探测和重点地区与城市活动断层探察。推进城镇周边火灾风险调查。健全安全风险评估管理制度，推动重点行业领域企业建立安全风险管理体系，全面开展城市安全风险评估，定期开展重点区域、重大工程和大型油气储存设施等安全风险评估，制定落实风险管控措施。开展全国工业园区应急资源和能力全面调查，指导推动各地建设工业园区应急资源数据库。

科学规划布局。探索建立自然灾害红线约束机制。强化自然灾害风险区划与各级各类规划融合，完善规划安全风险评估会商机制。加强超大特大城市治理中的风险防控，统筹县域城镇和村庄规划建设，严格控制区域风险等级及风险容量，推进实施地质灾害避险搬迁工程，加快形成有效防控重大安全风险的空间格局和生产生活方式布局。将城市防灾减灾救灾基础设施用地需求纳入当地土地利用年度计划并予以优先保障。完善应急避难场所规划布局，健全避难场所建设标准和后评价机制，严禁随意变更应急避难场所和应急基础设施的使用性质。

（二）强化风险监测预警预报

充分利用物联网、工业互联网、遥感、视频识别、第五代移动通信（5G）等技术提高灾害事故监测感知能力，优化自然灾害监测站网布局，完善应急卫星观测星座，构建空、天、地、海一体化全域覆盖的灾害事故监测预警网络。广泛部署智能化、网络化、集成化、微型化感知终端，高危行业安全监测监控实行全国联网或省（自治区、直辖市）范围内区域联网。完善综合风险预警制度，增强风险早期识别能力，发展精细化气象灾害预警预报体系，优化地震长中短临和震后趋势预测业务，提高安全风险预警公共服务水平。建立突发事件预警信息发布标准体系，优化发布方式，拓展发布渠道和发布语种，提升发布覆盖率、精准度和时效性，强化针对特定区域、特定人群、特定时间的精准发布能力。建立重大活动风险提示告知制度和重大灾害性天气停工停课停业制度，明确风险等级和安全措施要求。推进跨部门、跨地域的灾害事故预警信息共享。

（三）深化安全生产治本攻坚

严格安全准入。加强工业园区等重点区域安全管理，制定危险化学品、烟花爆竹、矿

山、工贸等“禁限控”目录，完善危险化学品登记管理数据库和动态统计分析功能，推动建立高危行业领域建设项目安全联合审批制度，强化特别管控危险化学品全生命周期管理。建立更加严格规范的安全准入体系，加强矿用、消防等设备材料安全管理，优化交通运输和渔业船舶等安全技术和安全配置。严格建设项目安全设施同时设计、同时施工、同时投入生产和使用制度，健全重大项目决策安全风险评估与论证机制。推动实施全球化学品统一分类和标签制度。

加强隐患治理。完善安全生产隐患分级分类排查治理标准，制定隐患排查治理清单，实现隐患自查自改自报闭环管理。建立危险化学品废弃报告制度。实行重大事故隐患治理逐级挂牌督办、及时整改销号和整改效果评价。推动将企业安全生产信息纳入政府监管部门信息平台，构建政府与企业多级多方联动的风险隐患动态数据库，综合分析研判各类风险、跟踪隐患整改清零。研究将安全风险分级管控和隐患排查治理列入企业安全生产费用支出范围。

深化专项整治。深入推进危险化学品、矿山、消防、交通运输、建筑施工、民爆、特种设备、大型商业综合体等重点行业领域安全整治，解决影响制约安全生产的薄弱环节和突出问题，督促企业严格安全管理、加大安全投入、落实风险管控措施。结合深化供给侧结构性改革，推动安全基础薄弱、安全保障能力低下且整改后仍不达标的企业退出市场。统筹考虑危险化学品企业搬迁和项目建设审批，优先保障符合条件企业的搬迁用地。持续推进企业安全生产标准化建设，实现安全管理、操作行为、设施设备和作业环境规范化。推动淘汰落后技术、工艺、材料和设备，加大重点设施设备、仪器仪表检验检测力度。推动各类金融机构出台优惠贷款等金融类产品，大力推广新技术、新工艺、新材料和新装备，实施智能化矿山、智能化工厂、数字化车间改造，开展智能化作业和危险岗位机器人替代示范。强化危险废物全过程监管，动态修订《国家危险废物名录》，修订危险废物鉴别、贮存以及水泥窑协同处置污染控制等标准，制定完善危险废物重点监管单位清单。建立废弃危险化学品等危险废物监管协作和联合执法工作机制，加强危险废物监管能力与应急处置技术支持能力建设。

专栏 2　安全生产治本攻坚重点
1. 危险化学品。化工园区本质安全整治提升、企业分类治理整顿、非法违法“小化工”整治、重大危险源管控、硝酸铵等高危化学品和精细化工等高危工艺安全风险管控、自动化控制、特殊作业安全管理、城区内化学品输送管线、油气站等易燃易爆剧毒设施；化学品运输、使用和废弃处置等环节。 2. 烟花爆竹。生产、储存、运输等设施；生产、经营、进出口、运输、燃放、销毁、处置等环节。 3. 矿山。煤与瓦斯突出、冲击地压、水文地质类型复杂或极复杂等灾害严重煤矿，30 万吨/年以下煤矿，开采深度超过 1 200 米的大中型及以上煤矿；入井人数超过 30 人、井深超过 800 米的金属非金属地下矿山，边坡高度超过 200 米的金属非金属露天矿山，尾矿库“头顶库”、无生产经营主体尾矿库、长期停用尾矿库。 4. 工贸。冶金企业高温熔融金属、煤气工艺环节，涉粉作业人数 30 人以上的金属粉尘、木粉尘企业，铝加工（深井铸造）企业、农贸市场重大事故隐患整治。

专栏2(续)
5. 消防。超高层建筑、大型商业综合体、城市地下轨道交通、石油化工企业等高风险场所；人员密集场所、"三合一"场所、群租房、生产加工作坊等火灾易发场所；博物馆、文物古建筑、古城古村寨等文物、文化遗产保护场所和易地扶贫搬迁安置场所；电动汽车、电动自行车、电化学储能设施和冷链仓库、冰雪运动娱乐等新产业新业态；船舶、船闸、水上加油站等水上设施。
6. 道路运输。急弯陡坡、临水临崖、长下坡、危桥、危隧、穿村过镇路口、农村马路市场等路段及部位；非法违规营运客车、校车，"大吨小标"、超限超载、非法改装货车等运输车辆；变型拖拉机；常压液体危险货物罐车。
7. 其他交通运输（民航、铁路、邮政、水上和城市轨道交通）和渔业船舶。民航运输：可控飞行撞地、空中相撞、危险品运输，跑道安全、机场净空安全、鸟击、通用航空安全；铁路运输：沿线环境安全、危险货物运输、公铁水并行交汇地段、路外伤害安全；邮政快递：末端车辆安全、作业场所安全；水上运输：商渔船碰撞、内河船舶非法从事海上运输、港口客运和危险货物运输；城市轨道交通：运营保护区巡查，违规施工作业、私搭乱建、堆放易燃易爆危险品等；渔业船舶：船舶脱检脱管、不适航、配员不足、脱编作业、超员超载、超风级超航区冒险航行作业，船员不适任、疏忽瞭望值守。
8. 城市建设。利用原有建筑物改建改用为酒店、饭店、学校、体育馆等人员聚集场所；高层建筑工程、地下工程、改造加固工程、拆除工程、桥梁隧道工程；违法违规转包分包；城镇燃气及燃气设施安全管理。
9. 工业园区等功能区。化工园区安全风险评估分级；仓储物流园区安全管理；港口码头等功能区安全管理。
10. 危险废物。危险废物贮存、利用、处置环节；违规堆存、随意倾倒、私自填埋危险废物。

（四）加强自然灾害综合治理

改善城乡防灾基础条件。开展城市重要建筑、基础设施系统及社区抗震韧性评价及加固改造，提升学校、医院等公共服务设施和居民住宅容灾备灾水平。加强城市防洪排涝与调蓄设施建设，优化和拓展城市调蓄空间。增强公共设施应对风暴和地质灾害的能力，完善公共设施和建筑应急避难功能。统筹规划建设公共消防设施，加密消防救援站点。实施农村危房改造和地震高烈度设防地区农房抗震改造，逐步建立农村低收入人口住房安全保障长效机制。完善农村道路安全设施。推进自然灾害高风险地区居民搬迁避让，有序引导灾害风险等级高、基础设施条件较差、防灾减灾能力较弱的乡村人口适度向灾害风险较低的地区迁移。

提高重大设施设防水平。提升地震灾害、地质灾害、气象灾害、水旱灾害、海洋灾害、森林和草原火灾等自然灾害防御工程标准和重点基础设施设防标准。加强城市内涝治理，实施管网和泵站建设与改造、排涝通道建设、雨水源头减排工程。科学布局防火应急道路和火灾阻隔网络。完善网络型基础设施空间布局，积极推进智能化防控技术应用，增强可替代性，提升极端条件下抗损毁和快速恢复能力。加快推进城市群、重要口岸、主要产业及能源基地、自然灾害多发地区的多通道、多方式、多路径交通建设，提升交通网络系统韧性。推进重大地质灾害隐患工程治理，开展已建治理工程维护加固。开展重点岸段风暴潮漫滩漫堤联合预警，推进沿海地区海堤达标和避风锚地建设，构建沿海防潮防台减灾体系。加强国家供水应急救援基地建设。防范海上溢油、危险化学品泄漏等重大环境风险，提升应对海洋自然灾害和突发环境事件能力。加快京津冀平原沉降综合防治和地质灾害安全管理。

六、加强应急力量建设，提高急难险重任务的处置能力

（一）建强应急救援主力军国家队

坚持党对国家综合性消防救援队伍的绝对领导，践行“对党忠诚、纪律严明、赴汤蹈火、竭诚为民”重要训词精神，对标应急救援主力军和国家队定位，严格教育、严格训练、严格管理、严格要求，全面提升队伍的正规化、专业化、职业化水平。积极适应“全灾种、大应急”综合救援需要，优化力量布局和队伍编成，填补救援力量空白，加快补齐国家综合性消防救援队伍能力建设短板，加大中西部地区国家综合性消防救援队伍建设支持力度。加强高层建筑、大型商业综合体、城市地下轨道交通、石油化工企业火灾扑救和地震、水域、山岳、核生化等专业救援力量建设，建设一批机动和拳头力量。发挥机动力量优势，明确调动权限和程序、与属地关系及保障渠道。加大先进适用装备配备力度，强化多灾种专业化训练，提高队伍极端条件下综合救援能力，增强防范重大事故应急救援中次生突发环境事件的能力。发展政府专职消防员和志愿消防员，加强城市消防站和乡镇消防队建设。加强跨国（境）救援队伍能力建设，积极参与国际重大灾害应急救援、紧急人道主义援助。适应准现役、准军事化标准建设需要和职业风险高、牺牲奉献大的特点，完善国家综合性消防救援队伍专门保障机制，提高职业荣誉感和社会尊崇度。

（二）提升行业救援力量专业水平

强化有关部门、地方政府和企业所属各行业领域专业救援力量建设，组建一定规模的专业应急救援队伍、大型工程抢险队伍和跨区域机动救援队伍。完善救援力量规模、布局、装备配备和基础设施等建设标准，健全指挥管理、战备训练、遂行任务等制度，加强指挥人员、技术人员、救援人员实操实训，提高队伍正规化管理和技战术水平。加强各类救援力量的资源共享、信息互通和共训共练。健全政府购买应急服务机制，建立政府、行业企业和社会各方多元化资金投入机制，加快建立应急救援队伍多渠道保障模式。加强重点国际铁路、跨国能源通道、深海油气开发等重大工程安全应急保障能力建设。

（三）加快建设航空应急救援力量

用好现有资源，统筹长远发展，加快构建应急反应灵敏、功能结构合理、力量规模适度、各方积极参与的航空应急救援力量体系。引导和鼓励大型民航企业、航空货运企业建设一定规模的专业航空应急队伍，购置大型、重型航空飞行器，提高快速运输、综合救援、高原救援等航空应急能力。采取直接投资、购买服务等多种方式，完善航空应急场站布局，加强常态化航空力量部署，增加森林航空消防飞机（直升机）机源和数量，实现森林草原防灭火重点区域基本覆盖。完善航空应急救援空域保障机制和航空器跨区域救援协调机制。支持航空应急救援配套专业建设，加强航空应急救援专业人才培养。

（四）引导社会应急力量有序发展

制定出台加强社会应急力量建设的意见，对队伍建设、登记管理、参与方式、保障手段、激励机制、征用补偿等作出制度性安排，对社会应急力量参与应急救援行动进行规范引导。开展社会应急力量应急理论和救援技能培训，加强与国家综合性消防救援队伍等

联合演练，定期举办全国性和区域性社会应急力量技能竞赛，组织实施分级分类测评。鼓励社会应急力量深入基层社区排查风险隐患、普及应急知识、就近就便参与应急处置等。推动将社会应急力量参与防灾减灾救灾、应急处置等纳入政府购买服务和保险范围，在道路通行、后勤保障等方面提供必要支持。

七、强化灾害应对准备，凝聚同舟共济的保障合力

（一）强化应急预案准备

完善预案管理机制。修订突发事件应急预案管理办法，完善突发事件分类与分级标准，规范预警等级和应急响应分级。加强应急预案的统一规划、衔接协调和分级分类管理，完善应急预案定期评估和动态修订机制。强化预案的刚性约束，根据突发事件类别和级别明确各方职责任务，强化上下级、同级别、军队与地方、政府与企业、相邻地区等相关预案之间的有效衔接。建设应急预案数字化管理平台，加强预案配套支撑性文件的编制和管理。

加快预案制修订。制定突发事件应急预案编制指南，加强预案制修订过程中的风险评估、情景构建和应急资源调查。修订国家突发事件总体应急预案，组织指导专项、部门、地方应急预案修订，做好重要目标、重大危险源、重大活动、重大基础设施安全保障应急预案编制工作。有针对性地编制巨灾应对预案，开展应急能力评估。

加强预案演练评估。制定突发事件应急预案评估管理办法和应急演练管理办法，完善应急预案及演练的评估程序和标准。对照预案加强队伍力量、装备物资、保障措施等检查评估，确保应急响应启动后预案规定任务措施能够迅速执行到位。加强应急预案宣传培训，制定落实应急演练计划，组织开展实战化的应急演练，鼓励形式多样、节约高效的常态化应急演练，重点加强针对重大灾害事故的应急演练，根据演练情况及时修订完善应急预案。

（二）强化应急物资准备

优化应急物资管理。按照中央层面满足应对特别重大灾害事故的应急物资保障峰值需求、地方层面满足启动本行政区域Ⅱ级应急响应的应急物资保障需求，健全完善应急物资保障体系，建立中央和地方、政府和社会、实物和产能相结合的应急物资储备模式，加强应急物资资产管理，建立健全使用和管理情况的报告制度。建立跨部门应急物资保障联动机制，健全跨区域应急物资协同保障机制。依法完善应急处置期间政府紧急采购制度，优化流程、简化手续。完善各类应急物资政府采购需求标准，细化技术规格和参数，加强应急物资分类编码及信息化管理。完善应急物资分类、生产、储备、装卸、运输、回收、报废、补充等相关管理规范。完善应急捐赠物资管理分配机制，规范进口捐赠物资审批流程。

加强物资实物储备。完善中央、省、市、县、乡五级物资储备布局，建立健全包括重要民生商品在内的应急物资储备目录清单，合理确定储备品类、规模和结构并动态调整。建立完善应急物资更新轮换机制。扩大人口密集区域、灾害事故高风险区域和交通不便区域的应急物资储备规模，丰富储备物资品种、完善储备仓库布局，重点满足流域大洪水、超强台风以及特别重大山洪灾害应急的物资需要。支持政企共建或委托企业代建应急物资

储备库。

提升物资产能保障。制定应急物资产能储备目录清单，加强生产能力动态监控，掌握重要物资企业供应链分布。实施应急产品生产能力储备工程，建设区域性应急物资生产保障基地。选择符合条件的企业纳入产能储备企业范围，建立动态更新调整机制。完善鼓励、引导重点应急物资产能储备企业扩能政策，持续完善应急物资产业链。加强对重大灾害事故物资需求的预判研判，完善应急物资储备和集中生产调度机制。

专栏 3　应急物资储备布局建设重点
1. 中央生活类救灾物资：改扩建现有 20 个中央生活类救灾物资储备库和 35 个综合仓库，在交通枢纽城市、人口密集区域、易发生重特大自然灾害区域建设 7 个综合性国家储备基地。 2. 综合性消防救援应急物资：在北京、沈阳等地建设 8 个中央级库，依托消防救援总队训练与战勤保障支队建设 31 个省级库，在三类以上消防救援支队所在地市建设 227 个地市级库。 3. 森林消防应急物资：在成都、海拉尔等地建设 7 个中央级库，依托森林消防总队建设 5 个省级库，在森林消防支队所在地建设 36 个地市级库。 4. 地方应急物资：改扩建现有应急物资储备库，推进县级应急物资储备库建设，重点支持中西部和经济欠发达高风险地区储备库建设。

（三）强化紧急运输准备

加强区域统筹调配，建立健全多部门联动、多方式协同、多主体参与的综合交通应急运输管理协调机制。制定运输资源调运、征用、灾后补偿等配套政策，完善调运经费结算方式。深化应急交通联动机制，落实铁路、公路、航空应急交通保障措施。依托大型骨干物流企业，统筹建立涵盖铁路、公路、水运、民航等各种运输方式的紧急运输储备力量，发挥高铁优势构建力量快速输送系统，保障重特大灾害事故应急资源快速高效投送。健全社会紧急运输力量动员机制。加快建立储备充足、反应迅速、抗冲击能力强的应急物流体系。优化紧急运输设施空间布局，加快专业设施改造与功能嵌入，健全应急物流基地和配送中心建设标准。发挥不同运输方式规模、速度、覆盖优势，构建快速通达、衔接有力、功能适配、安全可靠的综合交通应急运输网络。加强交通应急抢通能力建设，进一步提高紧急运输能力。加强紧急运输绿色通道建设，完善应急物资及人员运输车辆优先通行机制。建设政企联通的紧急运输调度指挥平台，提高供需匹配效率，减少物资转运环节，提高救灾物资运输、配送、分发和使用的调度管控水平。推广运用智能机器人、无人机等高技术配送装备，推动应急物资储运设备集装单元化发展，提升应急运输调度效率。

（四）强化救助恢复准备

健全灾害救助机制。完善自然灾害救助标准动态调整机制。加强灾后救助与其他专项救助相衔接，完善救灾资源动员机制，推广政府与社会组织、企业合作模式，支持红十字会、慈善组织等依法参与灾害救援救助工作。健全受灾群众过渡安置和救助机制，加强临时住所、水、电、道路、通信、广播电视等基础设施建设，保障受灾群众基本生活。针对儿童特点采取优先救助和康复措施，加强对孕产妇等重点群体的关爱保护。对受灾害影响造成监护缺失的未成年人实施救助保护。引导心理援助与社会工作服务参与灾害应对处置和善后工作，对受灾群众予以心理援助。

规范灾后恢复重建。健全中央统筹指导、地方作为主体、灾区群众广泛参与的重特大自然灾害灾后恢复重建机制。科学开展灾害损失评估、次生衍生灾害隐患排查及危险性评估、住房及建筑物受损鉴定和资源环境承载能力评价，完善评估标准和评估流程，科学制定灾后恢复重建规划。优先重建供电、通信、给排水、道路、桥梁、水库等基础设施，以及学校、医院、广播电视等公益性服务设施。完善灾后恢复重建的财税、金融、保险、土地、社会保障、产业扶持、蓄滞洪区补助政策，强化恢复重建政策实施监督评估。加强灾后恢复重建资金管理，引导国内外贷款、对口支援资金、社会捐赠资金等参与灾后恢复重建，积极推广以工代赈方式。

八、优化要素资源配置，增进创新驱动的发展动能

（一）破解重大瓶颈难题

深化应用基础研究。聚焦灾害事故防控基础问题，强化多学科交叉理论研究。开展重大自然灾害科学考察与调查。整合利用中央和地方政府、企业以及其他优势科技资源，加强自主创新和“卡脖子”技术攻关。实施重大灾害事故防治、重大基础设施防灾风险评估等国家科技计划项目，制定国家重大应急关键技术攻关指南，加快主动预防型安全技术研究。

研制先进适用装备。加快研制适用于高海拔、特殊地形、原始林区等极端恶劣环境的智能化、实用化、轻量化专用救援装备。鼓励和支持先进安全技术装备在应急各专业领域的推广应用，完善《推广先进与淘汰落后安全技术装备目录》动态调整机制。着力推动一批关键技术装备的统型统配、认证认可、成果转化和示范应用。加快航天、航空、船舶、兵器等军工技术装备向应急领域转移转化。

搭建科技创新平台。以国家级实验室建设为引领，加快健全主动保障型安全技术支撑体系，完善应急管理科技配套支撑链条。整合优化应急领域相关共性技术平台，推动科技创新资源开放共享，统筹布局应急科技支撑平台，新增具备中试以上条件的灾害事故科技支撑基地10个以上。完善应急管理领域科技成果使用、处置收益制度，健全知识、技术、管理、数据等创新要素参与利益分配的激励机制，推行科技成果处置收益和股权期权激励制度。

增进国际交流合作。加强与联合国减少灾害风险办公室等国际组织的合作，推动构建国际区域减轻灾害风险网络。有序推动“一带一路”自然灾害防治和应急管理国际合作机制建设，创办国际合作部长论坛。推进中国—东盟应急管理合作。积极参与国际大科学装置、科研基地（中心）建设。

专栏4　关键技术与装备研发重点
1. 基础理论：重大复合灾害事故动力学演化与防控；重大自然灾害及灾害链成因、预报预测与风险防控；极地气象灾害形成机理和演化规划；重要地震带孕震机理；高强度火灾及其衍生灾害演化；安全生产风险监测预警与事故防控；矿山深部开采与复杂耦合重大灾害防治；火灾防治与消防基础理论研究。 2. 应急准备：重大灾害事故过程数值模拟技术；多灾种耦合模拟仿真、预测分析与评估研判技术；重大灾害事故风险智能感知与超前识别技术；重大灾害事故定量风险评估技术；重大基础设施危险源识别共性技术；城市基础设施灾害事件链分析技术；智能无人化安全作业技术。

专栏4(续)
3. 监测预警:大地震孕育发生过程监测与预测预报关键技术与装备;突发性特大海啸监测预警关键技术与装备;重大气象灾害及极端天气气候事件智能化精细化监测预警技术与装备;雷击火监测预警技术;城市消防安全风险监测与预测预警技术;浓雾、路面低温结冰等其他高影响天气实时监测报警和临近预警技术;矿山瓦斯、冲击地压、水害、火灾、冒顶、片帮、边坡坍塌、尾矿库溃坝等重大灾害事故智能感知与预警预报技术与装备;油气开采平台重特大事故监测和早期溢流智能预警技术;海上溢油漂移预测技术、海上溢油量评估技术。 4. 处置救援:复杂环境下应急通信保障、紧急运输等技术与装备;复杂环境下破拆、智能搜救和无人救援技术与装备;极端或特殊环境下人体防护、机能增强装备;重大灾害事故现场应急医学救援关键技术与装备;易燃易爆品储运设施设备阻隔防爆新技术与装备;重大复合链生灾害应急抢险及处置救援技术与装备;火爆毒多灾耦合事故应急洗消与火灾扑救先进技术与装备;高效灭火装备与特种消防车辆;森林草原灭火专用装备、隔离带开设装备、火场个人防护装备;溃堤、溃坝、堰塞湖等重大险情应急处置技术与装备;巡坝查险、堵口抢险装备;水上大规模人命救助、大深度扫测搜寻打捞、大吨位沉船打捞、饱和潜水、浅滩打捞、大规模溢油回收清除技术与装备;危险化学品事故快速处置技术与装备;油气长输管道救援技术与装备;隧道事故快速救援技术与装备;海上油气事故救援技术与装备;矿山重大事故应急救援技术与装备;严重核事故应急救援技术与装备; 应急交通运输先进技术与装备。 5. 评估恢复:灾害事故精准调查评估技术;灾后快速评估与恢复重建技术;强台风及龙卷风灾损评估与恢复技术;火爆毒、垮塌及交通等事故追溯、快速评估与恢复技术;深远海井喷失控事故快速评估、处置及生产恢复技术。

(二)构建人才集聚高地

加强专业人才培养。建立应急管理专业人才目录清单,拓展急需紧缺人才培育供给渠道,完善人才评价体系。实施应急管理科技领军人才和技术带头人培养工程。加强应急管理智库建设,探索建立应急管理专家咨询委员会和重特大突发事件首席专家制度。将应急管理纳入各类职业培训内容,强化现场实操实训。加强注册安全工程师、注册消防工程师等职业资格管理,探索工程教育专业认证与国家职业资格证书衔接机制。依托应急管理系统所属院校,按程序和标准筹建应急管理类大学,建强中国消防救援学院。鼓励各地依托现有资源建设一批应急管理专业院校和应急管理职业学院。加强应急管理学科专业体系建设,鼓励高校开设应急管理相关专业。加强综合型、复合型、创新型、应用型、技能型应急管理人才培养。实施高危行业领域从业人员安全技能提升行动,严格执行安全技能培训合格后上岗、特种作业人员持证上岗制度,积极培养企业安全生产复合型人才和岗位能手。提升应急救援人员的多言多语能力,依托高校、科研院所、医疗机构、志愿服务组织等力量建设专业化应急语言服务队伍。

加强干部队伍建设。坚持党管干部原则,坚持好干部标准,贯彻落实新时代党的组织路线,建立健全具有应急管理职业特点的"选、育、管、用"干部管理制度,树立讲担当重担当、重实干重实绩的用人导向,选优配强各级应急管理领导班子。将应急管理纳入地方党政领导干部必修内容,开发面向各级领导干部的应急管理能力培训课程。完善应急管理干部素质培养体系,建立定期培训和继续教育制度,提升应急管理系统干部政治素养和业务能力。加大专业人才招录和培养力度，提高应急管理干部队伍专业人才比例。推进应急管理系统、国家综合性消防救援队伍干部交流，加强优秀年轻干部发现培养和选拔使用。建立健全符合应急管理职业特点的待遇保障机制，完善职业荣誉激励、表彰奖励和疗休养制度。

（三）壮大安全应急产业

优化产业结构。以市场为导向、企业为主体，深化应急管理科教产教双融合，推动安全应急产业向中高端发展。采用推荐目录、鼓励清单等形式，引导社会资源投向先进、适用、可靠的安全应急产品和服务。加快发展安全应急服务业，发展智能预警、应急救援救护等社区惠民服务，鼓励企业提供安全应急一体化综合解决方案和服务产品。

推动产业集聚。鼓励有条件的地区发展各具特色的安全应急产业集聚区，加强国家安全应急产业示范基地建设，形成区域性创新中心和成果转化中心。充分发挥国家安全应急产业示范基地作用，提升重大突发事件处置的综合保障能力，形成区域性安全应急产业链，引领国家安全应急技术装备研发、安全应急产品生产制造和安全应急服务发展。

支持企业发展。引导企业加大应急能力建设投入，支持安全应急领域有实力的企业做强做优，培育一批在国际、国内市场具有较强竞争力的安全应急产业大型企业集团，鼓励特色明显、创新能力强的中小微企业利用现有资金渠道加速发展。

专栏5　安全应急产品和服务发展重点

1. 高精度监测预警产品：灾害事故动态风险评估与监测预警产品、危险化学品侦检产品等。

2. 高可靠风险防控与安全防护产品：救援人员防护产品、重要设施防护系统、工程与建筑施工安全防护设备、防护材料等。

3. 新型应急指挥通信和信息感知产品：应急管理与指挥调度平台、应急通信产品、应急广播系统、灾害现场信息获取产品等。

4. 特种交通应急保障产品：全地形救援车辆、大跨度舟桥、大型隧道抢通产品、除冰雪产品、海上救援产品、铁路事故应急处置产品等。

5. 重大消防救援产品：轨道交通消防产品、机场消防产品、高层建筑消防产品、地下工程消防产品、化工灭火产品、森林草原防灭火产品、消防侦检产品、消防员职业健康产品、消防员训练产品、高性能绿色阻燃材料、环境友好灭火剂等。

6. 灾害事故抢险救援关键装备：人员搜索与物体定位产品、溢油和危险化学品事故救援产品、矿难事故救援产品、矿山安全避险及防护产品、特种设备应急产品、电力应急保障产品、高机动全地形应急救援装备、大流量排涝排水装备、多功能应急电源产品、便携机动救援装备、密闭空间排烟装备、生命探测装备、事故灾难医学救护关键装备等。

7. 智能无人应急救援装备：长航时大载荷无人机、大型固定翼航空器、无人船艇、单兵助力机器人、危险气体巡检机器人、矿井救援机器人、井下抢险作业机器人、灾后搜救水陆两栖机器人等。

8. 应急管理支撑服务：风险评估服务、隐患排查服务、检验检测认证服务等。

9. 应急专业技术服务：自然灾害防治技术服务、消防技术服务、安全生产技术服务、应急测绘技术服务、安保技术服务、应急医学服务等。

10. 社会化应急救援服务：航空救援服务、应急物流服务、道路救援服务、海上溢油应急处置服务、海上财产救助服务、安全教育培训服务、应急演练服务、巨灾保险等。

(四)强化信息支撑保障

广泛吸引各方力量共同参与应急管理信息化建设,集约建设信息基础设施和信息系统。推动跨部门、跨层级、跨区域的互联互通、信息共享和业务协同。强化数字技术在灾害事故应对中的运用,全面提升监测预警和应急处置能力。加强空、天、地、海一体化应急通信网络建设,提高极端条件下应急通信保障能力。建设绿色节能型高密度数据中心,推进应急管理云计算平台建设,完善多数据中心统一调度和重要业务应急保障功能。系统推进“智慧应急”建设,建立符合大数据发展规律的应急数据治理体系,完善监督管理、监测预警、指挥救援、灾情管理、统计分析、信息发布、灾后评估和社会动员等功能。升级气象核心业务支撑高性能计算机资源池,搭建气象数据平台和大数据智能应用处理系统。推进自主可控核心技术在关键软硬件和技术装备中的规模应用,对信息系统安全防护和数据实施分级分类管理,建设新一代智能运维体系和具备纵深防御能力的信息网络安全体系。

九、推动共建共治共享,筑牢防灾减灾救灾的人民防线

(一)提升基层治理能力

以网格化管理为切入点,完善基层应急管理组织体系,加强人员力量配备,厘清基层应急管理权责事项,落实基层政府及相关部门责任。加强和规范基层综合性应急救援队伍、微型消防站建设,推动设立社区、村应急服务站,培养发展基层应急管理信息员和安全生产社会监督员,建立完善“第一响应人”制度。指导基层组织和单位修订完善应急预案。引导乡镇(街道)、村(社区)防灾减灾基础设施建设有序发展,增强城乡社区综合服务设施应急功能。统筹防灾减灾救灾和巩固拓展脱贫攻坚成果,防止因灾致贫返贫。推动国家安全发展示范城市、全国综合减灾示范县(市、区、旗)和全国综合减灾示范社区创建工作,新增全国综合减灾示范社区 3 000 个以上,充分发挥示范引领作用。指导生产经营单位加强应急管理组织建设,推动监管和服务向小微企业延伸。

(二)加强安全文化建设

深化理论研究,系统阐述新时代应急管理的丰富内涵、核心理念和重大任务,编发应急管理理论释义读本。选树、宣传英雄模范,发挥精神引领、典型示范作用。推动将安全素质教育纳入国民教育体系,把普及应急常识和自救逃生演练作为重要内容。繁荣发展安全文化事业和安全文化产业,扩大优质产品供给,拓展社会资源参与安全文化建设的渠道。推动建立公众安全科普宣教媒体绿色通道,加强基于互联网的科普宣教培训,增强科普宣教的知识性、趣味性、交互性。推动安全宣传进企业、进农村、进社区、进学校、进家庭,推进消防救援站向社会公众开放,结合防灾减灾日、安全生产月、全国消防日等节点,开展形式多样的科普宣教活动。建设面向公众的应急救护培训体系,加强“红十字博爱家园”建设,推动建立完善村(社区)、居民家庭的自救互救和邻里相助机制。推动学校、商场、地铁、火车站等人员密集场所配备急救箱和体外除颤仪。做好应急状态下的新闻宣传和舆论引导,主动回应社会关切。

（三）健全社会服务体系

实行企业安全生产信用风险分类管理制度，建立企业安全生产信用修复机制，依法依规公布安全生产领域严重失信主体名单并实施失信联合惩戒。支持行业协会制定行约行规、自律规范和职业道德准则，建立健全职业规范和奖惩机制。鼓励行业协会、专业技术服务机构和保险机构参与风险评估、隐患排查、管理咨询、检验检测、预案编制、应急演练、教育培训等活动。推进检验检测认证机构市场化改革，支持第三方检测认证服务发展，培育新型服务市场。强化保险等市场机制在风险防范、损失补偿、恢复重建等方面的积极作用，探索建立多渠道多层次的风险分担机制，大力发展巨灾保险。鼓励企业投保安全生产责任保险，丰富应急救援人员人身安全保险品种。

十、实施重大工程项目，夯实高质量发展的安全基础

（一）管理创新能力提升工程

1. 应急救援指挥中心建设

建成国家应急指挥总部，完善调度指挥、会商研判、模拟推演、业务保障等设施设备及系统。按照就近调配、快速行动、有序救援的原则推进区域应急救援中心工程建设，健全完善指挥场所、综合救援、物资储备、培训演练、装备储备、航空保障场所及配套设施。建设综合应急实训演练基地，完善室内理论教学、室外实操实训、仿真模拟救援等设施设备。完善国家应急医学研究中心工作条件。推进国家、省、市、县四级综合指挥调度平台和地方应急指挥平台示范建设，实现各级政府与行业部门、重点救援队伍互联互通、协调联动。建设重点城市群、都市圈应急救援协同调度平台。

2. 安全监管监察能力建设

制定执法装备配备标准，配齐配强各级各行业领域安全监管监察执法队伍装备，持续改善执法工作保障条件。提升安全监管监察执法大数据应用水平。建成危险化学品、矿山、城市安全、金属冶炼、油气等重大事故防控技术支撑基地。升级优化危险化学品登记管理系统。建成矿用新装备新材料安全准入分析验证实验室和火灾事故调查分析实验室，完善设备全生命周期认证溯源管理系统。充分利用现有设施，完善监管监察执法装备测试、验证、维护、校验平台和智能化矿山安全监管监察辅助决策支撑平台，加强省级安全生产技术支撑中心实验室和分区域安全生产综合技术支撑中心实验室建设。

（二）风险防控能力提升工程

3. 灾害事故风险区划图编制

开展全国地震活动断层探察，编制第六代全国地震区划图。开展全国地质灾害风险普查，编制全国地质灾害风险区划图和防治区划图。开展台风、暴雨、暴雪等气象灾害和风暴潮、海啸等海洋灾害风险调查，编制不同尺度的危险性分布和风险评估分布图。开展安全生产重点行业领域专项调查。研发区域综合风险评估、自然灾害与事故灾难耦合风险评估等关键技术，编制城市公共安全风险评估、重大风险评估和情景构建等相关技术标准。建设灾害事故风险调查、典型风险与隐患排查数据库，建设全国灾害评估与区划系统。

4. 风险监测预警网络建设

实施自然灾害监测预警信息化工程，建设国家风险监测感知与预警平台，完善地震、地质、气象、森林草原火灾、海洋、农业等自然灾害监测站网，增加重点区域自然灾害监测核心基础站点和常规观测站点密度，完善灾害风险隐患信息报送系统。建设沙尘暴灾害应急处置信息管理平台，在主要沙尘源区试点布设沙尘暴自动监测站。升级覆盖危险化学品、矿山、烟花爆竹、尾矿库、工贸及油气管道等重点企业的监测预警网络。推进城市电力、燃气、供水、排水管网和桥梁等城市生命线及地质灾害隐患点、重大危险源的城乡安全监测预警网络建设。加快完善城乡安全风险监测预警公共信息平台，整合安全生产、自然灾害、公共卫生等行业领域监测系统，汇聚物联网感知数据、业务数据以及视频监控数据，实现城乡安全风险监测预警“一网统管”。建设基于云架构的新一代国家突发事件预警信息发布系统。稳步推进卫星遥感网建设，开发应急减灾卫星综合应用系统和自主运行管理平台，推动空基卫星遥感网在防灾减灾救灾、应急救援管理中的应用。

5. 城乡防灾基础设施建设

实施地震易发地区学校、医院、体育馆、图书馆、养老院、儿童福利机构、未成年人救助保护机构、精神卫生福利机构、救助管理机构等公共设施和农村房屋抗震加固。推动基于城市信息模型的防洪排涝智能化管理平台建设。在重点城市群、都市圈和自然灾害多发地市及重点县区，依托现有设施建设集应急指挥、应急演练、物资储备、人员安置等功能于一体的综合性应急避难场所。加强城乡公共消防设施和城镇周边森林草原防火设施建设，开展政府专职消防队伍、地方森林草原消防队伍、企业专职消防队伍达标创建。加强农田、渔港基础设施建设和农村公路、隧道、乡镇渡口渡船隐患整治，实施公路安全生命防护工程、高速公路护栏提质改造和农村公路危桥改造。深入推进农村公路平交路口“一灯一带”示范工程。开展行业单位消防安全示范建设，实施高层建筑、大型商业综合体、城市地下轨道交通、石油化工企业、老旧居民小区等重点场所和易地扶贫搬迁安置场所消防系统改造，打通消防车通道、楼内疏散通道等“生命通道”。

6. 安全生产预防工程建设

实施化工园区安全提质和危险化学品企业安全改造工程，以危险工艺本质安全提升与自动化改造、安全防护距离达标改造、危险源监测预警系统建设为重点，推进化工园区示范创建，建设化工园区风险评估与分级管控平台。推进城镇人口密集区危险化学品生产企业搬迁改造。开展煤矿瓦斯综合治理和水害、火灾、冲击地压等重大灾害治理。基本完成尾矿库“头顶库”安全治理及无生产经营主体尾矿库、长期停用尾矿库闭库治理。实施“工业互联网 + 安全生产”融合应用工程，建设行业分中心和数据支撑平台，建立安全生产数据目录。

（三）巨灾应对能力提升工程

7. 国家综合性消防救援队伍建设

依托国家综合性消防救援队伍，建设一批国家级特种灾害救援队、区域性机动救援队、搜救犬专业救援队，在重点化工园区、危险化学品储存量大的港区所在地建设石油化工、煤化工等专业应急救援队。实施综合性消防救援装备现代化工程，补齐常规救援装备，升级单兵防护装备，加强适用于极端条件和特种类型灾害事故的单兵实时监测、远程供水、举高喷射、破拆排烟、清障挖掘等先进专业装备配备。支持区域中心城市、中西部地区和东北三省消防救援战勤装备物资建设，支持“三区三州”消防救援站配备高原抢险救援车等专用车辆装备。建设国家级综合消防救援训练基地，以及地震救援、水域救援、化工救援、森林草原防灭火、航空灭火救援、抗洪抢险等国家级专业训练基地和一批区域性驻训备勤保障基地。

8. 国家级专业应急救援队伍建设

依托应急管理部自然灾害工程抢险机构，以及水利水电建设、建筑施工领域大型企业，在洪涝、地质灾害发生频率高的地区建设区域性应急救援工程抢险队伍。依托森工企业、地方政府森林消防骨干队伍，加强黑龙江大兴安岭、内蒙古大兴安岭、吉林长白山、云南昆明、四川西昌等重点林区区域性机械化森林消防力量建设。大力提升四川、云南、西藏、新疆等地震易发高发区区域地质地震灾害救援能力。依托中央企业、地方国有骨干企业，加强矿山排水、重点地区危险化学品、重大油气储备基地及储备库、长江中上游水上、重点铁路隧道、海上油气开采应急救援队伍建设。补充更新国家级安全生产应急救援队伍关键救援装备。加强灾害事故应急救援现场技术支撑保障力量建设。完善中国救援队和中国国际救援队基础训练、航空救援、水上搜寻、应急医学救援等训练设施，配备专业救援车辆及装备。

9. 地方综合性应急救援队伍建设

结合区域性应急救援力量建设，依托现有安全生产、防灾减灾应急救援队伍和政府专职消防队伍，重点调整优化省级和地市级综合性应急救援力量，完善应急救援装备储运设施和体能、专业技战术、装备实操、特殊灾害环境适应性等训练设施，补充配备通用应急救援、应急通信、应急勘测、个体防护等装备，拓展地震搜救、抗洪抢险、火灾扑救等救援功能。

10. 航空应急救援队伍建设

提升航空综合救援能力，建设具备高原救援、重载吊装、远程侦察等能力的航空应急救援和航油航材应急保障力量。完善应急救援航空调度信息系统。建设航空应急科研基地。完善一批运输、通用机场，配备航空消防、气象保障、航油储备、夜间助航、检修维修等保障设施设备。新建应急救援飞行器维修维护基地，以及集航空应急救援训练、培训、演练、保障、服务等功能于一体的综合航空应急服务基地。完善森林航空护林场站布局，改造现有航空护林场站，新建一批全功能航站和护林机场；在森林火灾重点区域，合理布设野外停机坪和直升机临时起降场、灭火取水点和野外加油站。

11. 应急物资装备保障建设

充分利用仓储资源，依托现有中央和地方物资储备库，建设综合应急物资储备库。在交通枢纽城市、人口密集区域、易发生重特大自然灾害区域建设一批综合性国家储备基地。建设完善国家综合性消防救援队伍应急物资储备库及战勤保障站。在关键物流枢纽建设应急物资调运平台和区域配送中心，依托大型快递物流企业建设一批综合应急物资物流基地。完善国家应急资源管理平台和应急物资保障数据库，汇聚应急物资信息。

（四）综合支撑能力提升工程

12. 科技创新驱动工程建设

建设重大自然灾害风险综合防范、重特大生产安全事故防控、复合链生灾害事故防治、城市安全与应急、矿山重大灾害治理、防汛抗旱应急技术、应急医学救援等国家级实验室和部级实验室。建设地震科学实验场和地震动力学国家重点实验室。实施大灾巨灾情景构建工程。建设火灾防治、消防救援装备、防汛抗旱和气象灾害防治、应急救援机器人检测、无人机实战验证、应急通信和应急装备物联网、大型石油储罐火灾抢险救援、城市跨类灾害事故防控、煤矿深部开采与冲击地压防治、高瓦斯及突出煤矿灾害防治等研究基地。依托现有机构完善危险化学品安全研究支撑平台。优化自然灾害领域国家野外科学观测研究站布局。建设应急管理领域国家科技资源共享服务平台和重点灾害地区综合防灾减灾技术支撑平台。完善区域地球表层、巨灾孕育发生机理等模拟系统和国际灾害信息管理平台。

13. 应急通信和应急管理信息化建设

构建基于天通、北斗、卫星互联网等技术的卫星通信管理系统,实现应急通信卫星资源的统一调度和综合应用。提高公众通信网整体可靠性,增强应急短波网覆盖和组网能力。实施智慧应急大数据工程,建设北京主数据中心和贵阳备份数据中心,升级应急管理云计算平台,强化应急管理应用系统开发和智能化改造,构建"智慧应急大脑"。采用5G和短波广域分集等技术,完善应急管理指挥宽带无线专用通信网。推动应急管理专用网、电子政务外网和外部互联网融合试点。建设高通量卫星应急管理专用系统,扩容扩建卫星应急管理专用综合服务系统。开展北斗系统应急管理能力示范创建。

14. 应急管理教育实训工程建设

完善应急管理大学(筹)、中国消防救援学院和应急管理干部培训学院等院校的教学、培训、科研等设施。升级改造国家安全监管监察执法综合实训华北基地,补充油气输送管道、城市地下燃气管道、地下空间等专业领域及工贸、建筑施工等行业安全生产监管实训设施设备。改善安全监管执法人员资格考试场地条件。建设国家综合性消防救援队伍康复休整基地,完善训练伤防治、康复医疗、心理疏导、轮训休整等设备及设施。

15. 安全应急装备推广应用示范

实施安全应急装备应用试点示范和高风险行业事故预防装备推广工程,引导高危行业重点领域企业提升安全装备水平。在危险化学品、矿山、油气输送管道、烟花爆竹、工贸等重点行业领域开展危险岗位机器人替代示范工程建设,建成一批无人少人智能化示范矿井。通过先进装备和信息化融合应用,实施智慧矿山风险防控、智慧化工园区风险防控、智慧消防、地震安全风险监测等示范工程。针对地震、滑坡、泥石流、堰塞湖、溃堤溃坝、森林火灾等重大险情,加强太阳能长航时和高原型大载荷无人机、机器人以及轻量化、智能化、高机动性装备研发及使用,加大5G、高通量卫星、船载和机载通信、无人机通信等先进技术应急通信装备的配备和应用力度。

(五)社会应急能力提升工程

16. 基层应急管理能力建设

实施基层应急能力提升计划,开展基层应急管理能力标准化建设,为基层应急管理工作人员配备常用应急救援装备和个体防护装备,选取条件较好的区域建设基层移动指挥中心、基层综合应急救援服务站。编制完善应急管理培训大纲、考核标准和相关教材,开展各级应急管理工作人员专业知识培训。推进应急广播系统建设,开展农村应急广播使用人员培训和信息发布演练。在交通不便或灾害事故风险等级高的乡镇开展应急物资储备点(库)建设。

17. 应急科普宣教工程建设

实施应急科普精品工程，利用传统媒体、网站和新媒体平台等载体，面向不同社会群体开发推广应急科普教材、读物、动漫、游戏、影视剧、短视频等系列产品。建设数字防灾减灾教育资源公共服务平台、标准化应急知识科普库、公众科普宣教平台和应急虚拟体验馆。利用废弃矿山、搬迁化工企业旧址和遗留设施等，建设安全生产主题公园、体验基地；依托科技馆、城市森林公园、灾害遗址公园等设施，建设一批集灾害事故科普教育、法规政策宣传、应急体验、自救互救模拟等功能于一体的安全文化教育基地；分级建设一批应急消防科普教育基地。

十一、组织实施

（一）加强组织领导

各地区、各有关部门要根据职责分工，结合实际制定规划涉及本地区、本部门的主要目标任务实施方案，细化措施，落实责任，加强规划实施与年度计划的衔接，明确规划各项任务的推进计划、时间节点和阶段目标。健全跨地区、跨部门规划实施协同配合机制，密切工作联系、强化统筹协调，确保规划实施有序推进，确保重大举措有效落地，确保各项目标如期实现。

（二）加强投入保障

充分发挥重点工程项目的引导带动作用，按照事权与支出责任相适应的原则，加强资源统筹，在充分利用现有资源的基础上，完善财政和金融政策。各级财政结合财政收支情况，对规划实施予以合理保障。统筹资金使用，整合优化资源，形成政策合力。发挥政策导向作用，努力消除地区和城乡差异，引导多元化资金投入。

（三）加强监督评估

加强规划实施监测评估，将规划任务落实情况作为对地方和有关部门工作督查考核评价的重要内容。地方政府要加强对本地区规划实施情况的监督检查。应急管理部要组织开展规划实施年度监测、中期评估和总结评估，跟踪进展情况，分析存在的问题，提出改进建议，加强督促落实，重要情况及时向国务院报告。

任务四 国务院安全生产委员会《“十四五”国家安全生产规划》

为全面贯彻落实习近平总书记关于安全生产工作的一系列重要指示和党中央、国务院决策部署，根据《中华人民共和国安全生产法》、《中华人民共和国国民经济和社会发展第十四个五年规划和 2035 年远景目标纲要》、《“十四五”国家应急体系规划》等法律法规和文件，制定本规划。

一、现状与形势

（一）取得的进展

以习近平同志为核心的党中央始终高度重视安全生产工作。“十三五”期间，习近平总书记站在新的历史方位,就安全生产工作作出了一系列重要指示批示,提出了一系列新思想新观点新思路,反复告诫要牢固树立安全发展理念,正确处理安全和发展的关系,坚持发展决不能以牺牲安全为代价这条红线。根据深化党和国家机构改革部署,整合11个部门的13项职责组建应急管理部,将国家煤矿安全监察局更名为国家矿山安全监察局,矿山、危险化学品等重点行业领域安全监管监察体制进一步完善,监管监察能力得到加强。中共中央、国务院出台了《关于推进安全生产领域改革发展的意见》,中共中央办公厅、国务院办公厅印发了《地方党政领导干部安全生产责任制规定》,党政同责、一岗双责、齐抓共管、失职追责的安全生产责任体系全面建立。以危险化学品、矿山、消防、交通运输、城市建设、工业园区、危险废物等为重点的安全生产专项整治持续稳步推进。科技强安专项行动初见成效,危险化学品、煤矿等重点行业领域安全生产风险监测预警系统不断完善,安全生产风险分级管控和隐患排查治理双重预防工作机制逐步建立。在党中央、国务院的坚强领导和各地区、各有关部门的共同努力下,全国安全生产水平稳步提高,事故总量、较大事故、重特大事故持续下降。按可比口径计算,2020年全国各类事故、较大事故和重特大事故起数比2015年分别下降43.3%、36.1%和57.9%,死亡人数分别下降38.8%、37.3%和65.9%。

(二)面临的形势

"十四五"时期是我国在全面建成小康社会、实现第一个百年奋斗目标之后,乘势而上开启全面建设社会主义现代化国家新征程、向第二个百年奋斗目标进军的第一个五年。立足新发展阶段,党中央、国务院对安全生产工作提出更高要求,强调坚持人民至上、生命至上,统筹好发展和安全两件大事,着力构建新发展格局,实现更高质量、更有效率、更加公平、更可持续、更为安全的发展,为做好新时期安全生产工作指明了方向。但同时也要看到,我国各类事故隐患和安全风险交织叠加、易发多发,安全生产正处于爬坡过坎、攻坚克难的关键时期。一是全国安全生产整体水平还不够高,安全发展基础依然薄弱。一些地方和企业安全发展理念树得不牢,安全生产法规标准执行不够严格。危险化学品、矿山等高危行业产业布局和结构调整优化还不到位,小、散、乱的问题尚未得到根本解决,机械化、自动化和信息化程度不够高,企业本质安全水平仍比较低。二是安全生产风险结构发生变化,新矛盾新问题相继涌现。工业化、城镇化持续发展,各类生产要素流动加快、安全风险更加集聚,事故的隐蔽性、突发性和耦合性明显增加,传统高危行业领域存量风险尚未得到有效化解,新工艺新材料新业态带来的增量风险呈现增多态势。新冠肺炎疫情转入常态化防控阶段,一些企业扩大生产、挽回损失的冲动强烈,容易出现忽视安全、盲目超产的情况,治理管控难度加大。三是安全生产治理能力还有短板,距离现实需要尚有差距。安全生产综合监管和行业监管职责需要进一步理顺,体制机制还需完善。安全生产监管监察执法干部和人才队伍建设滞后,发现问题、解决问题的能力不足。重大安全风险辨识及监测预警、重大事故应急处置和抢险救援等方面的短板突出。

二、指导思想、基本原则与规划目标

(一)指导思想

以习近平新时代中国特色社会主义思想为指导,全面贯彻落实党的十九大和十九届历次全会精神，增强“四个意识”、坚定“四个自信”、做到“两个维护”，紧紧围绕统筹推进“五位一体”总体布局和协调推进“四个全面”战略布局，坚持人民至上、生命至上，坚守安全发展理念，从根本上消除事故隐患，从根本上解决问题，实施安全生产精准治理，着力破解瓶颈性、根源性、本质性问题，全力防范化解系统性重大安全风险，坚决遏制重特大事故，有效降低事故总量，推进安全生产治理体系和治理能力现代化，以高水平安全保障高质量发展，不断增强人民群众的获得感、幸福感、安全感。

（二）基本原则

系统谋划，标本兼治。坚持总体国家安全观，树立系统观念，统筹发展和安全，将安全发展贯穿于经济社会发展各领域和全过程，努力塑造与安全发展相适应的生产生活方式，筑牢本质安全防线，构建新安全格局，更好地实现发展质量、结构、规模、速度、效益、安全相统一。

源头防控，精准施治。坚持目标导向、问题导向和结果导向，科学把握安全风险演化规律，坚持底线思维，在补短板、堵漏洞、强弱项上精准发力，加快实施一批重大政策和重大工程，从源头上防范化解风险，做到风险管控精准、预警发布精准、抢险救援精准、监管执法精准。

深化改革，强化法治。坚持运用法治思维和法治方式提高安全生产法治化、规范化水平，深化安全生产体制机制改革，加快形成系统完整、责权清晰、监管高效的安全生产治理制度体系；深入推进科学立法、严格执法、公正司法、全民守法，依靠法治筑牢安全生产屏障。

广泛参与，社会共治。坚持群众观点和群众路线，充分发挥社会力量的作用，动员全社会积极参与安全生产工作，积极推进安全风险网格化管理，进一步压实企业安全生产主体责任，构建企业负责、职工参与、政府监管、行业自律、社会监督的安全生产治理格局。

（三）规划目标

到2025年，防范化解重大安全风险体制机制不断健全，重大安全风险防控能力大幅提升，安全生产形势趋稳向好，生产安全事故总量持续下降，危险化学品、矿山、消防、交通运输、建筑施工等重点领域重特大事故得到有效遏制，经济社会发展安全保障更加有力，人民群众安全感明显增强。到2035年，安全生产治理体系和治理能力现代化基本实现，安全生产保障能力显著增强，全民安全文明素质全面提升，人民群众安全感更加充实、更有保障、更可持续。

专栏1　“十四五”时期主要指标

序号	指标内容	预期值
1	生产安全事故死亡人数	下降15%
2	重特大生产安全事故起数	下降20%
3	单位国内生产总值生产安全事故死亡率	下降33%
4	工矿商贸就业人员十万人生产安全事故死亡率	下降20%
5	营运车辆万车死亡率	下降10%
6	煤矿百万吨死亡率	下降10%

三、织密风险防控责任网络

(一)深化监管体制改革

充分发挥国务院安全生产委员会统筹协调作用,压实成员单位工作责任,健全运行机制,形成工作合力。建立消防执法跨部门协作机制。加强国家矿山安全监察机构力量建设,优化各级机构设置和布局,充实专业人才,完善国家监察、地方监管、企业负责的矿山安全监管监察体制。推动负有安全生产监管职责的重点部门加强监管力量建设,确保有效履行职责。鼓励各地根据实际情况探索创新安全生产监管体制,指导乡镇、街道、功能区建立健全安全生产预防控制体系。优化安全生产监管力量配置,实施基层安全生产网格化监管,推动安全生产监管服务向小微企业和农村地区延伸。落实应急管理综合行政执法改革,整合行政执法职责,强化执法队伍建设,健全综合行政执法协调联动机制。

(二)压实党政领导责任

深入学习贯彻习近平总书记关于安全生产的重要论述,强化地方党委、政府领导干部安全生产红线意识。将安全生产纳入领导干部教育培训、日常谈话和提醒内容。推动落实地方党政领导干部安全生产责任制,制定安全生产职责清单和工作任务清单。严格落实地方党政领导安全生产履责述职和“第一责任人”职责落实报告制度。健全党政领导干部带队督查检查安全生产机制,开展重要节日和重大活动针对性督查检查。聚焦重特大事故多发地区,完善安全生产警示、督办、约谈等制度。完善安全生产考核巡查制度,规范考核巡查内容、程序和标准,强化考核巡查结果的运用。

(三)夯实部门监管责任

进一步落实县级以上地方各级人民政府有关部门安全生产工作职责,依法依规编制完善负有安全生产监管职责的部门权力和责任清单,优化行业监管部门任务分工。合理区分综合监管和行业监管部门之间的责任边界,扫清监管盲区。完善危险化学品安全监管机制,厘清监管职责,加强政策协同。理顺农业农村、新型燃料、综合管廊等领域安全生产监管职责。及时消除基建矿、技改矿、停产矿、关闭矿等安全生产监管漏洞。强化对客运索道、大型游乐设施等特种设备的安全生产监管。建立新产业、新业态监管职责动态调整和联合执法机制,填补行业领域安全生产监管职责空白。

(四)强化企业主体责任

严格落实生产经营单位主要负责人安全生产第一责任人的法定责任。推动生产经营单位建立从法定代表人、实际控制人等到一线岗位员工的全员安全生产责任制,健全生产经营全过程安全生产责任追溯制度。引导企业完善安全生产管理体系,健全安全风险分级管控和隐患排查治理双重预防工作机制,构建自我约束、持续改进的安全生产内生机制。推动重点行业领域规模以上企业组建安全生产管理和技术团队。监督企业按规定提取使用安全生产费用,用好用足支持安全技术设备设施改造等有关财税政策。实施工伤预防行动计划,充分发挥工伤保险基金的事故预防作用。建立事故损失的评估和认定机制。强化守信激励和失信惩戒,依法建立健全安全生产严重违法失信名单管理制度并依法实施联合惩戒,加大对安全生产严重违法失信主体的责任追究。

（五）严肃目标责任考核

将安全生产纳入各地高质量发展评价体系。严格实施安全生产工作责任考核，实行过程性考核和结果性考核相结合，强化考核结果运用及向社会公开。建立地方各级安全生产委员会成员单位主要负责人安全生产述职评议制度，强化地方各级安委会对各部门、各地区安全生产工作落实情况的监督。建立安全生产绩效与履职评定、职务晋升、奖励惩处挂钩制度，落实向纪检监察机关移交安全生产领域违法违纪、职务违法犯罪问题线索工作机制。严格落实安全生产“一票否决”和约谈、问责等制度。完善事故调查机制，建立事故暴露问题整改督办制度，加强对事故查处和责任追究落实情况的跟踪评估。

四、优化安全生产法治秩序

（一）健全法规规章体系

构建以《安全生产法》为核心的安全生产法律法规体系，加快统筹推进《危险化学品安全法》、《煤矿安全条例》等立法进程，统筹推动《生产安全事故报告和调查处理条例》等相关法律法规修订。完善安全生产法律法规规章“立改废释”工作协调机制。加强对安全生产执法检查、事故调查处理、行政执法案卷评查、典型执法案例等结果的运用，建立执法信息反馈、立法后评估与立法清理相结合的长效机制。推动安全生产地方立法，解决区域安全生产突出问题。

（二）加强标准体系建设

加强全国安全生产有关专业标准化技术委员会建设，健全以强制性标准为主体、推荐性标准为补充的安全生产标准体系，构建“排查有标可量、执法有标可依、救援有标可循”的安全生产标准化工作格局。加快推进安全生产强制性国家标准和行业标准精简整合，有效提高强制性国家标准的通用性和覆盖面。强化安全生产基础通用标准制定，加快急需短缺标准制修订，增加标准有效供给。加快电化学储能、氢能、煤化工、分布式光伏发电等新兴领域安全生产标准制修订。积极培育发展安全生产团体标准、企业标准，推动建立政府主导和社会各方参与制定安全生产标准的新模式。加强安全生产标准信息服务，便于生产经营单位和社会公众查阅下载安全生产国家、行业和地方标准文本。强化安全生产领域强制性国家标准宣贯培训和实施效果评估，建立安全生产标准“微课云平台”。

专栏 2　“十四五”安全生产标准制修订重点方向
1. 制定：安全风险监测预警、有限空间作业安全、化工过程安全、精细化工反应风险评估、硝酸铵安全、海洋石油天然气开采安全、页岩气开采作业、烟花爆竹工程设计与作业安全、安全生产应急救援等。 2. 修订：职工伤亡事故分类、职工伤亡事故调查分析、生产设备安全设计、化学品生产单位特殊作业安全、危险化学品重大危险源安全监控、氯气安全、尾矿库安全监测、涂装作业安全等。

（三）创新监管执法机制

科学划分企业安全生产风险等级，开展分类分级监管执法，强化对高风险企业的监督检查。统筹编制省、市、县级年度安全生产执法计划，将安全生产强制性标准实施情况列入执法检查内容，确定检查项目和频次。依托数字化转型赋能，试点探索安全生产风险动态感知新模式，实施差异化、针对性的精准监管执法。实行执法事项清单制度，编制统一执法目录。全面推行行政执法公示、执法全过程记录、重大执法决定法制审核制度。推进联合执法、区域执法、交叉执法，形成监管执法合力。利用信息化平台和智能化装备等先进技术手段，创新监管监察执法方式，有效开展非现场监管监察。加强执法监督，完善内外部监督机制。建立政府购买服务和实施第三方协助检查机制，推行执法效果评估制度。完善安全生产政府法律顾问、执法行为审议制度及重大行政执法决策机制。健全安全生产行政执法与刑事司法衔接工作常态化协作机制，畅通案件移送流程，提高安全生产类案件与刑事打击的衔接准度和处置精度。推动出台刑法修正案（十一）涉及安全生产条款的司法解释，加大对安全生产犯罪的预防惩治力度。

（四）提升行政执法能力

健全应急管理综合行政执法人员的资格准入、教育培训、考核奖惩、容错纠错、准军事化管理等制度，推动建立专业化、职业化安全生产行政执法队伍。配齐配强行政执法专业人员力量。完善执法人员实操实训条件，定期开展专业培训。强化执法保障，将执法工作经费纳入本级财政预算，加强执法人员职业保障，按规定参加工伤保险，完善工资待遇、人身意外险等保障机制。制定实施安全生产监管监察能力建设规划。加强各级应急管理综合行政执法机构标准化建设和负有安全生产监管职责的部门监管能力建设，完善执法装备配备标准，强化执法工作条件保障。

五、筑牢安全风险防控屏障

（一）优化城市安全格局

完善规划安全风险评估会商机制，有效衔接国土空间规划，推动形成有效防控重大安全风险的城市空间安全发展格局。完善城市建设与运行安全的全生命周期管理，强化韧性城市建设。深化城市安全风险评估，健全城市安全风险管控体系。加强超大特大城市安全风险演化规律研究，健全重大安全风险全过程管控机制，强化特大城市重大安全风险综合管控。强化与市政设施配套的安全设施建设，推动将公共安全设施、消防训练、安全科普教育基地等纳入控制性详细规划和国土空间规划“一张图”。加强城市高层建筑、大型综合体、综合交通枢纽、隧道桥梁、管线管廊、道路交通、轨道交通、燃气、排水防涝、垃圾填埋场、渣土受纳场、电力设施、公园等的安全风险管控。推动有条件的地方制定危险化学品、烟花爆竹、矿山、工贸等“禁限控”目录。加强城市棚户区、城中村、城镇老旧小区与危房改造的安全监管，实施城市塌（沉）陷区安全专项治理。

（二）严格安全生产准入

持续推进企业安全生产标准化建设，推进重点行业领域企业安全生产标准化达标升级，推动安全生产基础薄弱、保障能力低下且整改后仍不达标的企业退出市场。建立落后产能化解机制，加快淘汰矿山、危险化学品、烟花爆竹等生产企业落后产能，防范产业升级过程中的系统风险。深化产业园区安全风险评估与规划布局，推进产业园区安全入园的清单管理。严格高危行业领域建设项目安全审查，完善建设项目安全设施同时设计、同时施工、同时投入生产和使用制度。加快淘汰不符合安全生产强制性标准的工艺技术和装备设施。实施高危行业领域企业主要负责人、安全生产管理人员和特种作业人员等从业人员安全素质提升行动。

（三）强化安全风险管控

推动安全生产深度融入“平安中国”“智慧城市”“城市更新”建设，强化安全风险动态监测、预警、识别、评估和处置。建立大客流监测预警和应急管控处置机制。加强国际性重大活动安全风险评估。严密防控电化学储能站等新技术新产业新业态安全风险。加快推进各行业领域安全生产风险监测预警系统建设，推进城市电力、燃气、供水、排水管网和桥梁等城市生命线及重大危险源安全风险监测预警网络建设，构建重大安全风险防控的全生命周期管理模式。开展智能化作业和危险岗位的机器人替代，实施安全风险综合防范工程，有序推进智能化试点，在关键风险位置实施机器人替代示范。推动第五代移动通信（5G）、物联网、大数据、人工智能等技术与安全生产风险防控的深度融合，实施智能化工厂、数字化车间、网络化平台项目试点。加强化工、桥梁、隧道、电力、油气、水利、核电等重大工程和设施安全风险防控。强化能源结构改革新形势下的电网安全保障，提升大面积停电等事故的防范和应急处置能力。

（四）精准排查治理隐患

深入推进全国安全生产专项整治三年行动，建立专项整治成果评估推广应用机制，总结推广专项整治在责任体系、工作机制、制度规范和技术标准等方面的典型经验做法。强化危险化学品、矿山等重点行业领域企业“一企一策”指导服务，加大仓储物流、储能设施、农村道路、防疫物资生产企业的隐患排查治理力度。制定完善有关行业领域重大事故隐患判定标准，严格落实重大事故隐患“双报告”制度，健全重大事故隐患治理督办制度。完善事故隐患举报奖励制度，畅通事故隐患举报渠道。完善举报信息收集、核实、受理和查处的办事程序和规章制度，落实事故隐患举报奖励，依法保护举报人的合法权益。借助云计算、大数据技术，健全事故隐患数据库，加强对重大事故隐患的动态分析和全过程记录管理。

六、防范遏制重特大事故

（一）危险化学品

严密防范已淘汰的落后产能异地落户、办厂进园。健全城区危险化学品生产企业关停并转、退城入园等支持政策措施。全面排查和管控危险化学品生产储存企业外部安全防护距离。强化高危化学品和高危工艺风险管控，升级重大危险源风险监测预警系统。实施“工业互联网＋危化安全生产”工程，建设一批本质安全型化工园区和大型油气储存基地，推动危险化学品安全数字化智能化转型。深化精细化工企业反应、大型油气储存场所安全风险评估。严格落实危险化学品登记鉴定制度。强化托运、承运、装卸、车辆运行等危险化学品运输全链条安全生产监管，统筹推进危险化学品运输车辆专用停车场建设。加强使用危险化学品从事生产的企业及医院、学校、科研机构等单位的危险化学品使用安全管理。完善油气输送管道、储运设施安全风险监测预警系统，强化海洋石油安全生产监管。完善油气输送管道地理信息系统，强化油气输送管道高后果区管控。推动实施全球化学品统一分类和标签制度。加快建设统一的危险化学品产供储销全链条监管与服务平台，实现来源可循、去向可溯、状态可控。力争实现化工事故总量、较大及以上事故总量比

“十三五”期间下降 15% 以上。

(二)煤矿

实施冲击地压、煤与瓦斯突出和水害等煤矿重大灾害超前精准治理,推进实施煤矿重大灾害治理示范工程。严格落实煤矿“一优三减”措施。全面推进智能化煤矿建设。持续推进冲击地压、煤与瓦斯突出、水文地质类型极复杂等灾害严重且在现有技术条件下难以有效防治的煤矿淘汰退出。规范小煤矿技改扩能,科学确定生产能力,合理划定开采范围,推进机械化开采。加强整合技改扩能煤矿安全监管,严厉打击煤矿非法生产。推进煤炭清洁利用和重点地区减量替代,优化煤制油气战略基地、长输管道规划布局和管控方案。

(三)非煤矿山

提高非煤矿山主要矿种最低开采规模和最低服务年限标准,实行尾矿库总量控制。深化金属非金属地下矿山采空区隐患治理、尾矿库“头顶库”综合治理和无生产经营主体尾矿库、停用 3 年以上尾矿库闭库治理。严格非煤矿山建设项目安全设施设计审查和企业安全生产许可管理,加大对安全设施竣工验收活动和验收结果的监督核查。强化非煤矿山建设项目基建过程安全监管。推进小型金属非金属地下矿山机械化建设。建立完善非煤矿山安全风险监测预警机制和监测监控系统,研发应用非煤矿山智能感知装备及综合监控装备。推广使用非煤矿山在线监测监控预警、无人机巡查监察系统、采空区及井下冲击地压监测监控、尾矿充填、井下老空水监测监控、井下近矿体帷幕注浆等先进适用技术和装备。定期对入井人数超过 30 人、井深超过 800 米、水文地质条件复杂的金属非金属地下矿山,以及现状边坡超过 200 米的高陡边坡金属非金属露天矿山、现状堆置高度超过 200 米的金属非金属矿山排土场、头顶库和设计坝高超过 200 米的尾矿库进行专家会诊检查,推进停产和关闭矿山电子封条建设。

(四)消防

实施打通消防“生命通道”工程,实行“一城一策、一区一策”消防车通道治理。集中开展超高层建筑、大型商业综合体、地下轨道交通、石油化工等四类重点场所消防安全治理。推动各地每年将隐患集中的老旧场所消防风险治理列入实事工程、民生工程,落实差异化风险管控措施。健全电动汽车、电动自行车储能等新材料新设备新业态火灾风险预估预判机制,优化落实本质安全措施。加强乡村火灾隐患整治,强化对乡镇工业园、特色小镇等乡村新兴产业消防安全管理,推进乡镇农村公共消防基础设施建设。推进学校及幼儿园、养老服务、娱乐场所、宾馆酒店、商场市场、旅游景区、医疗卫生、宗教场所、文物建筑和博物馆等行业单位消防安全标准化管理。加强传统村落、历史名镇、文物古建筑群等场所消防设施和用火用电管理。推动建立基层消防网格化信息管理平台,建设消防物联网监控系统和城市消防大数据库。统筹水上消防能力建设。推动消防装备设施更新升级。完善政府年度消防工作考核、消防安全重大问题问责、火灾事故调查评估制度。全面推行事故隐患自知自查自改和公示承诺、风险申报制度。

(五)道路运输

加强客货车产品生产准入、一致性监管。逐步提高客货车技术标准,督促生产企业改进车辆安全设计。淘汰隐患问题车辆。建立健全道路运输企业、道路运输车辆和驾驶员信息共享机制。严格落实典型和严重道路交通事故深度调查制度,倒查道路交通安全各相关环节存在的问题漏洞。加强交通运输新业态管理服务,加大对新能源公交车、新能源出租车运营安全性的监督管理力度,强化长途客运班车、省际包车、旅游客运车、危险货物运输和城市公共交通企业安全监管,综合应用各类监控数据,依法严厉查处超速、超员、超载、疲劳驾驶等违法行为。深化货车非法改装、车辆挂靠专项整治,健全货车非法改装联合监管工作机制,将车辆超限超载治理纳入地方政府安全生产考核,严厉打击“大吨小标”、“百吨王”、倒卖合格证等违法违规行为。构建适应新形势的农村出行运输服务体系,鼓励农村客运车辆安装使用卫星定位装置和视频监控装置。建立自动驾驶汽车运行数据监管平台,强化运行过程监管。加快高速公路护栏提质改造。

(六)其他交通运输(除道路运输外)

完善国家民航安全绩效指标体系,强化可控飞行撞地、跑道安全、空中相撞等重点风险治理,深化机场净空保护、鸟击防范等安全专项整治,加强无人机管控。全面划定铁路线路安全保护区,实施铁路沿线安全环境治理及道口“平改立”、危险货物铁路运输安全专项整治,强化公铁水并行交汇地段安全综合治理。严格执行客船恶劣天气条件下禁限航规定,推进巡航救助一体化船艇和海事监管、航海保障装备设施、船舶溢油应急设备库建设,强化“四类重点船舶”和“六区一线”重点水域安全监管。强化城市轨道交通全过程安全评估,健全城市轨道交通运营安全风险分级管控和隐患排查治理制度,强化运营安全风险管控。强化寄递企业安全生产基础能力建设,完善实名收寄、收寄验视、过机安检“三位一体”安全防控模式,推动邮件快件作业场所安全管理规范化。

(七)工贸

以钢铁、粉尘涉爆、涉氨制冷、铝加工(深井铸造)、有限空间作业为重点,强化事故隐患排查治理,深化工贸行业安全专项整治。推广应用粉尘涉爆领域湿法除尘工艺、铝加工(深井铸造)自动化监测报警和联锁装置等先进技术装备。加快实施建材行业搬运码垛、投料装车、抛光施釉、喷漆打磨、高温窑炉、切割分拣、压力成型等安全风险较高的岗位“机器换人”。加强对商场、超市、批发市场、餐饮等人员和货物密集场所的事故隐患排查,严防群死群伤事故。

(八)烟花爆竹

推进全国烟花爆竹转型升级集中区建设,打造安全可控的现代化烟花爆竹产业,引导烟花爆竹生产企业向主产地区转移或有序退出。强化烟花爆竹机械质量监督检验和涉药机械常态化安全论证,加强对烟花爆竹新型安全材料的研发与推广应用。加强直接涉药生产工序的机械化改造,确保烟花爆竹生产重要涉药工序人机分离、人药分离。完善全国烟花爆竹生产经营企业安全监管信息系统,强化烟花爆竹重点地区安全监管,推进烟花爆竹安全监管信息协同共享。

(九)城市建设

改革建筑施工安全生产许可证制度,完善隧道工程事故预防机制,严格落实工程质量安全手册制度。完善建筑施工安全监管信息系统,健全建筑施工安全信用体系。深化公路、铁路、水利、电力、民航等建设工程的专项整治。强化施工现场安全管理和安全生产费用提取使用监管,推动施工现场安全管理标准化规范化。督促企业对临边、洞口、攀登、悬空和交叉作业部位等区域实施重点防护,加强劳动防护用品管理,严防高处坠落事故。推动智慧工地建设,实施建设施工全生命周期管理。规范建设工程用工管理及分包单位准入规定,培育高素质施工作业人员,稳定施工劳务用工队伍。严格依法查处转包、违法分包、挂靠、租借资质、超越资质承揽工程等行为,加大对重大工程、重点地区、高风险时段的监督检查力度。把老旧燃气管道更新改造纳入城市更新行动,推动燃气安全综合治理。强化旅游景区高风险项目安全监管,开展客运索道、观光车、大型游乐设施设备安全整治。加强农村住房建设和危房改造施工安全管理,强化农村住房安全监管。

(十)农林牧渔业

完善农业机械注册登记、安全检验和驾驶培训制度,深化"平安农机"创建活动,强化对重点机具、重要农时以及农机合作社和农机大户等重点主体的安全监管。加强林区、林场基础设施建设安全管理和安全风险防控。推进沿海渔港、避风锚地升级改造和整治维护,加快渔船安全、消防、救生及通讯导航等安全应急设施设备升级改造。推进实施渔船更新和标准化改造,严格落实渔船初次检验、营运检验和船用产品检验制度。推动海洋渔船配备升级新型防碰撞自动识别系统、北斗终端等安全通信导航设备,建设渔船渔港动态监管和海洋渔业应急监测救助系统。建立以船长报告为主、船舶"监护人" 和基层渔业组织报告为辅的进出港报告机制。强化隐患突出渔船和渔港水域安全监管,严厉打击渔船超员超载、超风级超航区冒险航行作业、涉渔"三无船舶"非法作业等行为。

(十一)功能区

统筹工业园区、物流仓储园区等功能区安全布局,优化园区功能分区布局,严格控制高风险功能分区规模。实施园区安全生产一体化、封闭化管理。完善园区消防设施、消防车道等公用工程配套和安全保障设施。深化物流仓储园区事故隐患整治,加强物流仓储园区内危险货物运输车辆及装卸安全管理。加强水运口岸区域安全监督。推进智慧园区建设,建立园区集约化、智能化安全监管信息共享平台,实现园区内企业、重点场所、重大危险源、基础设施实时风险监控预警。

(十二)危险废物

强化废弃危险化学品等危险废物全过程监管,建立废弃危险化学品等危险废物部门协作、联合执法、重大案件区域会商督办机制,形成覆盖危险废物产生、收集、贮存、转移、运输、利用、处置等全过程的监管体系。及时修订《国家危险废物名录》,修订危险废物鉴别、贮存以及水泥窑协同处置污染控制等标准。制定完善危险废物重点监管单位清单。加强危险废物监管能力与应急处置技术支撑能力建设。

七、强化应急救援处置效能

(一)夯实企业应急基础

完善应急预案管理与演练制度,加大对企业应急预案监督管理力度,加强政企预案衔接与联动。强化重点岗位、重点部位现场应急处置方案实操性监督检查,强化制度化、全员化、多形式的应急救援演练。建立企业应急预案修订与备案制度。推动规模以上高危行业领域企业加强专兼职应急救援队伍建设与应急物资装备配备,建立内部监测预警、态势研判及与周边企业、属地政府的信息通报、资源互助机制。加强超大桥梁垮塌、超长隧道火灾、大型客船遇险、大型船舶原油溢油等巨灾情景构建，建设一批应急演练情景库。开展以基层为重点的实战化应急演练、救援技能竞赛等活动，提升自救互救技能。

（二）提升应急救援能力

合理规划安全生产应急救援基地和队伍布局，推动安全生产应急救援装备建设制度化、标准化。加快推进重点区域、重点行业领域国家级安全生产应急救援队伍建设，提升国家矿山、危险化学品、油气开采、水上搜救、核事故、铁路交通等事故应急处置能力。规范地方骨干、基层安全生产应急救援队伍职能定位、建设规模与装备配备。推动工业园区、开发区等产业聚集区内企业联合建立专职救援队伍。推进国家综合性环境应急、航空应急救援和事件调查、无人智能救援装备测试、航空器消防救援等实训设施建设。完善重点城市群跨区域联合救援机制，提高京津冀、长三角、粤港澳大湾区、长江经济带等跨地区应急救援资源共享与联合处置能力。健全安全生产应急救援社会化运行模式，培育专业化应急救援组织。引导社会力量有序参与安全生产应急救援。

（三）提高救援保障水平

完善国家、省、市、县等各级应急管理部门互联互通的安全生产应急救援指挥平台体系，提升应急救援机构与事故现场的远程通信指挥保障能力。加强应急救援基础数据库建设，完善应急救援装备技术参数信息库，建立应急救援基础数据普查与动态采集报送机制。加强救援实训基础设施建设，提升国家级安全生产应急救援队伍跨区域作战自我保障能力。健全道路交通事故多部门联动救援救治长效机制，完善事故救援救治网络。推进深远海油气勘探开发应急技术、国家大型原油储罐火灾抢险救援科技装备支撑体系建设。加强应急装备实物储备，建立实物储备、协议储备和生产能力储备相结合的储备机制，构建应急装备储备与调度管理平台。完善安全生产应急装备储备与调运制度，健全各地区应急救援资源共享、快速输送与联合处置机制。选择交通枢纽城市开展区域性安全生产应急物资供应链与集配中心建设试点。完善应急救援车辆优先通行机制和应急救援生态环境保护制度。制定应急救援社会化有偿服务、应急装备征用补偿、应急救援人员人身安全保险等政策。

八、统筹安全生产支撑保障

（一）加快专业人才培养

实施高危行业领域从业人员安全技能提升专项行动，严格企业主要负责人、安全生产管理人员安全生产知识和管理能力考核，以及特种作业人员安全技能培训考核。加快建设一批高水平的安全技能培训和特种作业人员实操考试基地，加强高危行业重点岗位系列安全生产培训教材开发。实现重点行业规模以上企业新增从业人员安全技能培训率达到 100%。加强安全科学与工程及相关学科建设，创新卓越安全工程师培养模式，培育一批既懂技术又懂管理的安全生产复合型人才。按程序和标准筹建应急管理类大学。加强安全科学与工程专业技术领军人才和青年拔尖人才培养，建设一批创新人才培养基地，造就一批高端安全科技创新人才。完善与理论研究、技术创新、装备研发和应用研究等工作相适应的科技人才激励机制。加强注册安全工程师、注册消防工程师等职业资格管理，探索工程教育专业认证与国家职业资格证书衔接机制。加强注册消防工程师资格考试指导。培养安全生产管理、评价、认证认可和检验检测等专业人才。健全安全生产监管干部培养与使用体系,建立安全生产监管干部到基层锻炼的交流机制。

(二)强化科技创新引领

聚焦重特大事故形成机理和演化规律、复合灾害事故风险防范与应急救援等重大理论问题,实施重大事故防范、重大基础设施安全风险评估等国家科技计划项目,深化风险智能感知和监测预警理论与方法研究。优先发展信息化、智能化、无人化的安全生产风险监测预警装备,重点提升安全生产危险工艺设备的机械化自动化水平,着力破解重大安全风险的超前预测、动态监测、主动预警等关键技术瓶颈。健全与研发平台配套的安全生产科技支撑链条,培育和创建国家级安全生产科技创新平台。依托现有机构完善危险化学品安全研究支撑平台。加快推进安全生产国家级重点实验室、技术创新中心、协同创新中心、战略理论政策智库创建,推动安全生产科技创新资源开放共享,形成基础研究、技术创新和应用研究贯通发展的安全生产科技创新生态。建立安全生产装备与服务需求信息平台、技术创新转化交易平台,优化安全生产科技支撑服务市场化运行机制。推广安全风险分级管控和隐患排查治理技术装备,加强重点行业领域先进技术装备的推广应用。

专栏3 “十四五”安全生产科技创新优先领域
危险化学品:典型危险化学品生产过程本质安全,化工园区及危险化学品储存、运输与中转重点场站安全保障,典型危险化学品全生命周期智能监管系统,复杂油气开采安全,大型储存场所安全保障。 煤矿:“数字矿井”构建,区域化煤矿重大灾害智能监测预警,重特大事故高效应急救援,煤矿井下精确定位,透明地质,灾变条件下矿井通信系统,井下辅助运输无人化、智能化。 非煤矿山:重大灾害防治基础理论,地压灾害、尾矿库溃坝、边坡坍塌等重大灾害发生机理及预测预报和防治,尾矿库空天地一体化实时智能监测预警,采空区事故隐患治理与资源化开发,矿区灾害事故链应急监测,深部采矿地压灾害监测预警与防治,高陡边坡在线监测预警。 建筑施工:区域性建设工程施工安全智慧监管,基于自动感知采集、无人设备智能识别巡查的智能化施工安全管理。 农业农村:农村产业融合安全监管模式构建与体制机制优化,农村基层安全应急综合能力建设与信息化平台设计,新型产业工人安全意识与技能提升,农村基础设施安全设计、建设、验收评估。 特种设备:本质安全保障、在役风险智能防控及耦合损伤和失效演化基础理论,复杂工况下特种设备风险智能识别与评价,特种设备动态物联监测、远程检验评价和智能风险防控等。 交通运输:交通运输安全智慧监管平台设计与建设,交通运输安全生产系统性、区域性和非传统安全风险预警与管控,公路建设与运营安全风险智慧感知和预警。 其他:冶金等重点工业场所智能监控及应急救援,典型生产安全事故风险监测预警,地铁重大风险评测与精准防控,个体职业健康防护及群体避难,严重核事故应急救援技术与装备,救援机器人研发。

(三)推进安全信息化建设

制定完善安全生产信息化标准规范,提高信息化系统的整体适配度,拓展和深化安全生产数字化应用场景。加强重点行业领域企业安全生产风险监测预警系统建设,实现分级分类、实时监测、动态评估和及时预警。汇聚消防安全、交通运输、城市生命线、大型综合体等城市风险感知数据,加快完善城市安全风险监测预警公共信息系统。建立全国统一的应急管理监管执法信息系统,加快推进“互联网 + 执法”信息系统应用,培育“工业互联网 + 安全生产”协同创新模式,以物联网、大数据为基础,加强重点行业领域安全生产监管,构建基于工业互联网的安全感知、评估、监测、预警与处置体系。引导高危行业领域企业开展基于信息化的安全风险分级管控和隐患排查治理双重预防机制建设。建立基于大数据的特种设备智慧监管体系。加快推进民航安全大数据平台建设。

九、构建社会共治安全格局

(一)提高全民安全素质

鼓励和支持各类媒体开设不同形式的安全生产专题专栏,引导全社会关心关注安全发展。实施全民安全生产宣传教育行动计划,建设国家安全生产教育平台,引导公众践行安全的生产生活方式。将安全素质教育纳入国民教育体系。推动智能科普宣教和安全宣传体系建设,完善安全生产科普知识库,建立安全生产法规标准查询、解读、互动交流信息平台,推广“两微一端”新媒体平台。鼓励安全文化作品创作,丰富安全生产宣传产品,创新安全文化服务方式和手段,开展安全生产公益宣传活动,持续实施“安全生产月”“安全生产万里行”系列精品活动项目。建设安全科普宣传教育和安全体验基地,在有条件的社区公园、广场、乡村服务场所等设置专题展板,推动安全知识进企业、进农村、进社区、进学校、进家庭,积极开展群众性应急培训,普及安全常识和应急知识。推动建设具有城市特色的安全文化教育体验基地与场馆,加快推进企业安全文化建设。适时发布安全生产白皮书。

(二)推动社会协同治理

实行企业安全生产信用风险分类管理制度,将企业安全生产违法信息记入信用记录。探索建立上市公司安全生产信息强制性披露机制。探索实施安全绩效“领跑者”制度,采取荣誉表彰等激励措施推动企业实现更高标准的安全目标。引导社会资源投向先进、适用、可靠的安全应急产品和服务,鼓励有条件地区培育特色鲜明的国家安全应急产业基地。积极发展安全生产技术咨询、系统设计、设备制造、工程施工、运营管理等专业化服务,健全安全生产专业技术服务机构依法从业和健康发展机制。制定政府购买安全生产服务清单。鼓励协会、联合会、商会、慈善组织等社会组织参与安全生产工作。建立公众参与安全管理决策的有效渠道和合理机制,培养发展安全生产社会监督员,鼓励公众监督政府安全生产工作、企业违法违规行为。

(三)深化安全交流合作

健全京津冀、长三角、粤港澳大湾区、成渝城市群等区域安全生产协调联动机制,加强重大安全风险联防联控。搭建安全生产交流合作平台,促进安全发展理念、安全监管执法、法规政策标准、新兴产业安全技术、事故应急救援、企业安全管理能力提升等方面的国际交流合作。加强与东盟、上海合作组织、国际劳工组织、联合国开发计划署等合作,分享安全发展理念与实践经验。加强与安全生产国际标准的衔接,推动“一带一路”国家和地区安全生产标准互认。依托国际友好城市,开展城市安全国际合作,构建多方参与的城市安全互助网络。

十、实施安全提升重大工程

(一)重大安全风险治理工程

实施化工园区和大型油气储存基地本质安全提升工程、危险化学品企业安全改造工程,推动安全管理数字化转型试点。推进城镇人口密集区中小型企业和危险化学品生产企业搬迁,持续实施工艺优化和技术更新改造,加强安全仪表系统管理,提升自动化控制水平。开展煤矿瓦斯综合治理和水害、火灾、冲击地压等重大灾害治理。全面完成尾矿"头顶库"治理。深化农村公路平交路口"一灯一带"工程和干线公路灾害防治工程,实施高速公路护栏提质升级工程。开展消防安全治理工程,推进行业消防安全标准化管理标杆建设、单位社区消防安全能力建设,实施企业专职消防队、乡镇政府专职消防队标准化建设。改造升级高层建筑、大型城市综合体、轨道交通、石油化工等重点场所消防系统,打通城镇消防"生命通道"。

(二)监管执法能力建设工程

根据各地区域特点和执法需求,合理确定各级负有安全生产监管监察职责的机构执法车辆配备类型和数量,补充更新执法车辆。补充更新各级安全生产监管监察机构、消防救援机构执法个体防护装备、执法制式服装和调查取证装备,建设完善执法装备库,重点增补执法过程管理、数据分析、5G 多功能综合执法等智能化专业装备,在特殊领域优先配备无人机、机器人等高科技执法装备。建设完善基层安全生产监管监察机构业务保障用房和特殊业务用房,加强执法装备维护校验条件建设,完善计算存储网络、信息安全防护保障和智能运维等系统。全面汇聚行政许可、行政执法、监测预警、事故调查等数据资源,完善移动执法应用系统,实现执法大数据多维分析、自助式分析、可视化展示功能,提升安全生产执法信息化水平。

(三)安全风险监测预警工程

建成国家安全生产监管监察执法大数据系统,构建 1 个国家级和 32 个省级安全生产监管监察"互联网 + 执法"平台。建成危险化学品、矿山、烟花爆竹等高危行业企业以及油气管道等重点领域风险监测预警系统,构建全面覆盖的风险监测与感知数据"一张网"。建设国家矿用重要装备安全大数据赋能、全链条监管及智慧巡察服务平台。利用卫星监测技术对露天矿山、尾矿库等风险早期识别,建设矿山安全风险研判与智能分析预警系统、"智慧监察"平台。完善全国危险化学品登记系统,构建涵盖生产、使用、运输、贮存、经营、废弃处置环节的危险化学品全生命周期信息监管平台。建设国家安全发展示范城市创建支撑管理信息化平台。

(四)救援处置能力建设工程

建设空、天、地、海一体化应急通信网络,优化升级国家安全生产应急救援综合指挥平台和应急通信保障系统,完善重点行业领域和区域安全生产应急救援指挥决策调度平台。建强一批国家和区域矿山排水、海洋油气开采、水上搜救、隧道施工、电力等行业领域安全生产应急救援力量,推进救援队伍装备补充升级和更新换代,提升国家级安全生产应急救援队伍通信保障和远途作战后勤保障能力。完善国家危险化学品安全生产应急救援队伍布局。完善国家应急医学研究中心教、研设施,改造基础工作环境,配备先进科研设备。

建设综合应急实训演练基地，完善安全生产工作实操实训条件。

（五）科技创新能力建设工程

建设国家安全生产综合集成创新中心，建成危险化学品、矿山、城市安全、金属冶炼、油气等重大事故防控技术支撑基地，重点建设重大事故情景还原与相似模拟、事故预防技术中试以上工程装置，完善复杂环境下耦合事故验证实验条件。推动有条件地区和企业建设安全生产科技创新资源开放共享和成果推广平台。建设安全生产监管监察执法装备验证测试实验室和智能化矿山安全生产监管监察技术支撑实验室。依托现有资源，建设完善省级安全生产技术支撑中心实验室和区域安全生产综合技术支撑中心实验室。

（六）安全生产教育实训工程

完善国家安全生产监管监察执法综合实训华北基地条件，增补石油天然气管道输送、烟花爆竹、地下空间等专业领域及矿山、冶金、商贸、机械等行业安全生产监管实训功能。建设安全生产监管监察人员执法资格考试平台，升级改造现有考试机构考场。完善应急管理和安全监管干部网络学院信息平台、网络培训资源库等，打造线上与线下相结合、虚拟与现实相融合、多终端、全覆盖、互联互通、共建共享的安全生产线上培训生态圈。实施危险化学品安全培训网络建设工程，建设一批区域性危险化学品企业安全生产实训基地。

十一、健全规划实施保障机制

（一）明确任务分工

地方各级人民政府要根据规划确定的发展目标和主要任务，将安全生产工作纳入重要议事日程，制定并公布安全生产重点任务和年度目标。各地区、各有关部门要积极制定规划实施方案，细化落实规划的任务分工和进度安排，明确本地区、本部门相关责任。推动建立安全监管协作机制，定期研究解决重大问题。推动各地区安全生产规划实施情况信息公开，鼓励全社会参与和监督，确保各项任务全面完成。

（二）加大政策支持

按照中央与地方财政事权和支出责任划分，健全完善财政支持安全生产政策，强化中央和地方财政经费保障，优化安全生产支出结构；贯彻过“紧日子”要求，集中力量办大事，向监管监察能力建设、重点行业领域风险防控等工作倾斜。实行全面预算绩效管理，加强绩效评价，强化审计监督，把安全生产财政资金管好用好。完善企业安全生产费用提取和使用制度，健全监管与审计机制。鼓励创业投资企业、股权投资企业和社会捐赠资金增加安全生产公益性投入。鼓励企业投保安全生产责任保险，充分发挥保险的风险控制和事故预防作用，探索建立监管部门、行业组织、保险机构和企业多方参与的激励约束机制和风险防控机制。

（三）推进试点示范

以改善安全状况、推动安全发展为目标，以体制创新、制度供给、模式探索为重点，推进国家安全发展示范城市建设。积极推进安全社区、平安校园、安全生产标准化企业等建设。推进安全生产数字化改革试点，加快推进数字化技术在安全风险管控、应急处置等领域的应用。实施安全应急装备应用示范，加快先进安全应急装备科研成果工程化应用。强化城市安全风险综合监测预警工作体系建设试点，打造城市安全“智慧大脑”。推动国家安全发展示范城市率先建成较为完善的安全治理制度体系，形成若干可操作、有效管用、可在全国复制推广的安全生产重大制度成果。

（四）强化监督评估

健全各级安全生产委员会成员单位规划实施信息通报、研判会商、交流合作、协调联动等制度机制，统筹协调、监督指导各成员单位落实安全职责，加大督查考评力度，形成规划实施合力。国务院安全生产委员会将定期对各省级人民政府和新疆生产建设兵团规划目标指标、主要任务、重大工程等进展情况进行监测调度。在2023年、2025年底，应急管理部要分别对本规划执行情况进行中期评估和总结评估。

任务五　国家能源局《电力安全生产“十四五”行动计划（2021—2025年）》

电力是重要基础产业，电力安全生产事关人民生命财产安全，关系国计民生和经济发展全局。做好电力安全生产工作是坚持以人民为中心发展思想的客观要求，是落实总体国家安全观和能源安全新战略的具体体现。当前，世界百年未有之大变局加速演进，我国经济发展、能源消费增速强劲，“碳达峰、碳中和”目标已经明确，多元供给保障能力正在逐步提高，能源转型变革任重道远。“十四五”是开启全面建成社会主义现代化国家新征程、向第二个百年奋斗目标进军的第一个五年，是“双碳”目标启航的关键时期。坚持人民至上、生命至上，统筹发展和安全，按照“三管三必须”原则，以“安全是技术、安全是管理、安全是文化、安全是责任”治理理念为引领，大力提升电力安全生产整体水平，确保电力系统安全稳定运行，确保人民群众安康幸福、共享改革发展和社会文明进步成果，是电力行业的重大历史使命。

本行动计划依据《中华人民共和国国民经济和社会发展第十四个五年规划和2035年远景目标纲要》《“十四五”国家应急体系规划》等编制，主要阐明“十四五”电力安全生产工作的指导思想、基本原则、行动目标、主要任务、重点行动和保障措施，是“十四五”时期我国电力安全生产工作的总体蓝图。

一、总体形势

（一）“十三五”时期电力安全生产成效

“十三五”期间，电力行业认真学习领会习近平总书记关于安全生产重要论述，坚决贯彻落实党中央、国务院关于安全生产决策部署，深刻汲取电力重特大事故教训，大力推进电力安全生产领域改革发展，逐步形成了“安全是技术、安全是管理、安全是文化、安全是责任”的“四个安全”治理理念并有力指导了电力安全生产实践，各项工作取得了明显成效。

——安全技术蓬勃发展。拥有自主知识产权的大型电力装备达到国际领先水平，以云大物智移等为代表的新一代电力技术广泛应用于电力安全生产各个环节，人身安全防护、设备防误操作等方面的安全技术不断创新，技术对提升本质安全的关键作用得到了有效发挥。

——安全管理水平稳步提升。安全生产标准化、防事故二十五项重点要求等基础工作进一步夯实，风险分级管控和隐患排查治理双重预防机制有效落实，电力行业基本建立起危险源辨识、风险分析、风险评估、风险控制为一体的闭环和分层次管理的安全风险管控体系，建立起近期与远期结合、常态与极端结合、综合与专项结合“三结合”的电力安全风险管控机制并坚持不懈推动落地实施，电力事故防范能力大幅提升。

——安全文化逐步形成。“和谐·守规”的电力安全文化氛围基本形成，“电力安全文化建设年”活动成效明显，电力企业安全文化建设广泛开展并各具特色，初步构建起了自我约束、持续改进的安全文化建设长效机制。

——安全责任层层压实。电力企业严格履行法定责任，健全全员安全生产责任制，法定代表人和实际控制人同为安全生产第一责任人的要求得到全面落实。行业监管和属地安全管理责任逐步落实，安全监管执法不断强化，责任追究机制不断完善，齐抓共管工作格局初步形成。

——应急能力显著提高。应急预案体系持续完善，应急指挥协调联动机制不断加强，应急保障、预防预警、救援处置能力进一步提升。成功处置应对金沙江堰塞湖等重大险情和台风、洪涝等自然灾害，圆满完成各项重大活动保电任务。

自 2017 年以来，电力人身伤亡事故起数和伤亡人数总体下降并保持较低数字，没有发生大面积停电事件以及电力系统水电站大坝垮坝、漫坝等对社会造成重大影响的事件，电力安全生产局面总体稳定。

（二）“十四五”时期电力安全生产形势

“十四五”时期，我国能源消费增长迅猛，能源发展进入新阶段，在保供压力明显增大的情形下，电力安全发展的一些深层次矛盾凸显，风险隐患增多。

——电力供需平衡压力增大。受人民生活水平改善、工业生产及外贸增长大幅拉动、经济和社会活动大规模恢复等因素影响，预计“十四五”期间，全国用电增长将维持在 5% 左右的中高速区间，2025 年全社会用电量将达到 9.5 万亿~9.8 万亿千瓦时。能源转型过程中，系统调峰能力阶段性不足，部分时段电力供应能力受到挑战，错峰限电风险将增加。

——电力系统安全运行风险显著加大。电网规模持续扩大，系统结构愈加复杂，交直流混联大电网与微电网等新型网架结构深度耦合，“双高”“双峰”特征凸显，灵活调节能力不足，系统性风险始终存在。电力设备规模大幅增长，输电通道日益密集，储能等新业态蓬勃发展，设施设备运维管控风险骤增。

——网络与信息安全风险持续升高。新能源、分布式电源大量接入电网，源网荷储能量交互新形式不断涌现，电力行业网络与信息系统安全边界向末端延伸。电力大数据获取、存储、处理使数据篡改和泄漏可能性增加，云计算、物联网、移动互联技术在电力系统深度应用，电力行业网络安全暴露面持续扩大。

——电力建设施工安全风险集中凸显。“十四五”是向“碳达峰”目标迈进的关键期和窗口期，新能源及配套送出项目密集建设，电力工程作业面和风险点快速扩大，建设资源进一步摊薄，建设、监理等施工力量不足的矛盾将进一步加剧，安全主体责任落实及施工作业现场安全管控难度加大。水电资源开发、抽水蓄能电站建设进入新阶段，各类风险防范和安全管理任务艰巨。

——重大突发事件应对能力明显不足。近年来,我国遭受的自然灾害突发性强、破坏性大,监测预警难度不断提高,部分重要密集输电通道、枢纽变电站、大型发电厂因灾受损风险升高。部分城市防范电力突发事件应急处置能力不足,效率不高。流域梯级水电站、新能源厂站综合应急能力存在短板,威胁电力系统安全稳定运行和电力可靠供应。

今后五年,是全国各行业大力实施“碳达峰、碳中和”战略目标的关键时期,也是电力体制改革继续深化、电力科技快速发展的重要时期,对于企业发展转型、安全新技术应用、电力市场化交易体系建设等方面可能给电力安全生产带来的风险因素,需要及时做出分析预判,也需要予以积极应对。

二、指导思想、基本原则和行动目标

(一)指导思想

以习近平新时代中国特色社会主义思想为指导,全面贯彻党的十九大和十九届二中、三中、四中、五中、六中全会精神,坚持“人民至上、生命至上”,统筹发展和安全,深入贯彻“四个革命、一个合作”能源安全新战略,把握“十四五”时期电力发展新阶段新特征新要求,按照“三管三必须”原则,牢固树立“四个安全”治理理念,着力强化企业安全生产主体责任,加快构建科学量化的安全指标体系,全面落实风险分级管控和隐患排查治理双重预防机制,切实增强安全防范治理能力,有效遏制电力安全事故,坚决杜绝电力生产安全重特大事故,为实施“双碳”重大战略决策、推动经济社会高质量发展、实现第二个百年奋斗目标提供坚强的电力安全保障。

(二)基本原则

——坚持安全发展。贯彻以人民为中心的发展思想,坚持底线思维,服务能源低碳转型和新型电力系统构建大局,统筹发展和安全,加强电力规划建设、运行管理、应急保障等各环节安全风险管控,实现电力高质量发展和高水平安全的良性互动。

——坚持理念引领。以“四个安全”治理理念为引领,依托技术保障安全、管理提升安全、文化促进安全、责任守护安全,系统谋划技术支撑、管理提升、文化建设和责任落实的各项措施,全面提升电力本质安全水平。

——坚持关口前移。严格安全生产准入,健全电力安全风险分级管控体系,完善隐患排查治理和挂牌督办机制,建立电力重大基础设施安全评估机制,强化电力应急体系和应急能力建设,构建电力安全治理长效机制。

——坚持创新驱动。运用现代科技手段,提升电力安全生产信息化、数字化、智能化水平,推动电力安全治理数字化转型升级。构建科学量化的安全指标体系,探索电力安全审计、安全责任保险、安全信用惩戒等管理模式创新,推动安全责任落实。

——坚持齐抓共管。强化电力安全生产主体责任,落实行业监管责任和地方各级政府有关部门的电力安全管理责任。有效发挥行业协会、科研高校等社会力量作用,充分激发电力企业员工主动参与安全生产工作积极性,共谋安全治理,共享安全成果。

(三)行动目标

——总体目标。到 2025 年底,电力安全生产监督管理量化评价指标体系基本形成,电力安全治理体系基本完善，治理能力现代化水平明显提升。以本质安全为目标的新技术应用覆盖率显著提高，面向新型电力系统的安全保障体系初步建立。安全文化核心理念实现全员渗透，安全生产责任层层落实机制有效运转。电力系统运行风险有效控制，电力安全生产状况稳定在控，电力突发事件处置应对有力，电力人身责任起数和事故死亡人数趋于“零”。

——目标量化指标。

序号	关键指标	预期值	指标性质
1	电力人身事故死亡人数	五年平均降幅≥ 30%	约束性
2	电力人身伤亡事故起数	五年平均降幅≥ 30%	约束性
3	电力设备事故起数	五年平均起数≤ 2 起	约束性
4	电力安全事故起数	五年总起数≤ 3 起	约束性
5	电力安全事件起数	五年平均起数≤ 4 起	约束性
6	电力网络安全事件起数	五年平均起数≤ 4 起	约束性
7	自然灾害导致重大以上大面积停电后，减供负荷恢复 80% 以上及停电重点地区、重要城市负荷恢复 90% 以上的时间	≤7 天	预期性
8	省、市、县三级大面积停电事件应急预案修编完成率	100%	预期性
9	电力企业网络安全事件应急预案修编完成率	100%	预期性
10	电力安全生产标准化建设覆盖率	100%	预期性

注 1：指标 1 和指标 2 的基准值为 2020 年电力人身事故死亡人数(45 人)和起数(36 起)。

注 2：降幅最低限约束条件：“十四五”期间争取 1 年或多年实现电力人身事故死亡人数和起数个位数，其他年份降幅比照基准值不低于 20%。

注 3：降幅最低限计算公式：五年平均值 =(基准值×4 年×20%+(基准值-9))/5 年/基准值×100%。

三、主要任务

(一)学习贯彻习近平总书记关于安全生产重要论述

认真学习贯彻习近平总书记关于安全生产重要论述，贯彻落实党中央、国务院关于安全生产的重大决策部署，加强对电力行业安全生产的监管。建立健全长效学习机制，着力提升传达时效，充分利用全国电力安委会、联席会议、“季会周报”等平台，将学习要点第一时间向全行业传达到位。持续丰富学习形式，推动电力行业各单位学习传达，在安全培训、安规教育、班组建设等开辟学习专栏，促进电力从业者全员入脑入心。坚持做好督导检查，将学习情况纳入安全审计、业务指导、事故调查等各项工作，督促各有关单位细化方案措施，列出清单台账，确保学习贯彻工作不缺课、不走样、有收获、有成效。不断推动实践促学，把习近平总书记关于安全生产重要论述的内涵要义与电力行业特点紧密结合，真正落实到电力安全风险管控、事故事件应急处置等工作当中，切实提高电力安全生产水平。

(二)提高依法治理水平

完善电力安全生产政策法规体系。研究跟进"碳达峰、碳中和"战略发展路径,及时制定和调整电力安全生产指导政策,支持和保障电力企业减碳措施有效实施。加强电力安全生产法规规章科学性、系统性、完备性建设,基于综合管理、电网安全、发电安全、建设安全和质量、应急管理、网络安全、大坝安全、行业监管八个纵向维度,技术、管理、文化、责任四个横向要素,构建网格化的法规规章体系。贯彻落实新修订的《安全生产法》及相关法规,及时制定、修订电力安全生产规章制度。牢固树立法规规章的严肃性和权威性,制定监管执法机构行政处罚裁量权适用指引,增强现场执法的可操作性。

构建科学量化的评价指标体系。针对不同类型的电力企业,围绕治理体系核心要素,整合现有安全评价体系,采取简洁、通用、可提取的指标形式,构建能够真实反映电力安全生产水平的评价指标体系,推进电力安全生产监督管理从定性向定量转变。建设电力安全生产评价指标信息化平台,依托电力行业安全专家团队,构建"线上 + 线下"评价方式,基本实现评价结果成为辅助安全生产决策部署的有效手段。

推进电力安全监管效能提升。构建企业负责、职工参与、政府监管、行业自律、社会监督的协同共治机制,实施分级分类监管、重点监管和精准监管。建立以安全信用为核心的新型监管机制,充分发挥"信用能源"等平台的安全信息公示监督作用,制定失信行为认定标准,落实联合惩戒措施。提升监管现代化水平,加快推进电力安全生产监管信息化工程建设,统筹利用非现场监管和现场监管两种模式,重点增强非现场监管能力。完善随机抽查执法制度,明确执法清单和权力清单,明确电力安全监管执法人员选任标准和程序,完善电力安全监管执法人员上岗培训制度,规范执法行为、提高执法能力。

(三)提升能源转型安全保障能力

强化电力供应安全保障。建立电力企业与燃料供应企业、管网企业的信息共享与应急联动机制,完善一次能源储备预警机制,强化一次能源安全供应保障。推动微电网等新型供电形式安全发展,形成多元化多层次电力安全供应保障体系。加强电网调度安全管理,强化跨省跨区安全调剂余缺能力。提升电网灵活安全调节能力,推动应急备用和调峰电源建设,推动建立健全可调负荷资源参与辅助服务市场机制,推动各类储能安全发展,为新能源发展提供安全保障。推动需求侧响应能力建设,完善高峰用电时段有序用电制度和执行监督手段,切实保障民生用电和重点用电。

提升电网对新能源的安全消纳能力。加强新能源机组并网安全性和稳定性,强化关键节点频率、电压安全支撑。推动建立次同步振荡广域监控系统,提升新形态稳定问题风险防控能力。推动建立新能源规划发展政企会商机制,提升电网对新能源的安全消纳能力。

强化新能源发展安全保障。积极探索新能源发电安全管理新思路,厘清安全责任界面,创新安全管理模式和技术措施,加强新能源开发,特别是以沙漠、戈壁、荒漠地区为重点的大型风电、光伏基地项目的安全风险评估和管控。完善新能源发电安全技术标准体系,加强新能源和储能电站发电并网安全管理,强化抽水蓄能电站建设运行安全监管,提升新能源发电运行安全水平。

强化新型电力系统运行安全保障。加强新型电力系统安全运行基础理论研究，重点开展新型电力系统运行特性分析与故障辨识、安全规划、安全防御、智能调度系统以及大规模新能源并网安全等研究。结合智慧城市建设及微电网建设，开展配电网安全运行关键技术研究，全面提高输配电系统安全水平。针对火电机组日益复杂的运行工况，利用智能计算和大数据挖掘技术，推动开展燃煤电厂智能 DCS 控制技术研究和应用，提高发电安全运行水平。

（四）发挥技术支撑作用

加快电力安全生产数字化转型升级。适应数字化发展趋势，探索数字化治理手段，推进数字化技术赋能“四个安全”治理，逐步实现安全业务数字化，以技术驱动电力安全业务转型升级。贯彻落实《“工业互联网 + 安全生产”行动计划（2021—2023）》，整合电力行业和企业安全生产信息化系统，推进“工业互联网 + 安全生产”电力行业分中心建设，为国家安全生产监管平台提供数据支撑。打造基于工业互联网的电力安全生产新型能力，组织开展“工业互联网 + 安全生产”应用试点，推动 5G+ 安全生产、边缘计算、数字孪生、智慧屏、安全芯片等新技术新产品应用和展示，全面提升电力安全快速感知能力、实时监测能力、超前预警能力、应急处置能力和系统评估能力。

推进人身安全防护新技术研究与应用。推广基于物联网技术的智能安全工器具、实时在线防止电气误操作系统，利用视频和大数据开展人员身份识别、行为识别、定位识别，逐步实现违章作业自动智能告警，有效保障受限空间、临时作业现场等施工区域现场作业人员安全。逐步推进高危作业人工替代技术，开发应用带电作业机器人、炉内无人机和爬壁作业机器人等新技术，从根本上消除安全隐患。在安全培训领域广泛应用虚拟现实技术和人机交互技术，提高从业人员特别是现场作业人员风险预知和应急处置实战能力。

推进设备运行安全新技术研究与应用。提高设备状态监测技术水平，加快突破综合管廊工程、碳纤维导线、特高压换流变压器等状态监测和风险预警技术难题。提高设备设施运维技术水平，针对通信共享铁塔应用趋势，研究调整杆塔校核技术。推广应用新型智能故障定位技术，加大智能巡检机器人应用覆盖率。高度重视重大电磁风险防控，加快研究极端地磁暴等复杂电磁环境安全防护技术。大力推进电力设备振动诊断、预警与治理关键技术国产化，力争突破一批进口设备“卡脖子”问题。深入开展大型变压器、电缆火灾早期预警和灭火技术研究，推广应用电化学储能电站安全运行提升技术，有效防止设备火灾事故。

推进大坝安全新技术研究与应用。研究高坝大库监测检测、缺陷处理及补强加固技术，研制研发专用材料、装备，增强大坝安全隐患排查治理能力。研究大坝安全智能化运行管理技术，实现大坝安全保障水平和管理效能双提升。研究大坝安全应急勘察、抢险救援技术，研发专用装备，推进大坝安全应急能力现代化建设。总结复杂环境条件下水电工程勘察、设计、施工和建设管理技术经验，构建完善大坝全生命周期安全风险管控体系。

推进电力应急能力提升关键技术研究与应用。利用现代信息技术与先进能源电力技术深度融合，推进灾害监测、应急装备、辅助决策等大面积停电应急关键技术研究应用。推广应用能够有效支撑用能设施“即插即用”的设备装置，提升应急救援装备的可靠性和应急单兵作业能力。推广新型减震、隔震技术，优化结构抗震性能，提高电力基础设施设备抗震能力。推进地质灾害、风电防雷、海洋生物等监测预警技术研究，以及海上风电、偏远地区新能源防灾救灾技术研究，加快灾后勘察及灾损快速评估技术研究和专业抢险救援设备研制应用。

完善电力安全生产技术标准体系。提高安全技术标准体系设计的系统性、前瞻性，建立安全技术标准制定统筹工作机制。充分发挥团体标准作用，利用社会资源，制定边界更加宽泛、要求更加严格适用的安全生产技术团体标准。推进标准普及和宣传。积极参与国际安全标准制定工作，加快与国际标准接轨，提高企业国际市场竞争力。

（五）筑牢安全管理基础

加强电力安全生产管理理论和应用研究。认真研究落实党中央、国务院关于安全生产的新精神新要求，发挥国家和行业智库作用，组织电力行业和社会各界专家学者，开展安全生产管理理论研究。研究分析"碳达峰、碳中和"背景下，电力安全生产管理面临的新形势新任务，鼓励跨界探索和理论创新。打造电力行业安全生产品牌论坛、品牌业务圈，搭建更加广泛的沟通交流平台，使全行业共享电力安全生产管理应用最佳实践成果。

夯实电力安全生产管理基础。进一步强化企业安全生产基础管理，坚持抓好安全例会、安全检查、"两票"管理等基础工作，组织修订并严格落实《防止电力生产事故的二十五项重点要求》，坚决执行电力安全生产禁令。不断提升电力企业班组安全管理水平，加快根治违章指挥、违章作业、违反劳动纪律的行为。完善电力技术监督管理体系和标准体系，规范监督服务工作，加强专业交流沟通。在按期完成《电力安全生产专项整治三年行动方案》各项任务的基础上，巩固整治成果，构建安全生产管理长效机制。

全面加强风险分级管控与隐患排查治理双重预防机制建设。继续健全隐患排查治理制度、重大隐患治理情况向所在地负有安全监管职责的部门和企业职代会"双报告"制度，修订《电力安全隐患监督管理暂行规定》，进一步明确隐患排查治理标准和信息报送流程，严格重大隐患挂牌督办制度。继续完善电力行业风险管控长效机制，落实风险分级管控责任，坚持定期召开行业和企业层面的风险分析例会，形成风险辨识、评估、预警、防范和管控的有效闭环管理。制定发布电力行业风险管控体系建设指导意见，开展电网、发电、电力建设安全风险监测预警系统和数据库建设，加快形成风险大数据分析支撑能力。

深化电力安全生产标准化建设。深入贯彻国家关于安全生产标准化工作要求，坚持电力行业安全生产标准化工作统一规范管理，强化落实安全生产标准化的法定工作职责。及时修订电网、发电、电力建设施工企业等安全生产标准化规范，做好企业自查自评工作。建立电力安全生产标准化达标评级管理新模式，充分发挥电力行业相关协会学会作用，推行电力企业安全生产标准化建设定级制度。研究制定电力企业班组安全标准化建设规范，进一步提升班组人员的安全意识和履职能力。

加强电网安全运行管理。推动优化电力系统结构布局，有效控制并逐步化解电力系统重大结构性风险，强化分层分区运行能力。加强电力设施保护，常态化开展枢纽变电站、重要换流站、主干电网和重要输电通道动态风险评估，优化电力设施运行环境，提升防外力破坏监测能力。加强涉网安全管理，做深做细年度运行方式分析，完善常态化电网安全风险管控工作机制。强化新能源场站涉网安全管理，促进厂网协调支撑，保障电力系统安全平稳转型。加强配电网和农村电网升级改造的安全管理。

加强发电运行安全管理。加强能源转型背景下火电机组新运行特征研究,完善安全风险管控措施。制定二次再热等新型高参数大容量火电机组运行规程规范,确保新投运机组运行安全。强化老旧机组改造安全风险分析,加强叶片疲劳度等燃机安全运行状态深度分析,构建设备运行状况评估及寿命预估体系。研究制定综合智慧能源利用项目安全管理指导政策,出台一批安全标准。加强核电保安电源管理,加强核电冷源安全风险防范,从规划布局、建设运行、监测监视、预报预警等方面,辨识核电冷源系统安全风险,研究制定针对性防范措施和应急预案。

加强电力建设安全管理。按照高危行业管理要求,严格落实电力建设施工企业强制性安全措施。制定电力建设危险性较大工程行业标准和安全管理规定,明确危险性较大的分部分项工程、超过一定规模危险性较大的分部分项清单,建立重大建设工程外部安全专家定期巡查制度。制定电力建设工程管理、现场管理禁令清单,制定落后工艺和设备淘汰清单。研究制定电力建设施工企业安全总监岗位职责指导规范,有效落实电力企业技术负责人安全生产技术决策和指挥权。加强电力建设工程工期管理。规范电力建设安全生产费用提取,专款专用。

全面强化外委工程、外协人员管理。进一步强化准入管理,严格外委工程承包单位资质审查和外协人员资格审查,定期开展外委工程承包单位安全履约能力评价,实行违法违规单位及其主要负责人"双黑名单"制。将"两外"人员纳入本单位安全管理体系,杜绝"以包代管",切实做到统一标准、统一要求。加强"两外"人员安全生产培训管理,加强培训效果评估,提高外委工程、外协人员的事故风险预控能力。

(六)推进安全文化建设

持续加强"和谐 · 守规"安全文化建设。贯彻落实《电力安全文化建设指导意见》,推进文化制度、组织机构、传播体系、产业发展机制、品牌创建、教育培训等六项重点工程建设,利用工业互联网、大数据、人工智能技术,形成电力安全文化新形态。完善电力企业安全文化建设基本规范,打造各具特色的企业安全文化。强化电力企业管理层的安全文化引领作用,提高主要负责人参与安全文化活动的频度。大力开展电力安全科普基地建设和科普宣传工作,利用"安全生产月""国家防灾减灾日"等活动,固化一批安全科普精品活动项目,提高全员安全文化建设参与度。

完善电力安全生产教育培训体系。加强对电力行业安全教育培训工作指导,完善相关规章制度,利用信息化技术建立安全培训教材库和师资库,整合分享教学资源和师资力量,全面提高培训水平。要在企业内部建立分层分类的安全生产培训管理标准,重点加强对安全管理人员、新入职人员及临时务工人员的培训,提高培训标准,保障培训效果。进一步规范电力从业人员职业技能取证培训和技能鉴定管理,研究建立电力行业注册安全工程师联合培养机制。建设电力行业安全生产教育培训信息化平台,开展安全培训大数据分析和应用,促进培训质量提升和人才资源共享。

构建电力安全文化建设评估体系。针对电网、火电、水电、新能源、电力建设等不同类型企业,研究电力安全文化评估方法,确定电力安全文化建设评估指标,建立电力安全文化建设评估体系。试点开展电力企业班组安全文化建设成效评估,进一步探索员工安全文化建设评估方式,对员工安全意识、安全行为、安全能力、安全习惯等安全文化素养进行系统评估,激发企业安全工作活力,营造安全生产良好氛围。

(七)强化安全责任落实

落实电力企业安全生产主体责任。开展针对电力企业主要负责人、分管负责人和安全管理人员的安全生产法规定期轮训,强化安全生产意识。健全电力企业从主要负责人到一线岗位员工的全员安全生产责任制,完善安全责任层层落实机制,建立主要负责人对风险管控、隐患排查、应急救援和信息报送等关键环节的主责制度。结合国家法律法规和企业实际,建立动态安全履职责任清单和权力清单。

推进建立"党建 + 安全"工作机制。鼓励企业基层党组织结合党建活动,通过多种形式,促进形成学安全、知安全、懂安全、促安全的良好氛围。发挥车间、班组等基层党组织的战斗堡垒作用,用好"党员责任区""党员示范岗""党员服务队"等载体,积极开展"党员无违章""党员身边无违章"等活动,引导党员在安全生产实际行动中发挥模范先锋带头作用。加强党员安全模范宣传示范,将安全工作成效纳入优秀党支部、优秀党员评选条件。

创新安全责任落实方式和手段。推进建立电力企业安全履职情况第三方评估考核制度,试点开展以电力安全生产责任落实为核心的电力安全审计,构建更加科学有效的安全责任落实长效机制。鼓励电力企业参加安全生产责任保险,用责任保险等经济手段,加强安全生产管理。积极探索数字技术赋能安全责任落实,建立日常生产管理系统与企业和员工安全责任的数据关联,实现以大数据为支撑的安全责任动态监测和履职监督。

完善安全生产执法监督和考核机制。推动明确各级地方政府在电力建设工程、网络与信息安全、电力应急管理等方面的安全职责,进一步强化行业监管和地方电力安全管理的协同配合。健全电力安全现场检查、行政处罚、事故查处、责任追究等制度,强化电力安全监管执法和企业安全生产考核。落实"四不放过",完善电力事故事件责任追究制度,建立电力事故问题整改督办制度,确保事故问责闭环管理。建立政府购买服务和第三方机构协助监管机制,有效发挥第三方机构技术、人才等作用。

(八)抓实电力安全专项工作

强化可靠性管理作用。加快《电力可靠性管理办法》及相关配套规范文件的修订和颁布,健全电力可靠性信息统计、发布和可靠性评价、评估、预测等制度,建立反映电力系统充裕性和安全性的可靠性评价指标体系。督促市场主体落实电力可靠性管理责任,推进电力可靠性管理方式现代化,提高可靠性数据的可靠性和实用性。发挥大数据在电力可靠性管理中的应用,依靠可靠性数据构建风险监测预警体系,通过对典型事件、运行工况、设备缺陷、地域特征等多方面数据分析,为电力安全提供辅助决策,实现可靠性管理和电力安全深度融合。

强化电力建设工程质量监督。进一步理顺电力建设工程质量监督体系,加强质监机构和专家队伍建设,推进构建电力建设工程质量分级监督管理体制。完善质量监督相关制度和技术标准,更新质监检查检测手段。建设数字化监督管理平台,提升质量监督水平和效率。全面落实工程参建各方主体质量责任,强化建设单位首要责任和勘察、设计、施工单位主体责任,加强工程质量检测管理。建立质量监督信用管理工作机制,进一步发挥质量投诉举报和质量问题通报的监督作用。

强化水电站大坝安全保障。完善大坝安全法律法规及技术标准体系，推动大坝安全领域风险分级管控和隐患排查治理双重预防机制建设，提高水电站大坝运行安全风险管控水平。加强电力企业隐患自查自改自报的规范管理。进一步加强电力企业大坝安全应急管理，不断完善以大坝安全应急预案建设为重点的电力企业突发事件预防与应急准备。进一步发挥科技引领作用，加大创新力度，推动北斗系统、智能大坝等新技术研发和推广应用，促进水电站大坝安全管理新技术的应用。

强化流域梯级水电站风险管控措施。健全流域梯级水电站风险管控体制机制，推进国家、省、市、县四级流域梯级水电站安全应急组织机构和流域梯级水电企业安全应急管理机构建设，组建流域梯级水电安全及应急技术中心。研究制定流域梯级水电站安全应急管理办法和流域梯级水电站失事专项应急预案，规范流域水电站应急预案编制、备案、演练和培训工作。开展流域水电站安全风险评价及应急能力评估工作，提升应急指挥及应急技术装备水平。

强化网络与信息安全管理。健全电力系统网络安全制度规范，加强行业网络安全等级保护、关键信息基础设施保护制度，落实监督检查，推进电力数据分类分级和安全保护，强化行业关键数据保护、个人信息保护，强化电力关键信息基础设施网络安全审查和供应链安全管控。统筹新型电力系统网络安全防护顶层设计，优化电力监控系统安全防护体系，提升配电系统网络安全水平，增强新型电力系统业务网络安全支撑能力。提升网络攻击态势感知与实战攻防能力，建设行业侧网络安全态势感知平台、网络安全仿真验证环境（靶场），开展多层级电力行业特色网络安全攻防演习，推动网络安全监测全场景覆盖与情报共享。提升网络安全自主可控能力，加快推进关键信息基础设施漏洞库、北斗系统、商用密码应用基础设施建设。加强行业网络安全专家和专业队伍培养，推进行业级网络安全实验室建设，持续加强宣传教育，提升全员网络安全意识。

（九）提升电力应急处置水平

强化电力应急预案体系和应急演练。修订《电力企业应急预案编制导则》等管理规定，推进企业应急预案修编和预案体系完善工作。制订年度大面积停电应急预案编制和演练计划，推进县级以上地方各级政府开展大面积停电事件应急预案编修和演练。建设各类专项预案、现场处置方案、典型事故、自然灾害事件应急演练示范库，开展电力重特大事故和自然灾害事件情景构建，提升应急演练水平。

加强电力应急能力建设。完善电力企业应急能力建设评估工作长效机制，定期规范开展评估工作，滚动提升电力企业应急能力。针对重大事件的不确定性影响，开展复杂性叠加性情景构建，以保障人身安全和基本生产秩序为出发点，提高电力企业综合应急能力。开展以新型储能技术为支撑的局部电网黑启动专项研究，提高极端状况下电网应急处置能力。

推进电力应急资源共建共享。完善国家和地方电力应急专家库，制定专家管理规则，保持一批专业精干的专家队伍，为电力应急日常管理和突发事件处置提供技术支撑。继续推进国家级电力应急救援基地建设，打造电力应急救援新技术装备试点应用和应急救援队伍专业培训平台。建设 2～3 个标准化应急演练场所，推进利用互联网开展应急演练。建设电力行业应急资源信息共享平台，盘活闲置应急资源，实现应急物资的共享应用。

加强电力应急协同处置机制建设。建设电力行业应急指挥系统平台,推进安全监管和应急处置信息的实时采集、监测预警,全面提升电力突发事件综合指挥和协调处置能力。提高地方政府大面积停电事件应急处置能力,健全京津冀、环渤海、粤港澳、长江经济带、陆上丝绸之路等跨地区应急救援资源共享及联合处置机制,开展跨省和跨区域的联合应急演练。推进大面积停电事件应急能力示范县(市)建设,提升基层应对能力。继续推进应急产业发展,在技术转化、产品研发和应对机制方面加大军民融合力度,提高联合应对重大电力突发事件能力。

四、重点行动

(一)电力安全生产政策法规体系建设行动

根据国家安全生产政策法规制修订情况,结合能源转型发展和新型电力系统构建过程中出现的新特点、新业态和新动向,不断修订完善电力行业安全生产政策法规,并加强培训和宣贯。

专栏 1　电力安全生产政策法规制定修订重点
推动修订《电力安全事故应急处置和调查处理条例》(中华人民共和国国务院令第 599 号)和《电力安全生产监督管理办法》(国家发展和改革委员会令第 21 号)、《水电站大坝安全运行监督管理规定》(国家发展和改革委员会令第 23 号)、《电力建设工程施工安全监督管理办法》(国家发展和改革委员会令第 28 号)、《电力监控系统安全防护规定》(国家发展和改革委员会令第 14 号)、《电力可靠性监督管理办法》(国家电力监管委员会令第 24 号)等法规。 修订电力建设工程质量监督检查系列大纲、《电力安全隐患监督管理暂行规定》等。 制定电力建设工程质量监督管理办法、电网安全评估办法、电力安全风险管控办法、电力安全监管行政处罚自由裁量适用规则、电力事故经济损失认定标准、小型电力建设项目工程施工安全监督管理简易适用规则等规范性文件。 制定电力建设工程施工安全反事故措施、基建领域安全生产标准化实施规范、安全生产标准化。建设工作指引、电力行业安全生产“党政同责、一岗双责、齐抓共管”工作指南等规范标准。

(二)量化评价指标体系建设行动

根据不同类型电力企业,构建科学的电力安全生产监督管理量化指标体系模型和关键“指标库”,建设评价体系管理平台,实现全过程数字化展现,形成“线上 + 线下” 评价模式。组织电力企业开展指标体系应用试点,积累实践经验,至“十四五”末,实现对电力行业安全生产状况的全面量化评价,形成安全生产状况预警管理和辅助安全生产决策部署能力。

专栏 2　电力安全生产关键指标示例(预防和发展引领指标)
技术类一级指标:人身安全、电力系统安全、电力设备设施安全、网络信息安全、安全技术管理、前沿科技应用。 管理类一级指标:安全管理体系、组织机构保障、安全生产投入、人员管理、相关方管理、双重预防机制建设、安全基础管理、安全培训、应急管理。

专栏 2(续)
文化类一级指标：全员参与程度、文化宣传程度、安全文化水平。 责任类一级指标：安全责任制、激励约束机制、安全事故管理。

(三)电网安全运行水平提升行动

加强电网安全评估，提升目标网架本质安全水平。完善跨省、跨区电网格局，管控影响电网安全稳定运行的各类风险隐患。完善电网安全风险管控制度，做深做细年度运行方式分析，有效控制并逐步化解电力系统重大结构性风险。强化电网重大基础设施安全风险管控，加强特高压直流系统、密集输电通道、枢纽变电站、重要换流站、电力调控中心等运行安全管理。

专栏 3　提升电网安全运行水平重点任务
制定各级电网安全评估制度。在发输供电能力充裕性、系统稳定性、极端情形应对能力等方面，对各级电网安全进行评估校核。 推动优化电力系统结构布局。严格执行新版《电力系统安全稳定导则》，优化电力系统结构布局，着力预防短路电流超标、局部潮流重载等系统安全问题。 加强电网运行方式分析和风险管控。研究编制年度运行方式分析报告内容深度规定，实施风险失控问责制度。 完善电网重大基础设施安全风险管控体系。推动电力设施保护条例修订，完善密集输电通道联防联控工作机制，建立“一道一策”风险管控制度，推动将密集通道纳入社会治安综合治理范围。建立枢纽变电站(换流站)、电力调度控制中心安全风险管控体系。 强化特高压直流系统运行风险管控。对直流近区雷击、山火、飘挂物等风险源进行定期治理。加强直流线路杆塔地网维护，督促电网企业建立直流谐振、山火、飘挂物等隐患风险台账并动态更新。 加强新能源并网安全管理。加强电网企业并网安全技术管理，确保机组相关参数性能满足并网运行条件。

(四)构建新型电力系统安全技术体系专项行动

结合高性能计算等技术提出新型电力系统仿真分析技术，并以此为基础，深入研究新型电力系统运行特性及故障机理，提出设计安全约束及安全评估技术。提出适应高比例新能源和高比例电力电子装备接入、源网荷储灵活互动的系统安全稳定控制技术。开发面向新型电力系统安全稳定运行关键装备，推动安全技术创新实验室及标准创新基地建设。

专栏 4　新型电力系统安全攻关重点
新型电力系统仿真分析技术。研发电力电子设备/集群精细化建模与高效仿真技术，更大规模和更高精度的交直流混联电网仿真技术，建立智能化计算分析镜像系统。 新型电力系统运行特性分析与故障辨识。研究新型电力系统电力电量平衡特征、安全稳定运行主要风险、系统稳定特性及应对措施、故障演化机理及状态辨识技术。开展安稳导则适用性研究，提出新型电力系统的安全约束条件及安全校核方法，研究提出安全性评估指标体系。

专栏4(续)
新型电力系统安全稳定运行技术。突破源网荷储多元接入的多级调度协同、广域协调安全稳定控制技术,高比例新能源和高比例电力电子装备接入电网稳定运行控制技术,多馈入直流系统换相失败综合防治技术。智慧能源系统安全稳定运行控制技术。 新型电力系统安全运行关键装备。研制交直流协调控制快速控制保护装置、直流故障限流器,开发过电压抑制与监测、主动电压支撑、暂态潮流调控、故障电流限制、振荡动态阻尼等装备。

(五)强化新能源安全管理专项行动

针对点多面广、区域分散、增速迅猛的新能源发电,积极探索新形势下安全监管工作的新思路、新方式、新做法,创新安全管理模式,有效管控安全风险,不断提高新能源发电安全生产水平。

专栏5　新能源发电安全管理重点推进方向
探索新能源发电项目区域集中管控模式。开展新能源发电项目"无人值班、少人值守、运维管一体化"的区域集中管控中心试点,厘清集控中心与电网调度机构管理界面,提升新能源发电安全管控水平。 加快新能源安全管理专业人才培养。加快新能源发电安全管理专业队伍建设,积极培育熟悉新能源领域的安全管理人才。 完善新能源发电安全技术标准体系。根据风电、光伏等新能源发电安全生产特点,制修订新能源发电项目并网等相关技术标准和规程规范,增强监管法规标准体系适用性,扩大技术标准覆盖面。 大力推进新能源智慧电站建设。运用基于三维数字信息模型技术,实现机组设备在线故障诊断和异常情况即时预警功能,提高新能源发电安全管理成效。

(六)强化常规发电安全管理专项行动

采取有效措施大力提升常规发电安全生产总体水平。

专栏6　常规发电安全管理重点推进方向
推进"两个清单"管理。研究制定发电企业安全风险管控体系建设导则,强化发电安全生产"两个清单"管理,动态更新问题和措施"两个清单",实现安全生产风险隐患闭环管理。 开展机组检修安全专项行动。强化机组检修技改期间风险管控和安全管理,落实反事故措施,开展检修现场督导检查,遏制检修事故多发态势。 加强机组延寿安全管理。构建完善机组延寿安全评估标准,做好延寿机组改造,确保延寿机组符合安全生产要求。 开展尿素替代液氨改造。按照国家危化品使用管理有关要求,加快推进煤电企业尿素替代液氨系统改造,消除重大危险源。

(七)加强水电站大坝安全管理专项行动

加强常规水电站大坝安全管理,严格管控水电站大坝全生命周期安全风险。根据抽水蓄能电站特点，研究制定相关技术标准和安全防范措施，确保大坝运行安全。

专栏 7　水电站大坝安全管理重点推进方向
推进大坝安全在线监控系统建设。按照《水电站大坝安全运行监督管理规定》要求，加快推进坝高 100 米以上、库容 1 亿立方米以上大坝和病险坝的运行和管理单位，建设大坝安全在线监控系统，力争到 2025 年实现全覆盖。 完善大坝安全技术支撑体系。推动具有一定规模水电装机的发电企业，根据情况设立大坝安全管理中心，加强大坝安全技术管理。 强化大坝安全技术应用。建设基于 BIM+GIS 的大坝安全灾害影响分析及三维交互展示系统，实现大坝安全智能辅助决策。研究高坝大库监测检测、缺陷处理及补强加固技术，研制研发专用材料、装备，增强大坝安全隐患排查治理能力。研究智能巡检、视频监控、北斗变形监测、卫星遥感勘察等在水电站大坝场景下的应用技术，实现大坝安全风险智能感知。 制定抽蓄电站引水隧洞检查技术标准。规范抽蓄电站引水隧洞定期检查内容、程序。 加大抽蓄电站漫坝事故防范力度。针对抽蓄电站发电工况（上库水流至下库）叠加下库遭遇洪水或山体塌方等自然灾害的情形，研究制定下库漫坝防范措施。完善运行管理制度，做好电站库水位预警和监视装置的检修维护，杜绝“超抽”事件发生。

（八）电力工程建设安全水平提升行动

健全施工安全标准规范体系，推行作业人员实名制管理，加强电力建设项目分包单位准入，提升现场施工安全监理水平，开展施工示范班组建设，加强技术支撑保障，提升电力工程建设安全管理水平。

专栏 8　电力工程建设本质安全提升
建立覆盖全行业从业人员信息管理平台。利用“互联网 +”等技术，建立作业人员数据库，记录培训和技能状况、从业经历、信用信息等情况。 开展工程监理能力专项提升行动。加强监理队伍建设，强化现场施工安全监理。 完善标准化制度体系。围绕“四个安全”治理理念，积极开展安全生产标准化工程建设，研究出台电力建设工程安全检查标准、电力建设工程安全生产风险分级管控体系实施指南、电力建设工程隐患排查治理体系实施指南等电力建设工程行业标准规范，推动形成完整的安全生产标准体系。 加强分包单位及人员安全管理。加强电力建设项目分包单位准入管理，合理确定资质、能力、业绩条件，从源头管控人员安全风险，实行分包人员与本单位职工“无差别”管理。 开展示范班组建设。从班组安全生产责任落实、班组安全规章制度建设、班组安全教育和培训、班组应急能力建设、班组安全文化建设等方面树立样板和标杆，逐步把相关经验推广覆盖到企业其他班组。 开展“智慧工地”建设工程。深入推进全站安全视频监控、智能安全帽、沉浸式的安全教育体验、人工智能安全隐患和违章识别技术等应用。 高危作业人工替代技术方面。研发和应用推广适用于电力建设工程的硬岩全断面隧道掘进机，全地形基坑机械作业装备，塔吊安装、拆除及使用安全监测等技术。

（九）电力监控系统安全防护能力提升行动

进一步完善电力监控系统纵深防御体系，强化发电厂电力监控系统网络安全综合防御能力,全面提升电力监控系统网络安全保护水平。

专栏9　电力监控系统安全防护能力提升重点推进方向
持续完善电力监控系统安全防护体系,修订和补充电力监控系统安全防护相关配套方案,落实关键信息基础设施安全重点保护要求。 加强电力监控系统相关全业务全周期网络安全管理,建立电力监控系统设备准入、运行、退役定期检测机制,加强软件安全检测和版本控制,加强电力网络安全防护专用设备的安全管理。 进一步提升电力生产控制大区网络结构安全和系统本体安全,提升系统及重要应用的安全可信水平,研究加强新型电力系统建设背景下的新能源场站自身安全和厂网信息交互安全,完善电力监控系统应急备用措施。

(十)网络与信息安全基础能力提升行动

建立健全电力行业和企业网络安全态势感知、监测预警、应急指挥体系,强化仿真验证能力,推动电力北斗系统研发应用创新,推进密码基础设施建设,提升基础设施的安全可控水平。

专栏10　网络与信息安全基础能力提升攻关重点
建设行业级网络安全态势感知平台,统筹开展行业攻防演练,健全网络安全应急指挥体系。 搭建覆盖发、输、变、配、用、调电力全业务的高仿真行业级网络安全仿真验证环境,支撑网络安全仿真验证、攻防对抗演练培训、电力系统漏洞挖掘验证。 推进电力北斗系统应用创新技术攻关,推进北斗系统在电力行业关键领域深入应用。 加快推进密码应用基础设施建设、密码改造和商用密码应用安全性评估。

(十一)电力应急体系建设专项行动

着力完善巨灾情形下的电力应急预案,探索实施大面积停电智慧应急预案管理,健全电力应急预案体系。汇聚行业优势资源,建设覆盖政策研究、科技攻关、产业推广等领域的电力应急支撑平台,完善电力应急支撑保障体系。

专栏11　电力应急体系现代化建设重点
完善巨灾电力应急预案。针对可能发生极为罕见、特别重大的自然灾害等突发事件,编制巨灾应对专项预案,明确各方任务分工、应急响应流程等。 探索实施智慧应急预案管理。推进电力突发事件应急预案数字化管理,开展重大事件情景构建和应用探索,根据事件地点和类型自动调阅,自动分解形成应急指挥预口令,为应急指挥决策提供支持。 建立国家级新型电力系统综合应急基地。依托基地重点研究分析新型电力系统应对重大自然灾害、重大电力事故的薄弱环节,针对性补强应急队伍、装备、物资,示范引领带动行业综合应急能力提升。 培育国家级电力应急研究中心。开展电力应急前沿技术研究,制定国家电力应急关键技术攻关指南,制定重要电力应急物资产品推广名录,推动建设电力应急物资储备库,制定电力应急产业推荐目录、鼓励清单,加快发展应急能力建设评估等电力应急服务业。

(十二)电力应急能力现代化建设行动

建设国家电力应急指挥中心,实现全国电力行业统一应急指挥调度。开展电力行业自然灾害风险普查,实施能源重大基础设施安全风险评估,摸清重大危险源、主要承灾体、重大基础设施底数。着力提高综合监测预警、电力应急辅助决策、电力系统抢修恢复能力、重点用户自保自救能力。

专栏 12　电力应急能力现代化建设重点
开展自然灾害风险普查。制定电力行业自然灾害风险普查实施工作方案,摸清电力行业重大自然灾害、主要承灾体底数,形成分布图、明细表。 实施重大基础设施安全风险评估。出台电力重大基础设施安全风险评估实施细则,明确重大基础设施分级分类标准,开展重大基础设施首次登记,滚动开展安全风险评估。 建设国家电力应急指挥中心。与国务院安委办、国家防总等部门,各省电力主管部门,国家能源局各派出机构,全国电力安委会企业成员单位等实现音视频互联互通。整合电力安全应急领域重要数据资源,实现关键数据的实时互动展现,监测预警,资源智能调配,以及事故、事件等数据的常规和应急报送。 开展电力应急强基专项督查。推动制定重点电力应急预案"流程图"。重点推动电力应急相关岗位人员做到"三个清楚",清楚应急职责,清楚应急预案,清楚应急流程。 加强用户自备应急电源建设。推动《重要电力用户供电电源及自备应急电源配置技术规范》升级为国家强制性标准。充分挖掘新型能源动力设施减灾方面"源荷一体,可储可供"的潜力。 建设可移动应急电源储备库。开展可移动应急电源分布调查,针对性补强可移动应急电源资源。建立市场协议储备机制或社会协调联动机制,满足巨灾情形下跨省、跨区域抢修恢复需求。 提升关键领域抢修恢复能力。重点开展复杂地形特高压输电设施损毁抢修、城市地下电力设施快速抢修等技术攻关,着力提升雨雪冰冻灾害、极端强降雨等情形下的抢修恢复能力。

(十三)电力安全生产反违章行动

研究建立"重大违章停岗""多次违章下岗"等违章处罚机制。建立安全生产违章行为信息库及分专业分级标准,研究制定违章扣分及处罚规范。全面推行"双随机、一公开"安全执法检查,进一步健全电力安全约束和惩戒失信行为机制,推动对电力安全领域严重失信行为实施联合惩戒。对接社会信用体系建设,建立电力安全领域信用激励和惩戒措施清单。

专栏 13　电力安全信用体系建设重点方向
健全电力安全约束和惩戒失信行为机制。 建立电力安全领域信用红黑名单制度。 建立电力安全领域信用激励和惩戒措施清单。 建立外委电力工程施工人员个人信用统一管理模式。 建立电力安全联合执法工作机制。

(十四)安全教育培训体系构建行动

指导电力行业构建安全教育培训体系,健全完善规章制度、标准规范及评估评级管理体系,研究建立电力安全管理人员持证上岗机制。推动电力行业探索开展安全教育培训课程互认、学分互认机制建设,建立安全培训基础信息收集与大数据分析管理机制,开展安全培训大数据分析和应用,促进培训质量提升。

专栏 14　安全教育培训体系建设重点方向
构建安全教育培训体系。 制定安全教育培训管理标准。 建立安全教育培训教材库。 建立安全教育培训师资库。 研究建立电力安全管理人员持证上岗机制。

(十五)安全文化精品工程建设推广行动

研究制定电力企业安全文化精品工程建设标准,针对不同类型企业,不同地域和专业特点,总结和培育一批特色鲜明、参与度广、确有实效的安全文化精品工程。设立电力行业安全文化建设指导中心,汇聚行业和社会资源,培养一批高水平的专家人才,切实服务电力企业安全文化建设。建设安全文化交流平台和网络传播平台,集中宣传推广精品工程建设成果。进一步完善激励机制,加强青年专业人才队伍建设,激发员工共同参与安全文化建设的活力,形成良好的安全文化氛围。

专栏 15　安全文化传播体系构建主要内容
传播组织载体建设。成立正式和非正式团体,培养兼具专业素养和安全素养的复合型安全文化人才。 传播环境载体建设。鼓励企业在生产、办公、作业现场加强安全文化宣传,形成外在环境载体;鼓励企业在不同部门、工种、班组构建安全文化氛围,形成内在环境载体。 传播设施载体建设。建设电力安全文化教育室、VR 体验室、安全展室展厅、安全文化长廊。 传播活动载体建设。建设以文娱、体育、竞赛、知识性和趣味性活动为主体的电力安全文化传播活动载体;针对不同岗位、不同工种组织开展安全文化教育课堂、讲座、培训,打造全方位的教育培训载体。 传播媒介载体建设。发挥企业内部刊物、宣传橱窗、黑板报等媒介载体作用,完善传统媒介载体建设;利用企业网站、微博、微信、抖音、第三方客户端等新媒体宣传阵地,开发系列漫画、短视频、小游戏、网剧等文化产品,完善新型媒介载体建设。

(十六)电力安全审计行动

以落实安全生产责任为核心,试点开展电力企业安全审计工作,强化企业和企业主要负责人及相关负责人的安全责任意识。以国家法律法规和行业规章制度为基础,研究制定安全审计标准和工作指引,构建安全审计工作机制和监管机制,探索独立客观的第三方审计服务模式。

专栏 16 电力安全审计主要方向
企业安全生产主体责任管理机制的建设和运作情况。 企业安全生产规章制度和操作规程的编制和执行情况。 企业安全教育培训计划的编制和实施情况。 企业安全生产投入安排的准确性和有效性。 企业安全风险分级管控和隐患排查治理双重预防机制建设及运转情况。 企业安全生产标准化、信息化建设情况。 企业应急管理体系建设及生产安全事故应急处置情况。 企业生产安全事故调查处理及信息报送管理情况。

五、保障措施

（一）加强组织领导

建立健全国家能源局牵头组织、国家能源局各派出机构协同各级地方能源管理部门督促指导、各电力企业细化落实的电力安全生产“十四五”行动计划实施工作机制。各级地方能源管理部门、国家能源局各派出机构和电力企业要加强组织领导，密切协调配合，制定实施方案，分解建设任务，合理安排进度，科学有序推进。各单位应做好本行动计划与《电力安全生产三年行动计划（2018—2020）》《电力行业应急能力建设三年行动计划（2018—2020）》《电力安全生产专项整治三年行动方案》等文件落实的衔接工作。

（二）强化政策支持

建立健全政府引导、企业为主、社会资本共同参与的多元化安全投入长效机制，设立企业安全生产专项资金和应急救援资金，实行安全生产费用专款专用，持续加大安全生产资金投入。大力支持电力安全技术创新，鼓励采用与社会资本合作的方式，吸引社会资本参与有合理回报的安全基础设施项目建设和重大安全科技攻关。支持培育电力安全生产基础共性技术产品研发、公共服务平台建设和解决方案提供商及电力安全社会化服务机构。

（三）增强资源保障

建立政府、企业、社会多方参与的电力安全生产治理支撑体系，推动电力企业与高校、科研院所形成产学研用战略联盟，加强电力安全科学与工程专业技术领军人才和青年技术拔尖人才培养，建设电力安全科技人才流动机制。建设一批电力安全生产基础理论研究和协同创新团队，设立一批电力安全技术支撑机构。结合国家安全与应急产业发展政策，开展电力安全科技示范项目建设，推进电力安全与应急产业示范基地建设。

（四）抓好监督落实

各级地方能源管理部门、国家能源局各派出机构和电力企业，要建立以自评估与督导检查相结合的动态评估机制，按照目标评价与过程监测相结合的评估及考核原则，分年度就行动计划实施情况进行监测、评估，密切跟踪行动计划执行情况。要总结实施经验，发现问题及时修改完善，充分发挥行动计划的约束和引领作用，保证行动计划顺利执行，有关情况及时报告国家能源局。

【课程思政】 突破重大核心技术 超导电缆开启新征程。

2021 年 12 月 22 日,世界首条 35 kV 公里级超导电缆示范工程在上海正式投运,标志着中国新型电力系统建设领域一项重大核心技术的突破,同时也是上海超导产业链布局 20 年的成果。

所谓超导电缆,就是将超导材料制成的电缆置于近-200 ℃的低温中,以传输强大的电流。上海的超导电缆示范工程在 35 kV 的设计电压下,1 根超导电缆就能输送超过 2 000 A 的大电流,抵得上 4~10 根传统电缆。超导电缆的应用,打破了传统电缆的产品研发思路,是一个技术的根本性变革。

习 题

扫以下二维码,做相关习题。

项目二 施工图识图、绘制的基本知识

任务一 施工图的基本知识

一、施工图的定义、特点、分类

房屋建筑施工图是指利用正投影的方法把所设计房屋的大小、外部形状、内部布置和室内装修,以及各部分结构、构造、设备等的做法,按照建筑制图国家标准规定绘制的工程图样。它是工程设计阶段的最终成果,同时又是工程施工、监理和计算工程造价的主要依据。

按照内容和作用不同,房屋建筑施工图分为建筑施工图(简称“建施”)、结构施工图(简称“结施”)和设备施工图(简称“设施”)。通常,一套完整的施工图还包括图纸目录、设计总说明。

图纸目录列出所有图纸的专业类别、总张数、排列顺序、各张图纸的名称、图样幅面等,以方便翻阅查找。

设计总说明包括施工图设计依据、工程规模、建筑面积、相对标高与总平面图绝对标高的对应关系、室内外的用料和施工要求说明、采用新技术和新材料或有特殊要求的做法说明、选用的标准图以及门窗表等。设计总说明的内容也可在各专业图纸上写成文字说明。

二、施工图的组成及作用

(一)建筑施工图的组成及作用

建筑施工图一般包括建筑设计说明、建筑总平面图、平面图、立面图、剖面图及建筑详图等。

建筑施工图表达的内容主要包括空间设计方面内容和构造设计方面内容。空间设计方面的内容包括房屋的造型、层数、平面形状与尺寸及房间的布局、形状、尺寸、装修做法等。构造设计方面的内容包括墙体与门窗等构配件的位置、类型、尺寸、做法及室内外装修做法等。建造房屋时,建筑施工图主要作为定位放线、砌筑墙体、安装门窗、进行装修的依据。

各图样分别具有如下作用:

建筑设计说明主要说明装修做法和门窗的类型、数量、规格、采用的标准图集等情况。

建筑总平面图也称总图,用以表达建筑物的地理位置和周围环境,是新建房屋及构筑物施工定位,规划设计水、暖、电等专业工程总平面图及施工总平面图设计的依据。

建筑平面图主要用来表达房屋平面布置的情况,包括房屋平面形状、大小、房间布置,墙或柱的位置、大小、厚度和材料,门窗的类型和位置等,是施工备料、放线、砌墙、安装门窗及编制概预算的依据。

建筑立面图主要用来表达房屋的外部造型、门窗位置及形式、外墙面装修、阳台、雨篷等部分的材料和做法等,在施工中是外墙面造型、外墙面装修、工程概预算、备料等的依据。

建筑剖面图主要用来表达房屋内部垂直方向的高度、楼层分层情况及简要的结构形式和构造方式,是施工、编制概预算及备料的重要依据。

因为建筑物体积较大,建筑平面图、立面图、剖面图常采用缩小的比例绘制,所以房屋上许多细部的构造无法表示清楚,为了满足施工的需要,必须分别将这些部位的形状、尺寸、材料、做法等用较大的比例画出,这些图样就是建筑详图。

(二)结构施工图的组成及作用

结构施工图一般包括结构设计说明、结构平面布置图和结构详图三部分,主要用以表示房屋骨架系统的结构类型、构件布置、构件种类、数量、构件的内部构造和外部形状、大小,以及构件间的连接构造。施工放线、开挖基坑(槽),施工承重构件(如梁、板、柱、墙、基础、楼梯等)的主要依据是结构施工图。

结构设计说明是带全局性的文字说明,它包括设计依据,工程概况,自然条件,选用材料的类型、规格、强度等级,构造要求,施工注意事项,选用标准图集等。主要针对图形不容易表达的内容,利用文字或表格加以说明。

结构平面布置图是表示房屋中各承重构件总体平面布置的图样,一般包括基础平面布置图、楼层结构布置平面图、屋顶结构平面布置图。

结构详图是为了清楚地表示某些重要构件的结构做法而采用较大的比例绘制的图样,一般包括:梁、柱、板及基础结构详图,楼梯结构详图,屋架结构详图,其他详图(如天沟、雨篷、过梁等)。

(三)设备施工图的组成及作用

设备施工图可按工种不同再分成给水排水施工图(简称水施图)、采暖通风施工图(简称暖施图)、电气设备施工图(简称电施图)等。水施图、暖施图、电施图一般都包括设计说明、设备的布置平面图、系统图等内容。设备施工图主要表达房屋给水、供电照明、采暖通风、空调、燃气等设备的布置和施工要求等。

三、施工图的图示特点

房屋建筑施工图的图示特点主要体现在以下几个方面:

(1)施工图中的各图样用正投影法绘制。一般在水平面(H 面)上作平面图,在正立面(V 面)上作正、背立面图,在侧立面(W 面)上作剖面图或侧立面图。平面图、立面图、剖面图是建筑施工图中最基本、最重要的图样,在图纸幅面允许时,最好将其画在同一张图纸上,以便阅读。

(2)由于房屋形体较大,施工图一般都用较小比例绘制,但对于其中需要表达清楚的节点、剖面等部位,则用较大比例的详图来表现。

(3)房屋建筑的构配件和材料种类繁多,为作图简便,国家标准采用一系列图例来代表建筑构配件、卫生设备、建筑材料等。为方便读图,国家标准还规定了许多标注符号,构件的名称应用代号表示。

任务二 施工图的图示方法及内容

一、熟悉施工图例符号,弄清图例、符号所代表的内容

(一)制图标准基本规定

国家标准《技术制图》、《房屋建筑制图统一标准》(GB/T 50001—2017)中有关图幅、比例、字体、图线、尺寸等的规定如下。

1. 图纸幅面和格式

图纸的幅面是指图纸的大小规格,图框是图纸上限定绘图区域的线框。为了合理利用图纸并便于管理,GB/T 14689—2008 中规定了五种基本图纸幅面,绘制图样时,应优先选用表 2-1 中所列出的图纸基本幅面。

表 2-1 图纸基本幅面尺寸

单位:mm

幅面代号	A0	A1	A2	A3	A4
$B \times L$	841×1 189	594×841	420×594	297×420	210×297
c	10			5	
a	25				

图框格式和对中符号见图 2-1。图框右下角应画出标题栏,简称图标,用来填写图名、制图人名、设计单位、图纸编号、比例等内容。

施工图中的会签栏是落实勘察设计单位质量管理体系的重要环节,是主要证实工程勘察设计各部门、各专业间的相互协调的重要证据。施工图中的会签栏应是各专业工种负责人签字区。

2. 比例

图样的比例是图中图形与其实物相应要素的线性尺寸之比(线性尺寸是指能用直线表达的尺寸,如直线的长度、圆的直径等)。图样的比例分为原值比例、放大比例、缩小比例 3 种,用符号“:”表示。绘制技术图样时,应根据图样的用途与所绘形体的复杂程度,优先从表 2-2 所规定的系列中选取合适的图样比例。

注意:不论采用何种比例绘图,尺寸数值均按原值标注,与绘图的准确程度及所用比例无关。

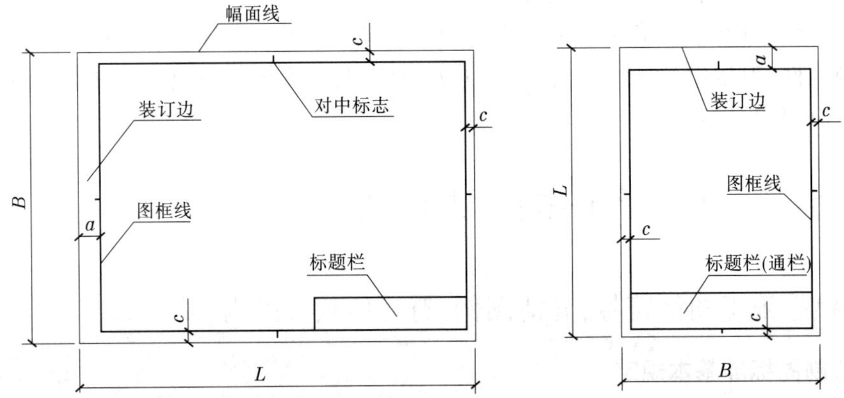

(a)横式幅面　　(b)立式幅面

图 2-1　图框格式和对中符号

表 2-2　绘图常用比例

种类	比例					
原值比例	优先选用	1∶1				
放大比例	优先选用	2∶1	5∶1	1×10^n∶1	2×10^n∶1	5×10^n∶1
	可选用	2.5∶1	4∶1	2.5×10^n∶1	4×10^n∶1	
缩小比例	优先选用	1∶2	1∶5	1∶1×10^n	2×10^n∶1	1∶5×10^n
	可选用	1∶1.5	1∶2.5	1∶3	1∶4	1∶6
		1.5×10^n∶1	2.5×10^n∶1	3×10^n∶1	4×10^n∶1	6×10^n∶1

3. 字体

图样上除表达物体形状的图形外，还要用数字和文字说明物体的大小、技术要求和其他内容。在图样中书写的字体必须做到字体工整、笔画清楚、间隔均匀、排列整齐。字体的号数即字体的高度（用 h 表示），应从如下系列中选用：1.8、2.5、3.5、5、7、10、14、20 mm。汉字应写成长仿宋体，并应采用国家正式公布的简化字。

4. 图线

为使图样层次清楚、主次分明，《技术制图　图线》（GB/T 17450—1998）中规定了 15 种基本线型及基本线型的变形。《房屋建筑制图统一标准》（GB/T 50001—2017）规定了建筑工程图样中常用的图线名称、形式、宽度及其应用（见表 2-3）。

表 2-3 图线

名称		线型	线宽	一般用途
实线	粗	————	b	主要可见轮廓线
	中粗	————	$0.5b$	可见轮廓线
	细	————	$0.25b$	尺寸线、尺寸界线、图例线等
虚线	粗	- - - - - -	b	见各有关专业制图标准
	中粗	- - - - - -	$0.5b$	不可见轮廓线
	细	- - - - - -	$0.25b$	不可见轮廓线、图例线等
点画线	粗	—·—·—	b	见各有关专业制图标准
	中粗	—·—·—	$0.5b$	见各有关专业制图标准
	细	—·—·—	$0.25b$	中心线、轴线、对称线等
双点画线	粗	—··—··—	b	见各有关专业制图标准
	中粗	—··—··—	$0.5b$	见各有关专业制图标准
	细	—··—··—	$0.25b$	假想轮廓线、成型前原始轮廓线等
折断线(双折线)		—\/—\/—	$0.25b$	断开界线
波浪线		～～～	$0.25b$	断开界线

5. 尺寸标注

图形只能表达物体的形状,而其大小则由标注的尺寸确定。标注尺寸时,应严格遵守国家标准有关尺寸注法的规定,做到正确、完整、清晰、合理。图样上的尺寸由尺寸界线、尺寸线、尺寸起止符号和尺寸数字组成,如图 2-2 所示。

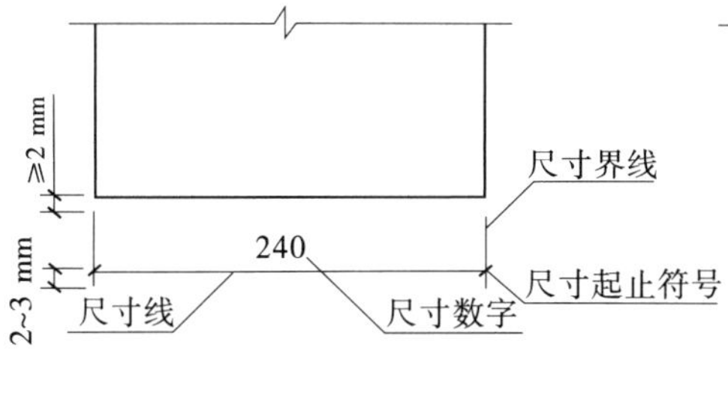

(a)尺寸的组成

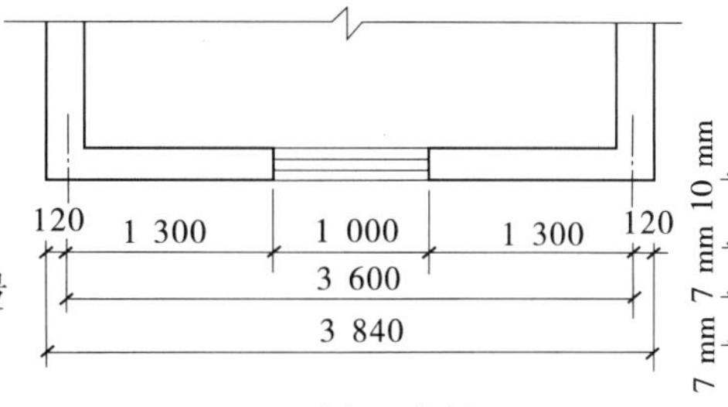

(b)尺寸标注实例

图 2-2 尺寸的组成与标注示例

(二)常用符号及规定

建筑工程施工图中常用的符号,具体包括标高、定位轴线、索引符号与详图符号、引出线、其他符号。

1. 标高

在建筑工程中,各细致装饰部位的上下表面标注高度的方法称为标高。如室内地面、楼面、顶棚、窗台、门窗上沿、窗帘盒的下皮、台阶上表面、墙裙上皮、门廊下皮、檐口下皮、女儿墙顶面等部位的高度注法。

1)标高符号

(1)标高符号应以等腰直角三角形表示,用细实线绘制,形式如图 2-3 所示。

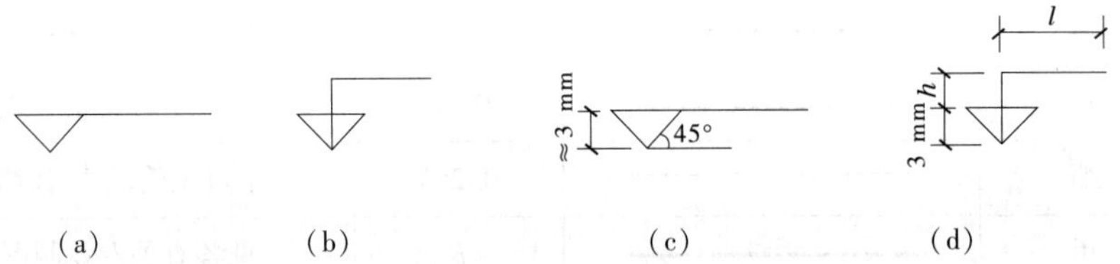

l—取适当长度注写标高数字;h—根据需要取适当高度。

图 2-3 标高符号(一)

(2)总平面图室外地坪标高符号,宜用涂黑的三角形表示,如图 2-4 所示。

(3)标高符号的尖端应指至被注高度的位置。尖端一般应向下,也可向上。标高数字应注写在标高符号的左侧或右侧,如图 2-5 所示。

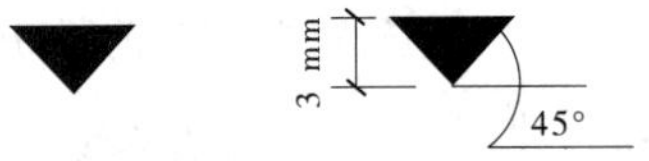

图 2-4 标高符号(二)

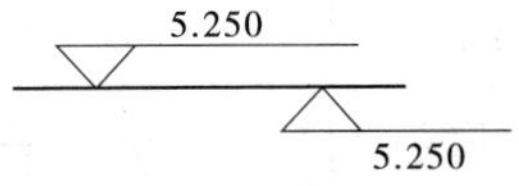

图 2-5 标高符号(三)

2)标高单位

标高单位均以米(m)计,注写到小数点后第三位。总平面图上注写到小数点后第二位。

3)标高的分类

(1)绝对标高:我国把青岛附近黄海某处平均海平面定为绝对标高零点,其他各地标高都以它作为基准。

(2)相对标高:把室内首层地面高度定为相对标高的零点,比它高的定为正,比它低的定为负。

在施工图中一般注写到小数点后三位即可,在总平面图中则注写到小数点后两位,零点标高注写成±0.000,负标高数字前必须加注"-",正标高数字前不写"+"。标高单位除建筑总平面图以米为单位外,其余一律以毫米(mm)为单位。

2. 定位轴线

房屋的主要承重构件(墙、柱、梁等),均用定位轴线确定基准位置。定位轴线应用细单点长画线绘制,并进行编号,以备设计或施工放线使用。

1)定位轴线的编号顺序

制图标准规定,平面图定位轴线的编号,宜标注在下方与左方。横向编号应用阿拉伯数字从左至右顺序编写,竖向编号应用大写拉丁字母,从下至上编写。编号应注写在轴线端部的圆内,圆应用细实线绘制,直径为 8~10 mm,如图 2-6 所示。

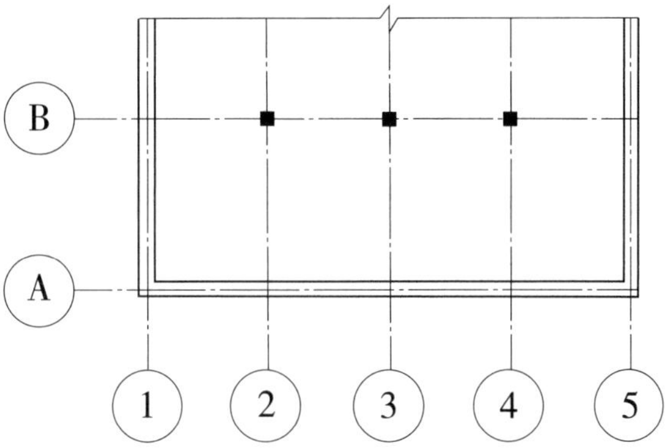

图 2-6　平面图定位轴线的编号顺序

拉丁字母的 I、O、Z 不得用作轴线编号。如字母数量不够使用,可增加双字母或单字母加数字注脚,如 AA、BA、…、YA 或 A1、B1、…、Y1。

2)附加定位轴线的编号

附加定位轴线的编号是在两条轴线之间,遇到较小局部变化时的一种特殊表示方法。附加定位轴线的编号,应以分数形式表示,并按下列规定编写。

(1)两根轴线间的附加轴线,应以分母表示前一轴线的编号,分子表示附加轴线的编号,编号宜用阿拉伯数字顺序书写,例如:

$\frac{1}{2}$表示横向 2 轴线后的第一条附加定位轴线。

$\frac{3}{C}$表示纵向 C 轴线后的第三条附加定位轴线。

(2)若在 1 号轴线或 A 号轴线之前的附加轴线,分母应以 01 或 0A 表示,例如:

$\frac{1}{01}$表示横向 1 轴线前的第一条附加定位轴线。

$\frac{3}{0A}$表示纵向 A 轴线前的第三条附加定位轴线。

3)一个详图适用于几根定位轴线的表示方法

一个详图适用于几根定位轴线时,应同时注明各有关轴线的编号,如图 2-7 所示。通用详图中的定位轴线,应画圆,不注写轴线编号。

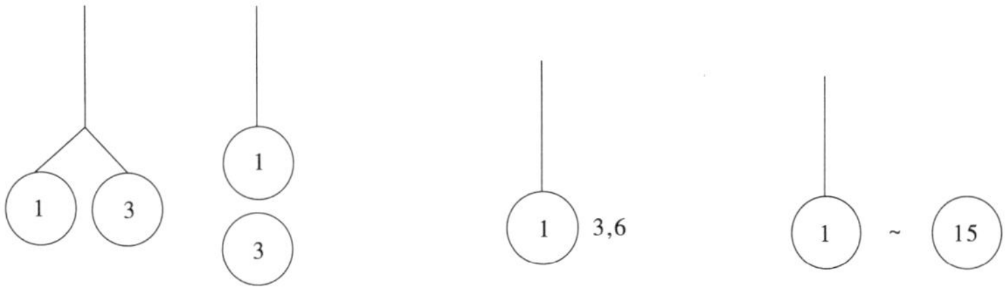

(a)适用两条轴线　　(b)适用三条轴线　　(c)适用多条轴线

图 2-7　详图定位轴线

3. 索引符号与详图符号

1)索引符号

对于图中需要另画详图表示的局部或构件,为了读图方便,应在图中的相应位置以索引符号标出。

索引符号是由直径为 10 mm 的圆和水平直径组成的,圆及水平直径均应以细实线绘制。当索引的详图与被索引的图在同一张图纸内时,在上半圆中用阿拉伯数字注出该详图的编号,在下半圆中间画一段水平细实线,如图 2-8(a)所示;当索引的详图与被索引的图不在同一张图纸内时,在下半圆中用阿拉伯数字注出该详图所在图纸的编号,如图 2-8(b)所示;当索引的详图采用标准图集时,在圆的水平直径的延长线上加注标准图册的编号,如图 2-8(c)所示。

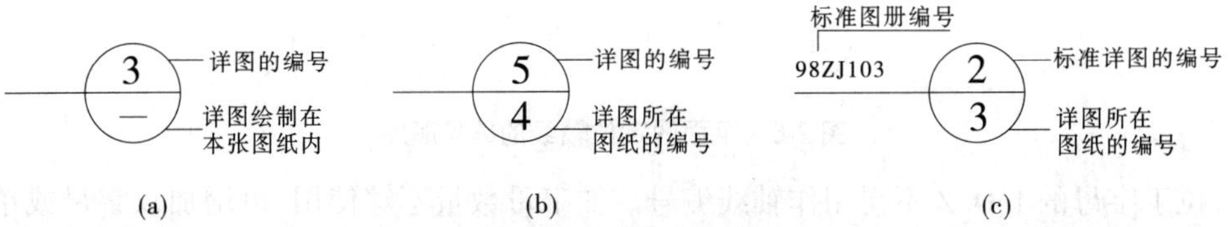

图 2-8 索引符号(一)

索引的详图是局部剖视详图时,索引符号在引出线的一侧加画一剖切位置线,引出线在剖切位置的那一侧,表示该剖面向那个方向作的剖视,如图 2-9 所示。

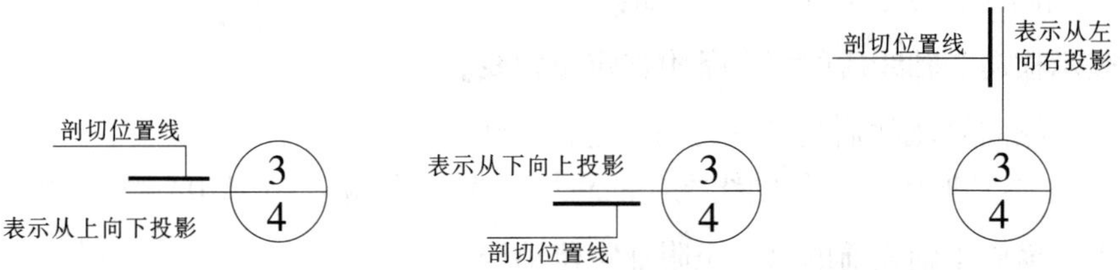

图 2-9 索引符号(二)

2)详图符号

详图符号应根据详图位置或剖面详图位置来命名,采用同一个名称进行表示。详图符号的圆应以直径为 14 mm 的粗实线绘制。

图 2-10(a)的意义是详图与被索引的图样在同一张图纸内。

图 2-10(b)的意义是详图与被索引的图样不在同一张图纸内。

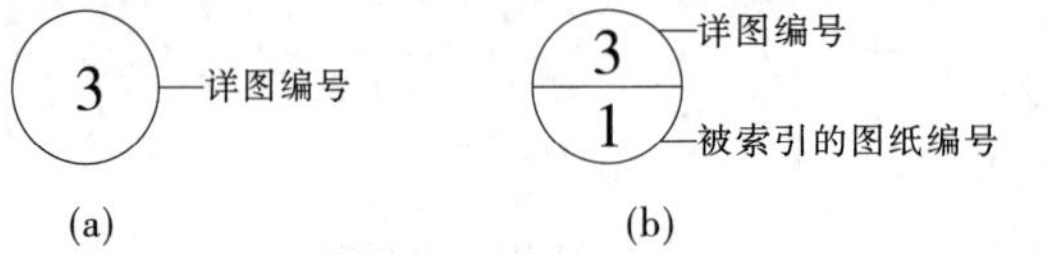

图 2-10 详图符号

特别提示:索引符号和详图符号应严格按制图标准规定标志,有索引符号必须有详图符号,两者缺一不可。

4. 引出线

引出线应以细实线绘制，宜采用水平方向的直线或与水平方向成 30°、45°、60°、90°的直线，或经上述角度再折为水平线。文字说明宜写在水平线的上方，也可注写在水平线的端部，如图 2-11 所示。

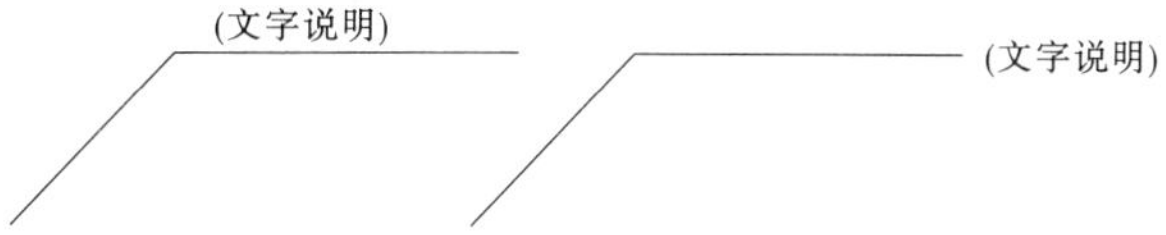

图 2-11 引出线画法(一)

同时引出几个相同部分的引出线，宜互相平行，也可画成集中于一点的放射线，如图 2-12 所示。

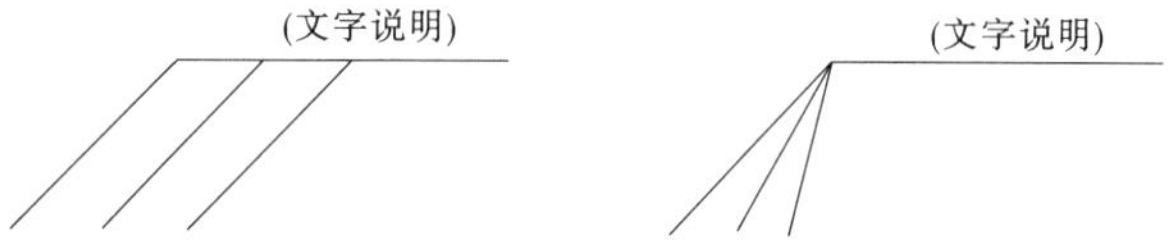

图 2-12 引出线画法(二)

多层构造或多层管道共用引出线，应通过被引出的各层。文字说明注写在水平线的上方，或注写在水平线的端部，说明的顺序应由上至下，并应与被说明的层次相互一致，如图 2-13 所示。如层次为横向排序，则由上至下的说明应与由左至右的层次相互一致。

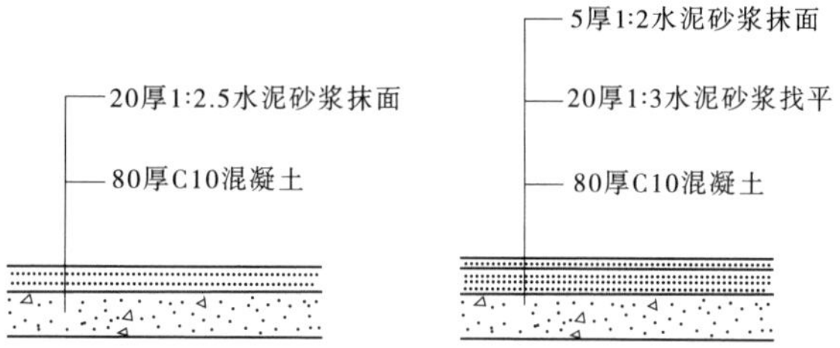

图 2-13 引出线画法(三)

5. 其他符号

1) 指北针和风玫瑰

总平面图不但表示朝向，还应表现各向风力对该地区的影响。首层建筑装饰平面图旁边也画出指北针，用来表示朝向。图 2-14 是指北针和风玫瑰。

指北针用 24 mm 直径画圆，内部过圆心并对称画一瘦长形箭头，箭头尾宽取直径 1/8，即 3 mm，圆用细实线绘制，箭头涂黑。通常只画在首层平面图旁边适当位置。

风玫瑰是简称，全名是风向频率玫瑰图。表明各风向的频率，频率最高，表示该风向的吹风次数最多。它根据某地区多年平均统计的各个方向(一般为 16 个或 32 个方位)

吹风次数的百分率值按一定比例绘制,图中长短不同的实线表示该地区常年的风向频率,连接十六个端点,形成封闭折线图形。玫瑰图上所表示的风的吹向,是吹向中心的。中心圈内的数值为全年的静风频率。玫瑰图中每圆圈的间隔频率为5%。

2)对称符号

对构配件的图形为对称图形,绘图时可画对称图形的一半,并用细实线画出对称符号如图2-15所示。符号中平行线的长度为6~10 mm,平行线的间距宜为2~3 mm,平行线在对称线两侧的长度应相等。

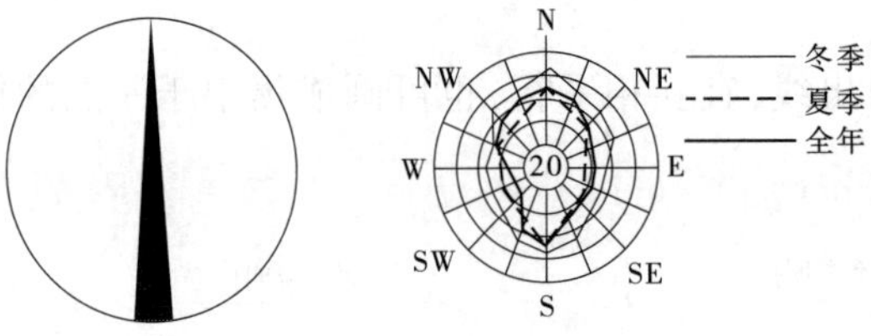

(a)指北针　(b)风玫瑰

图2-14　指北针和风玫瑰

图2-15　对称符号

6.常用图例

特别提示:图例是简化建筑工程施工图不可缺少的,它除包括建筑材料图例、总平面图图例、建筑构造及配件图例外,还有结构图例等,可以查阅相关的制图标准图集,为熟练识图必须熟记常用图例。

7.常用建筑名词和术语

(1)开间:一间房屋的面宽,即两条横向轴线间的距离。

(2)进深:一间房屋的深度,即两条纵向轴线间的距离。

(3)层高:楼房本层地面到相应的上一层地面的竖向尺寸。

(4)建筑物:范围广泛,一般多指房屋。

(5)构筑物:一般指附属的建筑设施,如烟囱、水塔、筒仓等。

(6)埋置深度:指室外设计地面到基础底面的距离。

(7)地物:地面上的建筑物、构筑物、河流、森林、道路、桥梁等。

(8)地貌:地面上自然起伏的情况。

(9)地形:地球表面上地物和地貌的总称。

(10)地坪:多指室外自然地面。

(11)竖向设计:根据地形地貌和建设要求,拟订各建设项目的标高、定位及相互关系的设计,如建筑物、构筑物、道路、地坪、地下管线、渠道等标高和定位。

(12)中心线:对称形的物体一般都要画中心线,它与轴线都用细单点画线表示。

(13)居住面积系数:指居住面积占建筑面积的百分数,比值永远小于1。

(14)使用面积系数:指房间净面积占建筑面积的百分数,比值永远小于1。

(15)红线:规划部门批给建设单位的占地面积,一般用红笔圈在图纸上,产生法律效力。

二、施工图的图示方法及内容

(一)建筑总平面图

1. 建筑总平面图的图示方法

建筑总平面图是新建房屋所在地域的一定范围内的水平投影图。

建筑总平面图是将拟建工程四周一定范围内的新建、拟建、原有和将拆除的建筑物、构筑物连同其周围的地形地物状况,用水平投影方法画出的图样。由于总平面图绘图比例较小,图中的原有房屋、道路、绿化、桥梁边坡、围墙及新建房屋等均用图例表示。表 2-4 为总平面图图例示例。

表 2-4 总平面图图例示例

名称	图例	说明
新建的建筑物	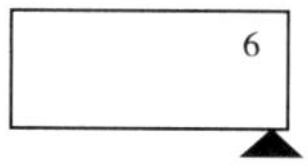	1. 需要时,可在图形内右上角以点数或数字(高层宜用数字)表示层数; 2. 用粗实线表示
围墙及大门	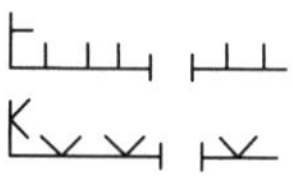	1. 上图为砖石、混凝土或金属材料的围墙,下图为镀锌钢丝网、篱笆等围墙; 2. 如仅表示围墙时不画大门
新建的道路	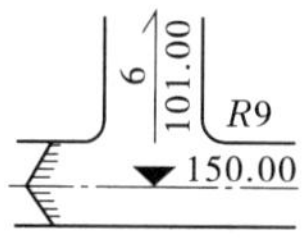	1. *R*9 表示道路转弯半径为 9 m,150.00 为路面中心标高,6 表示 6%纵向坡度,101.00 表示变坡点间距离; 2. 图中斜线为道路断面示意,根据实际需要绘制

2. 总平面图的图示内容

(1)新建建筑物的定位。一般采用两种方法,一是按原有建筑物或原有道路定位;二是按坐标定位。坐标定位又分为测量坐标定位和建筑坐标定位两种,如图 2-16 所示。

(a)测量坐标定位　　(b)建筑坐标定位

图 2-16 新建建筑物定位方法

①测量坐标定位。在地形图上用细实线画成交叉十字线的坐标网,*X* 为南北方向的轴线,*Y* 为东西方向的轴线,这样的坐标网称为测量坐标网。

②建筑坐标定位。建筑坐标一般在新开发区,房屋朝向与测量坐标方向不一致时采用。

(2)标高。在总平面图中,标高以米(m)为单位,并保留至小数点后两位。

(3)指北针或风玫瑰图。指北针用来确定新建房屋的朝向,风向频率玫瑰图简称风玫瑰图,是新建房屋所在地区风向情况的示意图。风玫瑰图也能表明房屋和地物的朝向情况。

(4)建筑红线。各地方国土管理部门提供给建设单位的地形图为蓝图,在蓝图上用红色笔画定的土地使用范围的线称为建筑红线。任何建筑物在设计和施工中均不能超过此线。

(5)管道布置与绿化规划。

(6)附近的地形地物,如等高线、道路、围墙、河流、水沟和池塘等与工程有关的内容。

(二)建筑平面图

1. 建筑平面图的图示方法

假想用一个水平剖切平面沿房屋的门窗洞口的位置把房屋切开,移去上部之后,画出的水平剖面图称为建筑平面图,简称平面图。沿底层门窗洞口切开后得到的平面图,称为底层平面图,沿二层门窗洞口切开后得到的平面图,称为二层平面图,依此类推。当某些楼层平面相同时,可以只画出其中一个平面图,称其为标准层平面图。房屋屋顶的水平投影图称为屋顶平面图。

凡是被剖切到的墙、柱断面轮廓线用粗实线画出,其余可见的轮廓线用中实线或细实线,尺寸标注和标高符号均用细实线,定位轴线用细单点长画线绘制。砖墙一般不画图例,钢筋混凝土的柱和墙的断面通常涂黑表示。

常用门、窗图例如图 2-17、图 2-18 所示。建筑平面图中常用图例如图 2-19 所示。

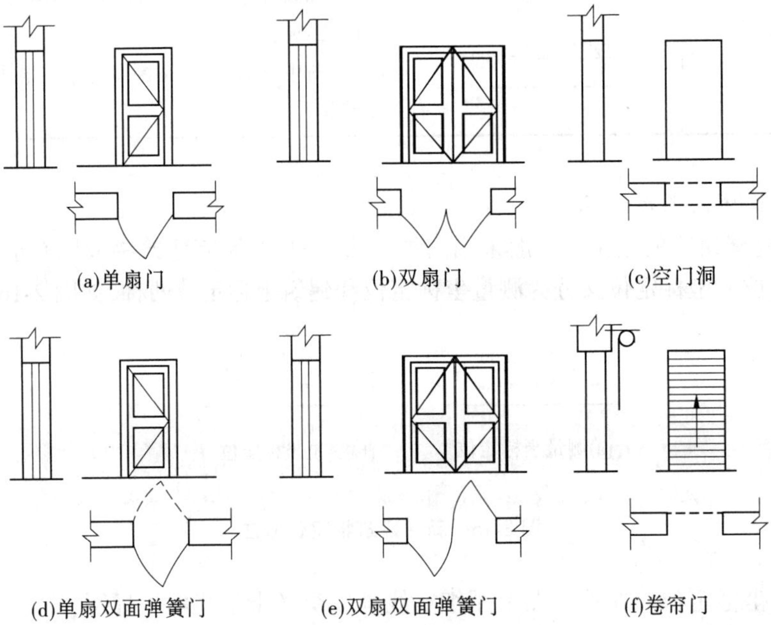

图 2-17 常用门图例

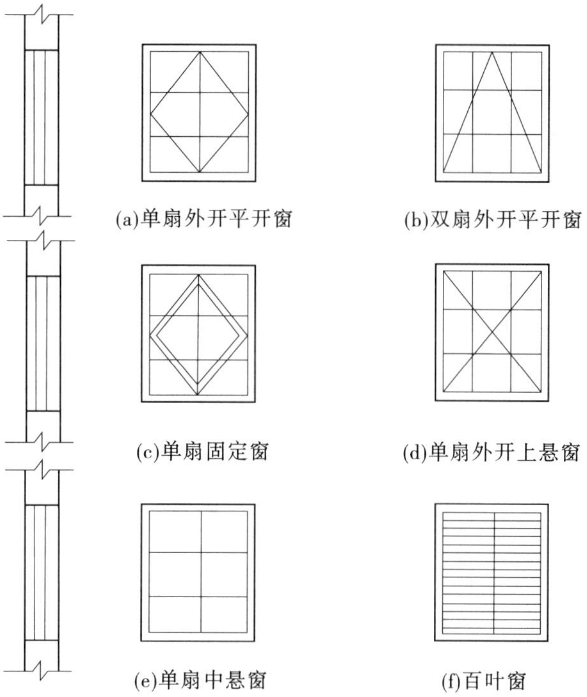

图 2-18　常用窗图例

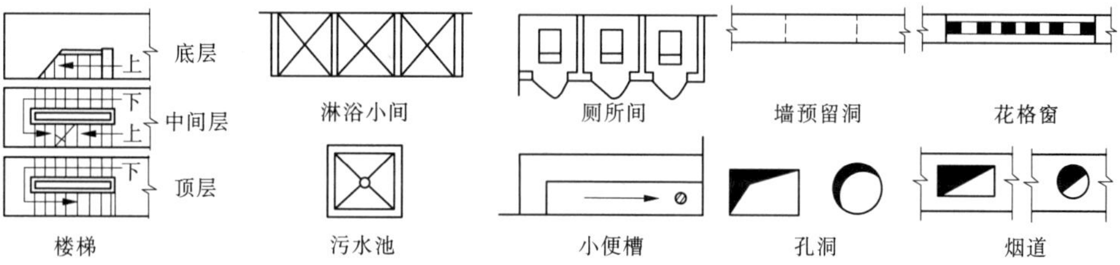

图 2-19　建筑平面图中常用图例

2. 建筑平面图的图示内容

(1)表示墙、柱,内外门窗位置及编号,房间的名称或编号,轴线编号。平面图上所用的门窗都应进行编号。门常用“M1”“M2”或“M-1”“M-2”等表示,窗常用“Cl”“C2”或“C-1”“C-2”等表示。在建筑平面图中,定位轴线用来确定房屋的墙、柱、梁等的位置和作为标注定位尺寸的基线。定位轴线的编号宜标注在图样的下方与左侧,横向编号应用阿拉伯数字,从左至右顺序编写,竖向编号应用大写拉丁字母,从下至上顺序编写,拉丁字母中的 I、O 及 Z 三个字母不得作轴线编号,以免与数字 1、0 及 2 混淆(见图 2-6)。

(2)注出室内外的有关尺寸及室内楼、地面的标高。

建筑平面图中的尺寸有外部尺寸和内部尺寸两种。

1)外部尺寸

在水平方向和竖直方向各标注三道,最外一道尺寸标注房屋水平方向的总长、总宽,称为总尺寸;中间一道尺寸标注房屋的开间、进深,称为轴线尺寸(一般情况下两横墙之间的距离称为“开间”,两纵墙之间的距离称为“进深”)。最里边一道尺寸以轴线定位的标注房屋外墙的墙段及门窗洞口尺寸,称为细部尺寸。

2)内部尺寸

内部尺寸应标注各房间长、宽方向的净空尺寸,墙厚及轴线的关系,柱子截面,房屋内部门窗洞口、门垛等细部尺寸。

在平面图中所标注的标高均为相对标高,如图2-20所示。底层室内地面的标高一般用±0.000表示。

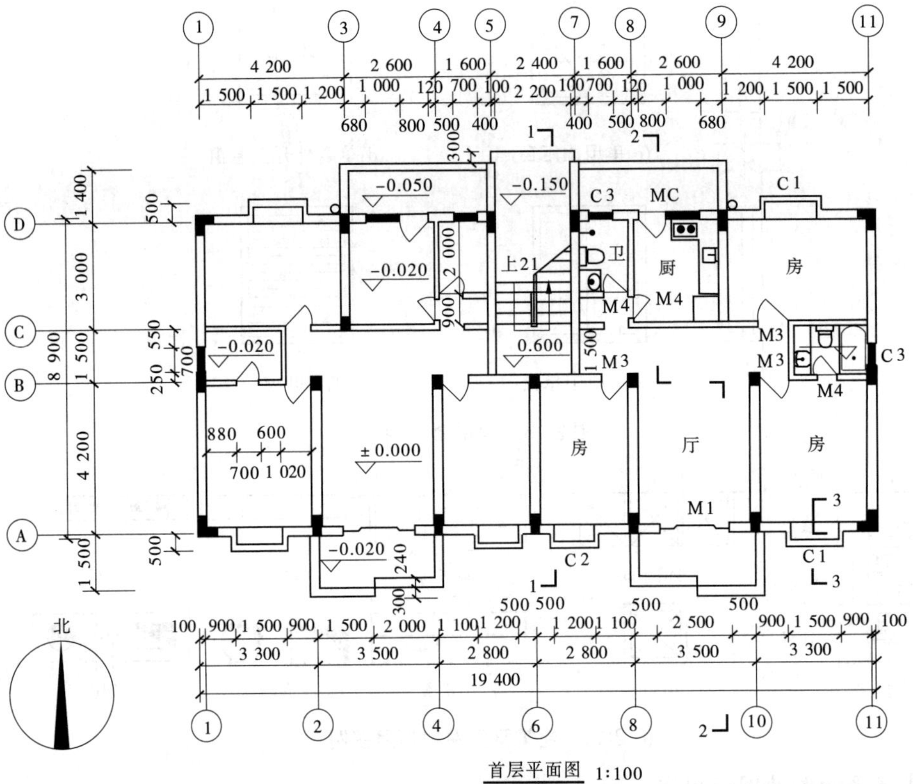

图2-20 某住宅楼平面图

(1)表示电梯、楼梯的位置及楼梯的上下行方向。

(2)表示阳台、雨篷、踏步、斜坡、通气竖道、管线竖井、烟囱、消防梯、雨水管、散水、排水沟、花池等位置及尺寸。

(3)画出卫生器具、水池、工作台、橱、柜、隔断及重要设备位置。

(4)表示地下室、地坑、地沟、各种平台、检查孔、墙上留洞、高窗等位置尺寸与标高。对于隐蔽的或者在剖切面以上部位的内容,应以虚线表示。

(5)画出剖面图的剖切符号及编号(一般只标注在底层平面图上)。

(6)标注有关部位上节点详图的索引符号。

(7)在底层平面图附近绘制出指北针。

(8)屋面平面图一般内容有女儿墙、檐沟、屋面坡度、分水线与落水口、变形缝、楼梯间、水箱间、天窗、上人孔、消防梯以及其他构筑物、索引符号等。

(三)建筑立面图

1. 建筑立面图的图示方法

在与房屋的四个主要外墙面平行的投影面上所绘制的正投影图称为建筑立面图,简称立面图,如图 2-21 所示。反映建筑物正立面、背立面、侧立面特征的正投影图,分别称为正立面图、背立面图和侧立面图,侧立面图又分左侧立面图和右侧立面图。立面图也可以按房屋的朝向命名,如东立面图、西立面图、南立面图、北立面图。此外,立面图还可以用各立面图的两端轴线编号命名,如①~⑦立面图、Ⓑ~Ⓠ立面图等。

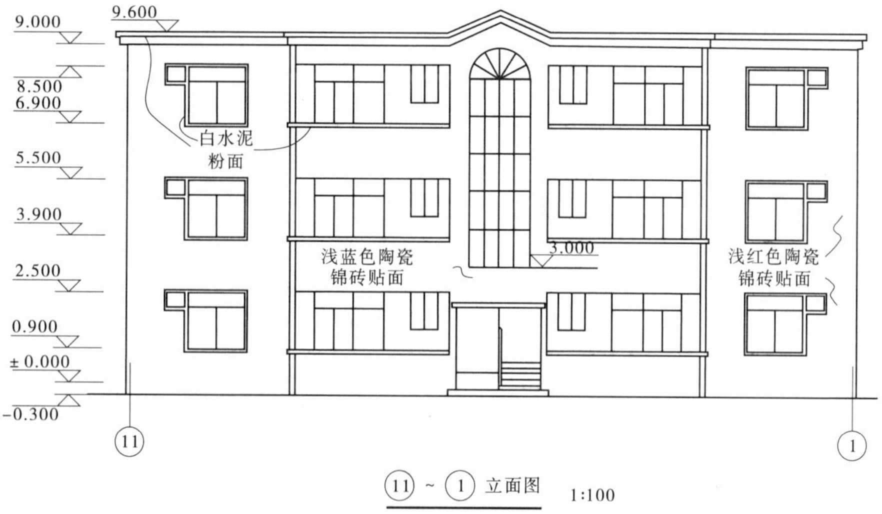

图 2-21　某住宅楼立面图

为使建筑立面图轮廓清晰、层次分明,通常用粗实线表示立面图的最外轮廓线。外形轮廓线以内的细部轮廓,如凸出墙面的雨篷、阳台、柱、窗台、台阶、屋檐的下檐线以及窗洞、门洞等用中粗线画出。其余轮廓如腰线、粉刷线、分格线、落水管以及引出线等均采用细实线画出。地平线用标准粗度的 1.2~1.4 倍的加粗线画出。

2. 建筑立面图的图示内容

表明建筑物外貌形状、门窗和其他构配件的形状和位置,主要包括室外的地面线、房屋的勒脚、台阶、门窗、阳台、雨篷;室外的楼梯、墙和柱;外墙的预留孔洞、檐口、屋顶、雨水管、墙面修饰构件等。

(1)外墙各个主要部位的标高和尺寸。

立面图中用标高表示出各主要部位的相对高度,如室内外地面标高、各层楼面标高及檐口标高。相邻两楼面的标高之差即为层高。

立面图中的尺寸是表示建筑物高度方向的尺寸,一般用三道尺寸线表示。最外面一道为建筑物的总高。建筑物的总高是从室外地面到檐口女儿墙的高度。中间一道尺寸线为层高,即下一层楼地面到上一层楼面的高度。最里面一道为门窗洞口的高度及与楼地面的相对位置。

(2)建筑物两端或分段的轴线和编号。在立面图中,一般只绘制两端的轴线及编号,以便和平面图对照确定立面图的观看方向。

(3)标出各个部分的构造、装饰节点详图的索引符号,外墙面的装饰材料和做法。外墙面装修材料及颜色一般用索引符号表示具体做法。

(四)建筑剖面图

1. 建筑剖面图的图示方法

假想用一个或多个垂直于外墙轴线的铅垂剖切平面将房屋剖开,移去靠近观察者的部分,对留下部分所作的正投影图称为建筑剖面图,简称剖面图,如图 2-22 所示。

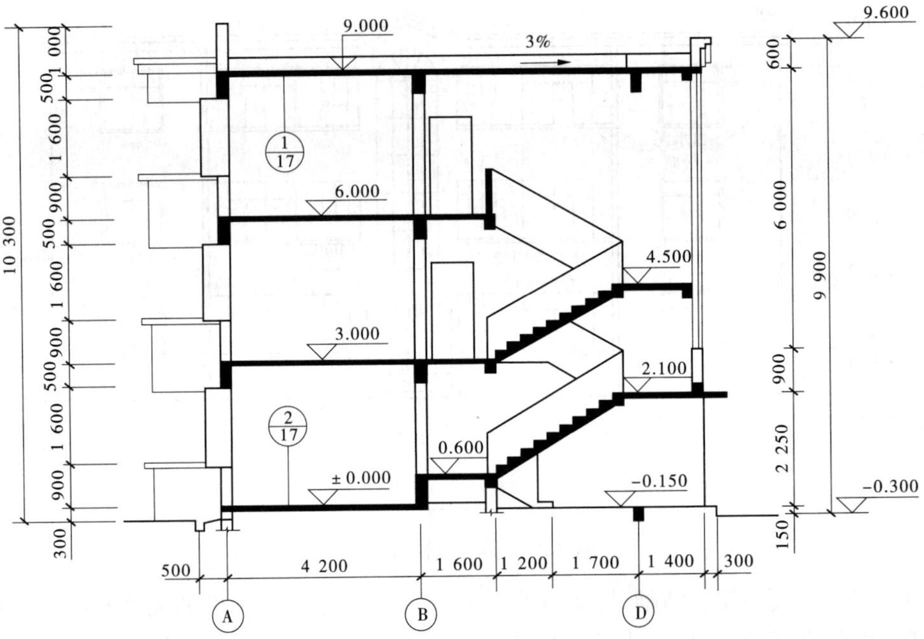

1—1剖面图 1:100

图 2-22 某住宅楼剖面图

剖面图一般表示房屋在高度方向的结构形式。凡是被剖切到的墙、板、梁等构件的断面轮廓线用粗实线表示,而没有被剖切到的其他构件的轮廓线,则常用中实线或细实线表示。

2. 建筑剖面图的图示内容

(1)墙、柱及其定位轴线。与建筑立面图一样,剖面图中一般只需画出两端的定位轴线及编号,以便与平面图对照。需要时也可以注出中间轴线。

(2)室内底层地面、地沟、各层的楼面、顶棚、屋顶、门窗、楼梯、阳台、雨篷、墙洞、防潮层、室外地面、散水、脚踢板等能看到的内容。

(3)各个部位完成面的标高,包括室内外地面、各层楼面、各层楼梯平台、檐口或女儿墙顶面、楼梯间顶面、电梯间顶面等部位。

(4)各部位的高度尺寸。建筑剖面图中高度方向的尺寸包括外部尺寸和内部尺寸。外部尺寸的标注方法与立面图相同,包括三道尺寸:门、窗洞口的高度,层间高度,总高度。

内部尺寸包括地坑深度、隔断、隔板、平台、室内门窗等的高度。

(5)楼面和地面的构造。一般采用引出线指向所说明的部位，按照构造的层次顺序，逐层加以文字说明。

(6)详图的索引符号。建筑剖面图中不能详细表示清楚的部位应引出索引符号，另用详图表示。

(五)建筑详图

需要绘制详图或局部平面放大图的位置一般包括内外墙节点、楼梯、电梯、厨房、卫生间、门窗、室内外装饰等。

1. 内外墙节点详图

内外墙节点一般用平面和剖面表示。

平面节点详图表示出墙、柱或构造柱的材料和构造关系。

剖面节点详图即外墙身详图。外墙身详图的剖切位置一般设在门窗洞口部位。它实际上是建筑剖面图的局部放大图样，主要表示地面、楼面、屋面与墙体的关系，同时也表示排水沟、散水、勒脚、窗台、窗檐、女儿墙、天沟、排水口等位置及构造做法。外墙身详图可以从室内外地坪、防潮层处开始一直画到女儿墙压顶。在实际工程中，为了节省图纸，通常在门窗洞口处断开，或者重点绘制地坪、中间层、屋面处的几个节点，而将中间层重复使用的节点集中到一个详图中表示。

2. 楼梯详图

楼梯详图一般包括三部分的内容，即楼梯平面图、楼梯剖面图和楼梯节点详图。

1) 楼梯平面图

楼梯平面图的形成与建筑平面图一样，即假设用一水平剖切平面在该层往上行的第一个楼梯段中剖切开，移去剖切平面及以上部分，将余下的部分按正投影的原理投射在水平投影面上所得到的图样。因此，楼梯平面图实质上是建筑平面图中楼梯间部分的局部放大。

楼梯平面图必须分层绘制，底层平面图一般剖在上行的第一跑上，因此除表示第一跑的平面外，还能表明楼梯间一层休息平台以下的平面形状。中间相同的几层楼梯，同建筑平面图一样，可用一个图来表示，这个图称为标准层平面图。最上面一层平面图称为顶层平面图，所以，楼梯平面图一般有底层平面图、标准层平面图和顶层平面图三个。

2) 楼梯剖面图

假想用一铅垂剖切平面，通过各层的一个楼梯段，将楼梯剖切开，向另一未剖切到的楼梯段方向进行投影，所绘制的剖面图称为楼梯剖面图。

楼梯剖面图只需绘制出与楼梯相关的部分，相邻部分可用折断线断开。尺寸需要标注层高、平台、梯段、门窗洞口、栏杆高度等竖向尺寸，并应标注出室内外地坪、平台、平台梁底面的标高。水平方向需要标注定位轴线及编号、轴线间尺寸、平台、梯段尺寸等。梯段尺寸一般用“踏步宽×级数=梯段宽”或“踏步高×级数=梯段高”的形式表示。

3) 楼梯节点详图

楼梯节点详图一般包括踏步做法详图、栏杆立面做法以及梯段连接、与扶手连接的详图、扶手断面详图等。这些详图是为了弥补楼梯间平面图、剖面图表达上的不足，而进一步表明楼梯各部位的细部做法。因此，一般采用较大的比例绘制，如1∶1、1∶2、1∶5、1∶10、

1∶20 等。

3. 结构施工图

1) 结构设计说明

结构设计说明是带全局性的文字说明,它包括设计依据,工程概况,自然条件,选用材料的类型、规格、强度等级,构造要求,施工注意事项,选用标准图集等。

2) 基础图的图示方法及内容

基础图是建筑物正负零标高以下的结构图,一般包括基础平面图和基础详图。

(1)基础平面图。基础平面图是假想用一个水平剖切平面在室内地面处剖切建筑,并移去基础周围的土层,向下投影所得到的图样。

在基础平面图中,只画出基础墙、柱及基础底面的轮廓线,基础的细部轮廓(如大放脚或底板)可省略不画。凡被剖切到的基础墙、柱轮廓线,应画成中实线,基础底面的轮廓线应画成细实线。当基础墙上留有管洞时,应用虚线表示其位置,具体做法及尺寸另用详图表示。当基础中设基础梁和地圈梁时,用粗单点长画线表示其中心线的位置。

凡基础宽度、墙厚、大放脚、基底标高、管沟做法不同时,均以不同的断面图表示。图 2-23 为基础平面图示例。

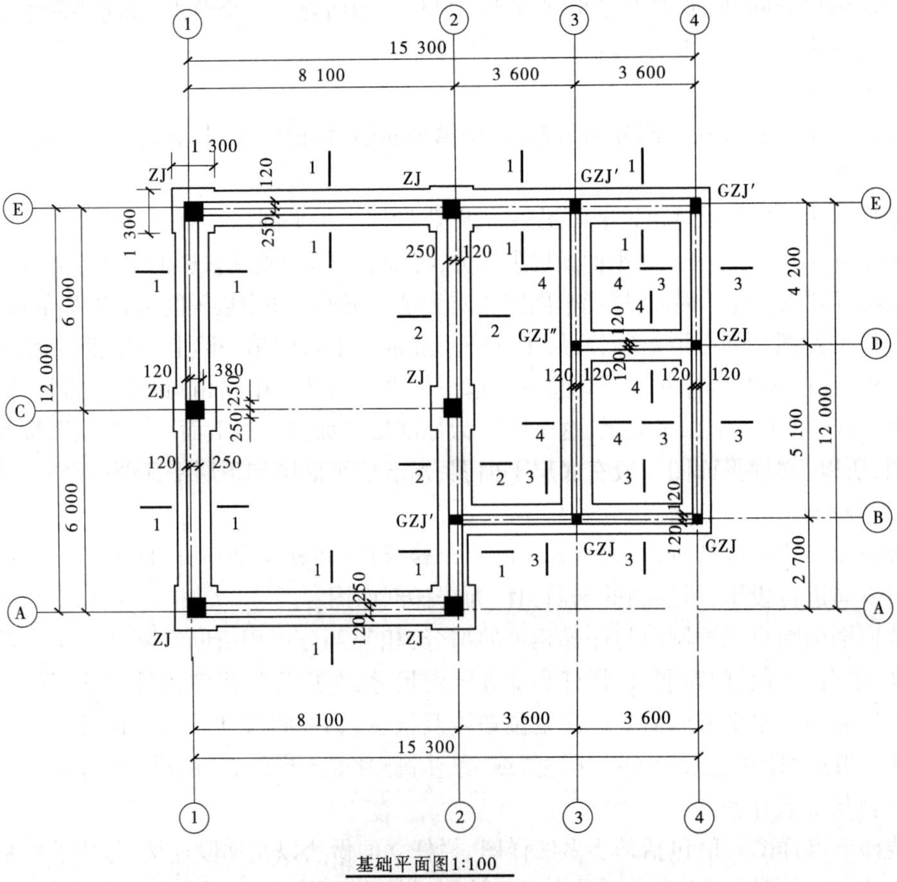

图 2-23 基础平面图

(2)基础详图。不同类型的基础，其详图的表示方法有所不同。如条形基础的详图一般为基础的垂直剖面图；独立基础的详图一般应包括平面图和剖面图。

基础详图的轮廓线用中实线表示，断面内应画出材料图例；对钢筋混凝土基础，则只画出配筋情况，不画出材料图例。

基础详图中需标注基础各部分的详细尺寸及室内、室外、基础底面标高等。

基础详图示例如图 2-24 所示。

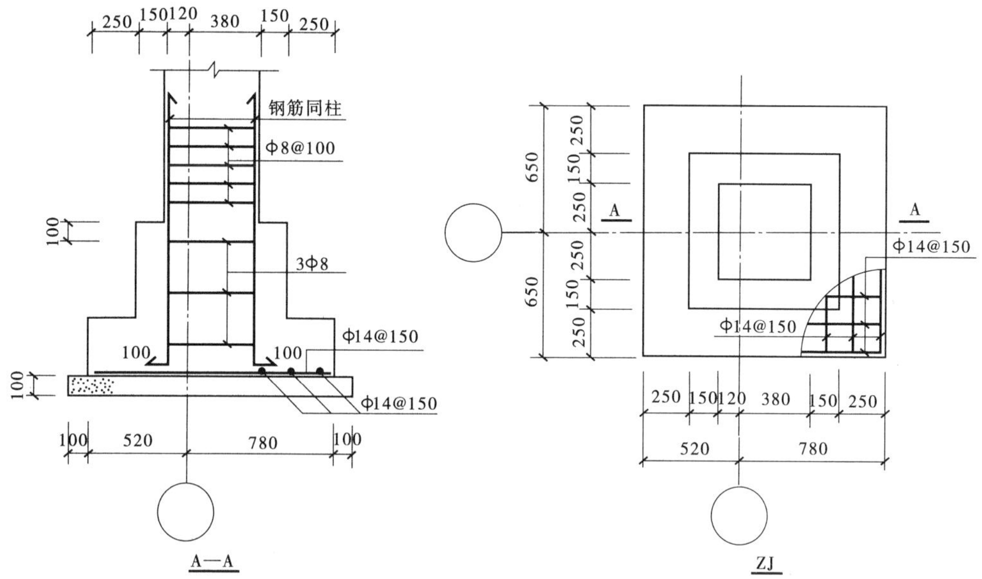

图 2-24　基础详图示例

3)结构平面布置图

结构平面布置图是假想沿着楼板面将建筑物水平剖开所作的水平剖面图，主要表示各楼层结构构件(如墙、梁、板、过梁和圈梁等)的平面布置情况，以及现浇楼板、梁的构造与配筋情况及构件之间的结构关系。对于承重构件布置相同的楼层，只画一个结构平面布置图，称为标准层结构平面布置图。

在楼层结构平面图中，外轮廓线用中粗实线表示，被楼板遮挡的墙、柱、梁等用细虚线表示，其他用细实线表示，图 2-25 中的结构构件用构件代号表示。

4)结构详图

(1)钢筋混凝土构件图。

钢筋混凝土构件图主要是配筋图(见图 2-26)，有时还有模板图和钢筋表。

配筋图主要表达构件内部的钢筋位置、形状、规格和数量，一般用立面图和剖面图表示。绘制钢筋混凝土构件配筋图时，假想混凝土是透明体，使包含在混凝土中的钢筋"可见"。为了突出钢筋，构件外轮廓线用细实线表示，而主筋用粗实线表示，箍筋用中实线表示，钢筋的截面用小黑圆点涂黑表示。

钢筋的标注有下面两种方式。

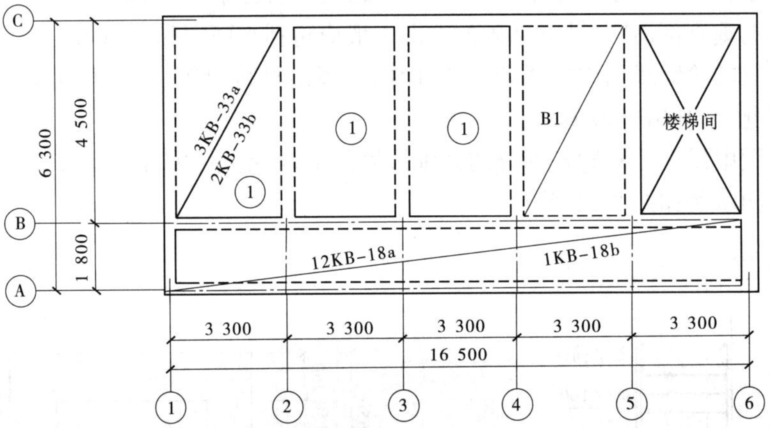

图 2-25 结构平面布置图示例

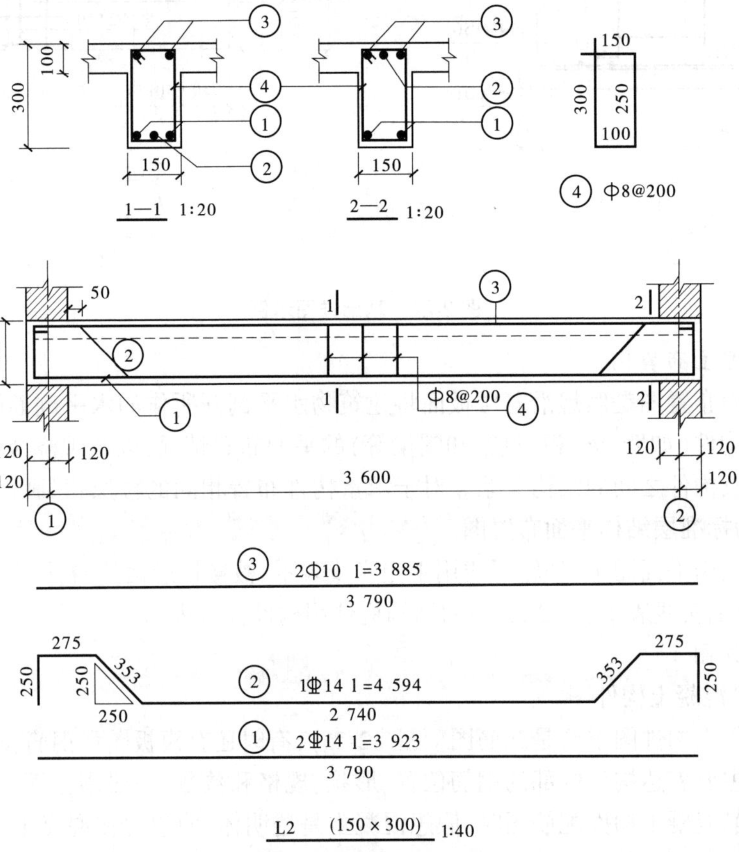

图 2-26 钢筋混凝土梁配筋图

①标注钢筋的直径和根数：

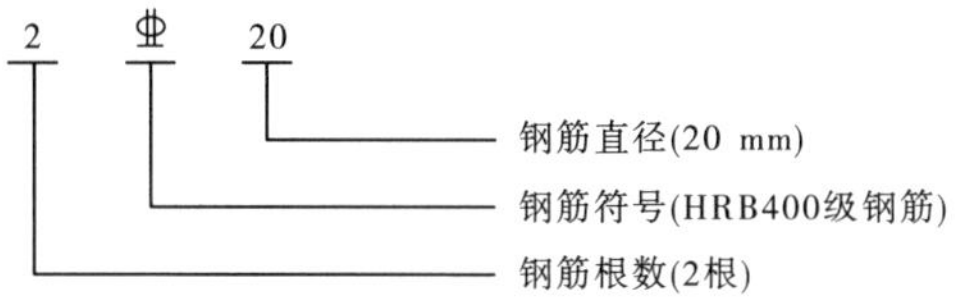

②标注钢筋的直径和相邻钢筋中心距：

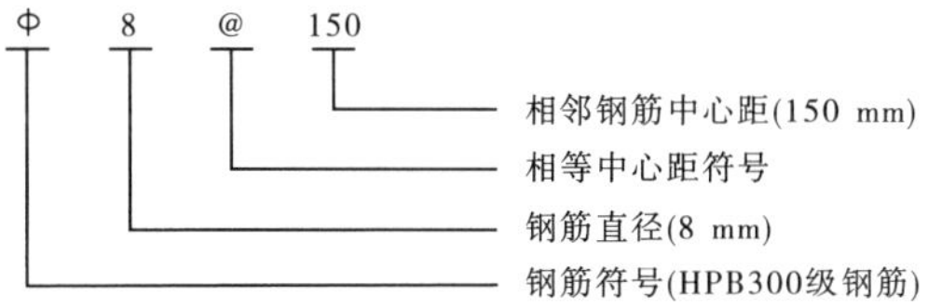

钢筋符号见表2-5。

表2-5　钢筋符号

项次	牌号	符号
1	HPB300	Φ
2	HRB335 HRB400	Φ Φ
3	HRBF335 HRBF400	Φ^{F} Φ^{F}
4	RRB400	Φ^{R}

(2)楼梯结构施工图。

楼梯结构施工图包括楼梯结构平面图、楼梯结构剖面图和楼梯构件详图。

①楼梯结构平面图。

根据楼梯梁、板、柱的布置变化，楼梯结构平面图包括底层楼梯结构平面图、中间层楼梯结构平面图和顶层楼梯结构平面图。当中间几层的结构布置和构件类型完全相同时，只用一个标准层楼梯结构平面图表示。

在各楼梯结构平面图中，主要反映出楼梯梁、板的平面布置，轴线位置与轴线尺寸，构件代号与编号，细部尺寸及结构标高，同时确定纵剖面图位置。当楼梯结构平面图比例较大时，还可直接绘制出休息平台板的配筋。

钢筋混凝土楼梯的可见轮廓线用细实线表示，不可见轮廓线用细虚线表示，剖切到的砖墙轮廓线用中实线表示,剖切到的钢筋混凝土柱用涂黑表示,钢筋用粗实线表示,钢筋截面用小黑点表示。

②楼梯结构剖面图。

楼梯结构剖面图是根据楼梯平面图中剖面位置绘出的楼梯剖面模板图。楼梯结构剖面图主要反映楼梯间承重构件梁、板、柱的竖向布置,构造和连接情况;平台板和楼层的标高以及各构件的细部尺寸。

③楼梯构件详图。

楼梯构件详图包括斜梁、平台梁、梯段板、平台板的配筋图,其表示方法与钢筋混凝土构件施工图表示方法相同。当楼梯结构剖面图比例较大时,也可直接在楼梯结构剖面图上表示梯段板的配筋。

(3)现浇板配筋图。

现浇板配筋图一般在结构平面图上绘制,当有多块板配筋相同时亦可以采用编号的方法代替,如图 2-27 所示。现浇板配筋图的图示要点如下:

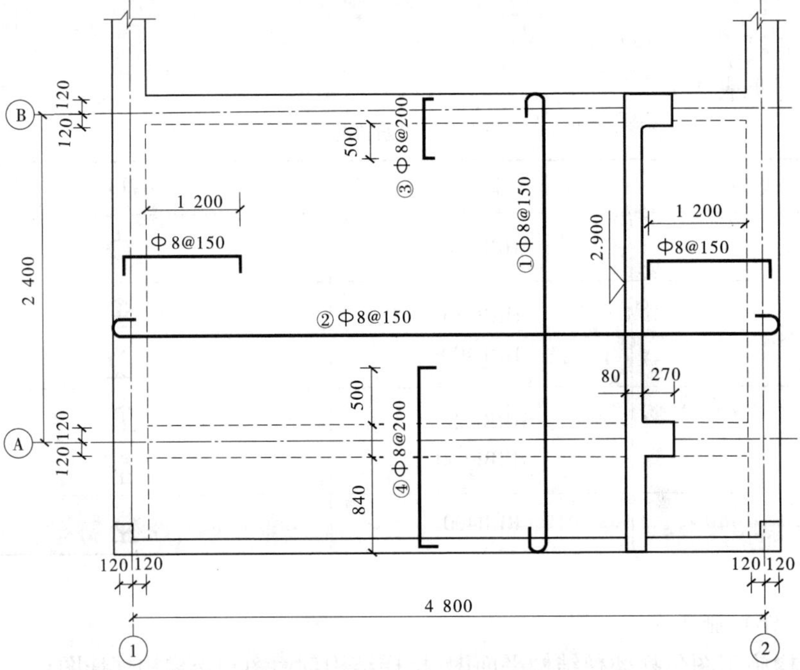

图 2-27 现浇板配筋图示例

①在平面上详细标注出预留洞与洞口加筋或加梁的情况,以及预埋件的情况。

②梁可采用粗点画线绘制,当梁的位置不能在平面上表达清楚时应增加剖面。

③当相邻板的厚度、配筋、标高不同时,应增加剖面。板底圈梁可以用增加剖面的方法表示,当板底圈梁截面和配筋全部相同时也可以用文字表述。

配合使用钢筋表或钢筋简图,表达图中所有现浇板的配筋情况和板的尺寸。

4. 设备施工图

设备施工图可分为给水排水施工图、采暖通风与空调施工图、电气施工图。下面只介绍给水排水施工图和电气施工图。

1) 给水排水施工图

(1) 设计说明及主要材料设备表。

凡是图纸中无法表达或表达不清而又必须为施工技术人员所了解的内容，均应用文字说明。设计说明应表达如下内容：设计概况、设计内容、引用规范、施工方法等。

工程中选用的主要材料及设备，应列表注明。表中应列出材料的类别、规格、数量，设备的品种、规格和主要尺寸。

(2) 给水排水平面图。

室内给水排水平面图是在简化的建筑平面图上，按规定图例绘制的，用来表达室内给水用具、卫生器具、管道及其附件的平面布置。

平面图中应突出管线和设备。用粗线表示管线，其余均为细线。

各种功能的管道、管道附件、卫生器具用水设备，如消火栓箱、喷头等，均应用图例表示；各管道、立管均应编号标明。给水排水施工图的常用图例见表 2-6，管道代号见表 2-7。

表 2-6　给水排水施工图的常用图例

名称	图例	名称	图例
立式洗脸盆		污水池	
浴盆	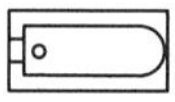	立管检查口	
盥洗槽	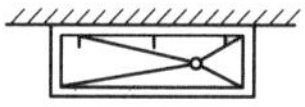	圆形地漏	
壁挂式小便器		放水龙头	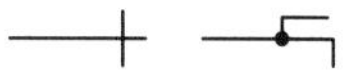 平面　系统
蹲式大便器	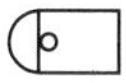	水表	
坐式大便器	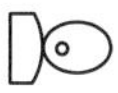	水表井	

表 2-7 管道代号

名称	图例	名称	图例
生活给水管	—J—	热水给水管	—RJ—
中水给水管	—ZJ—	热水回水管	—RH—
循环给水管	—XJ—	热媒给水管	—RM—
循环回水管	—XH—	热媒回水管	—RMH—
废水管	—F—	通气管	—T—
压力废水管	—YF—	膨胀管	—PZ—
污水管	—W—	雨水管	—Y—
压力污水管	—YW—	压力雨水管	—YY—

给水排水施工图中管道标高和水位标高的标注方法如图 2-28 所示。

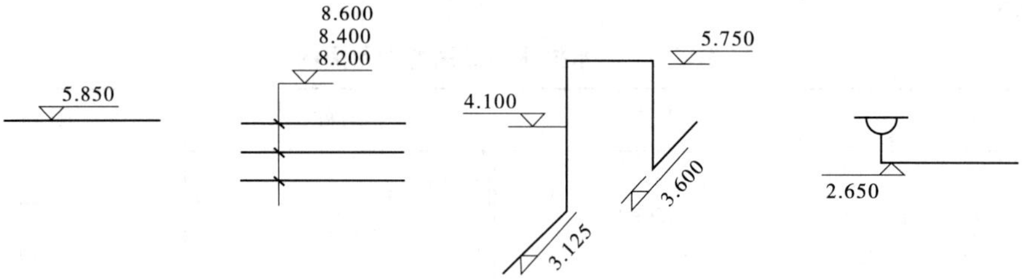

(a)平面图和轴测图中管道标高标注方法

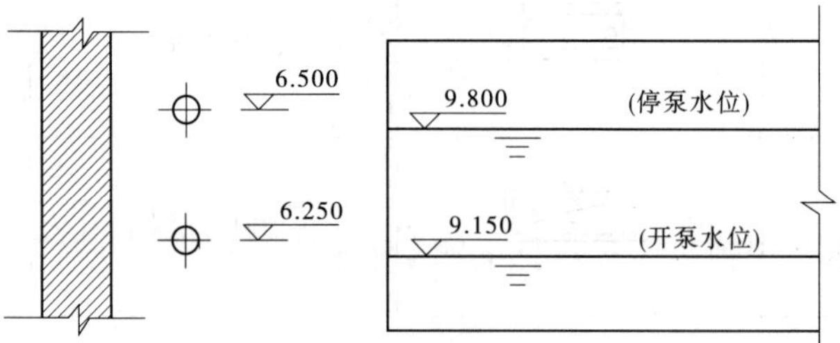

(b)剖面图中管道及水位标高标注方法

图 2-28 管道及水位标高标注方法

管径的标注方法如图 2-29 所示,管径以 mm 为单位。水煤气输送钢管(镀锌或非镀锌)、铸铁管等管材,管径宜以公称直径 DN 表示,如 DN25 表示公称直径为 25 mm;无缝钢管、焊接钢管(直缝或螺旋缝)、铜管、不锈钢管等管材,管径以外径 D×壁厚表示,如 D159×4 表示管道外径 159 mm,壁厚 4 mm;塑料管材,管径宜按产品标准的方法表示。

管道编号表示方法见图 2-30。

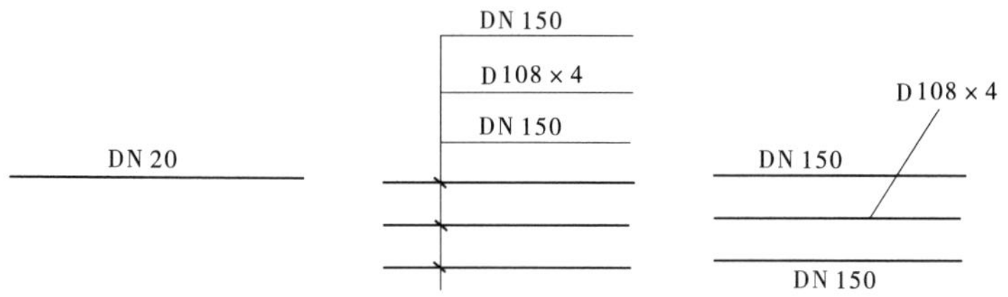

(a)单管管径表示法　　(b)多管管径表示法

图 2-29　管径的标注方法

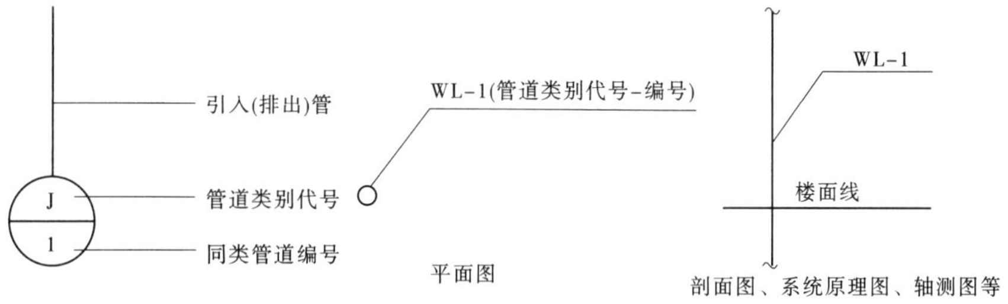

(a)给水引入(排水排出)管道编号表示方法　　(b)立管编号表示法

图 2-30　管道编号表示方法

图 2-31 为××综合楼给水排水平面图。图中给水管道采用 1.6 MPa 级 PP-R 管(管径以 de 表示),热(电)熔连接;室内排水管采用 UPVC 排水塑料管(管径以 de 表示),胶粘连接;大便器冲洗管采用热镀锌钢管(管径以 DN 表示),法兰连接或丝扣连接。

(3)给水排水系统图。

给水排水系统图,也称给水排水轴测图,用于表达给水排水管道和设备在建筑中的空间布置关系,如图 2-32 所示。

室内给水排水系统轴测图一般按正面斜等测的方式绘制。轴测图通常以整个排水系统或给水系统为表达对象,因此也称为排水系统图或给水系统图。轴测图也可以以管路系统的某一部分为表达对象,如卫生间的给水或排水等。

系统图中对用水设备及卫生器具的种类、数量和位置完全相同的支管、立管可不重复完全绘出,但应用文字标明。当系统图立管、支管在轴测方向重复交叉影响视图时,可将标准断开移至空白处绘制。

(4)给水排水系统原理图。

当建筑物的层数较多时,用管道系统的轴测图很难表达清楚,而且效率低,此时可用系统原理图代替系统轴测图。

(5)详图。

凡平面图、系统图中局部构造因受图面比例影响而表达不完善或无法表达的,必须绘制施工详图。详图主要包括管道节点、水表、过墙套管、卫生器具等的安装详图以及卫生

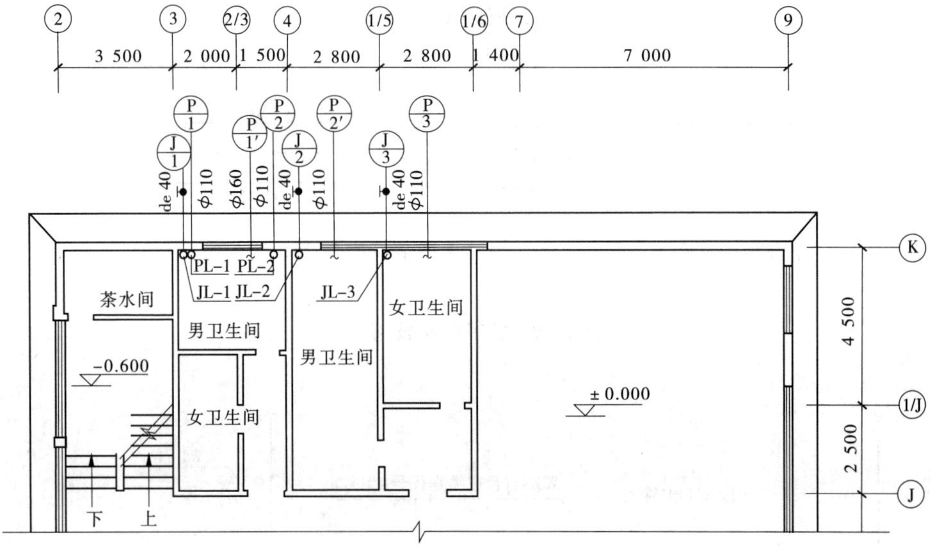

(a)一层给水排水平面图

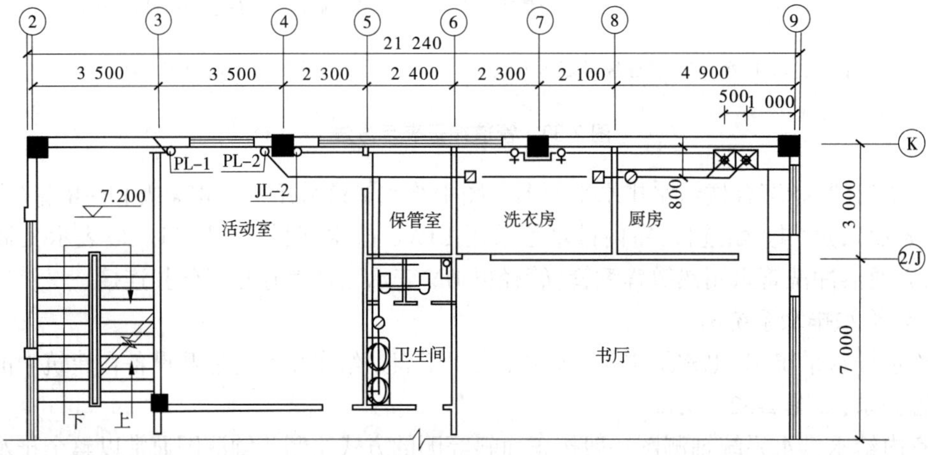

(b)三层给水排水平面图

图 2-31 ××综合楼给水排水平面图

间大样详图。

2) 电气施工图

电气施工图包括基本图和详图两大部分。基本图中包括设计说明、主要材料设备表、电气系统图、电气平面图。

(1) 设计说明及主要材料设备表设计说明一般包括供电方式、电压等级、主要线路敷设方式、防雷、接地及图中未能表达的各种电气安装高度、工程主要技术数据、施工和验收要求以及有关事项等。

主要材料设备表包括工程所需的各种设备、管材、导线等名称、型号、规格、数量等。

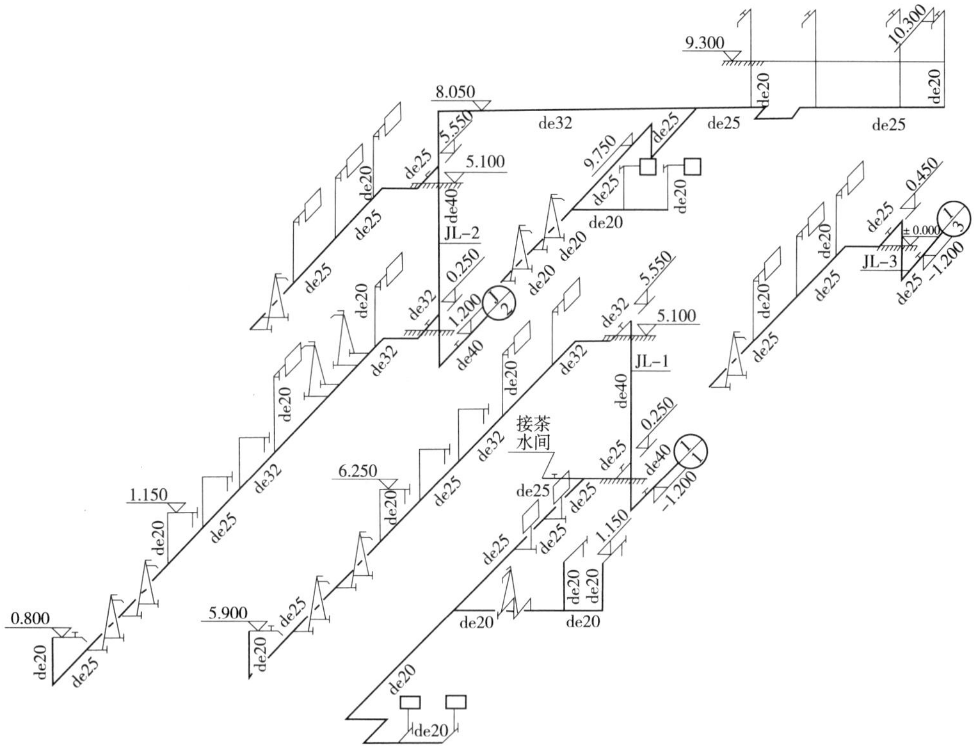

图 2-32　××综合楼给水系统图

(2)建筑电气系统图。是用来表示照明和动力供配电系统组成的图纸,可分为照明系统图和动力系统图两种。

建筑电气系统图是由各种电气图形符号用线条连接起来,并加注文字代号而形成的一种简图,它不表明电气设施的具体安装位置,所以它不是投影图,也不按比例绘制。

各种配电装置都是按规定的图例绘制,相应的型号注在旁边,如图 2-33 所示。电气系统图一般用单线绘制,且画为粗实线,并按规定格式标注出各段导线的数量和规格。动力系统图有时也用多线绘制。图中主要标注电气设备、元件等的型号、规格和它们之间的连接关系。例如,一般在配电线路上要标注导线型号、敷设部位、敷设方式、穿管管径、线路编号及总的设备容量;照明配电箱内要标注各开关、控制电器的型号、规格等。通过系统图可以看到整个工程的供电全貌和接线关系。

(3)建筑电气平面图。是电气照明施工图中的基本图样,用来表示建筑物内所有电气设备、开关、插座和配电线路的安装平面位置图以及各种动力设备平面布置、安装、接线的图示。电气平面图主要包括电气照明平面图和动力平面图。

照明平面图是在建筑施工平面图上,用各种电气图形符号和文字符号表示电气线路及电气设备安装位置及要求,如图 2-34 所示。电气照明平面图一般要求按楼层、段分别绘制。在电气平面图上详细、具体地标注所有电气线路的走向及电气设备的位置。

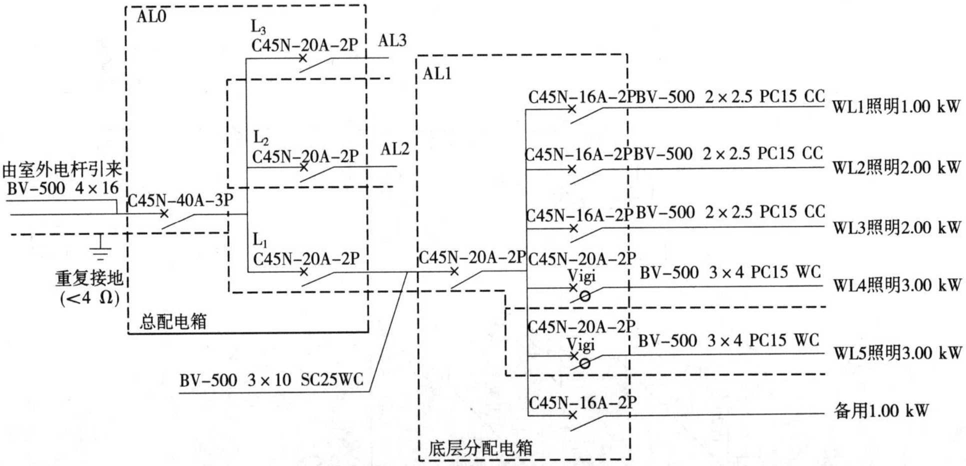

图 2-33 某办公楼照明配电系统图

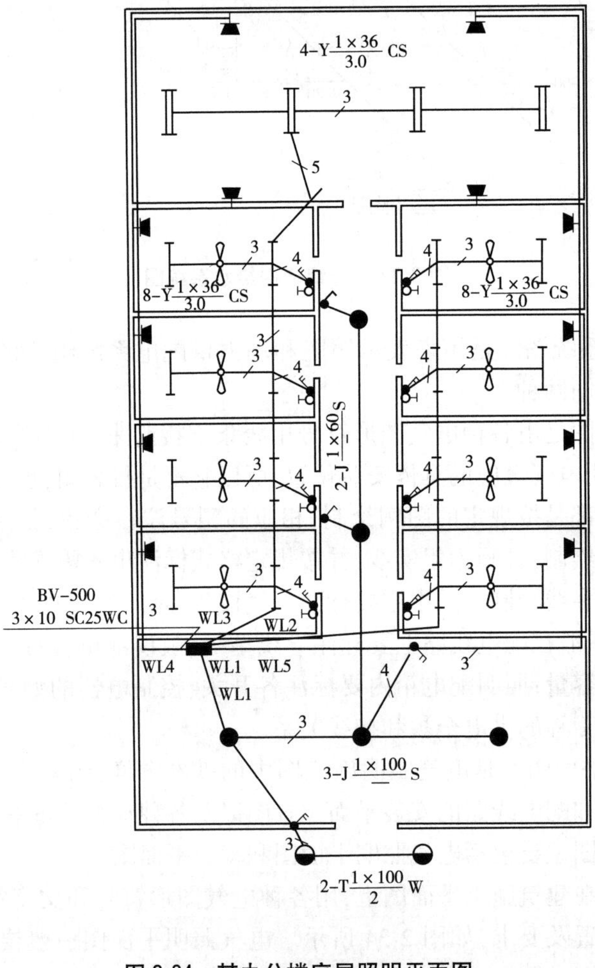

图 2-34 某办公楼底层照明平面图

电气照明施工图中，基本线、可见轮廓线、可见导线、一次线路、主要线路等采用粗实线；二次线路、一般线路采用细实线；辅助线、不可见轮廓线、不可见导线、屏蔽线等采用虚线；控制线、分界线、功能围框线、分组围框线等采用点画线；辅助围框线、36 V 以下线路等采用双点画线。

在电气施工图中，线路和电气设备的安装高度必要时应标注标高。通常采用与建筑施工图相统一的相对标高，或者用相对于本层楼地面的相对标高。

照明灯具按图 2-35 标注。其中，型号常用拼音字母来表示；灯数表明有 n 组这样的灯具；安装方式见表 2-8；安装高度是指从地面到灯具的高度，单位为 m，如果为吸顶灯形式安装，安装高度及方式可简化为“—”。

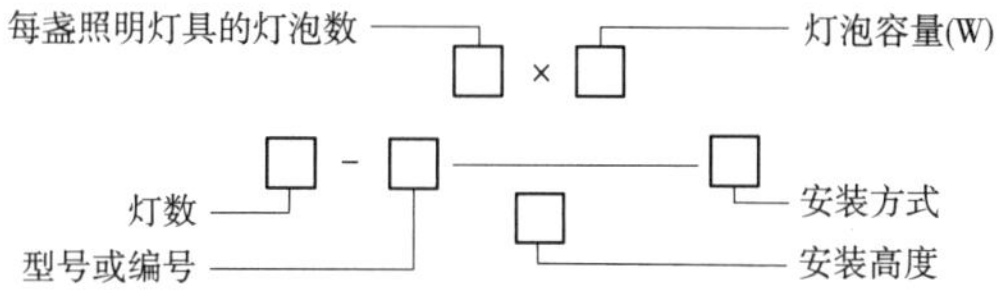

图 2-35　照明灯具标注

表 2-8　灯具安装方式的标注

符号	说明	符号	说明	符号	说明
SW	线吊式	C	吸顶式	CR	顶棚内安装
CS	链吊式	R	嵌入式	WR	墙壁内安装
DS	管吊式	S	支架上安装	HM	座装
W	壁装式	CL	柱上安装		

例如，在电气照明平面图中标为

$$2 - Y\frac{2 \times 30}{2.5}CS$$

表明有两组荧光灯，每组由 2 根 30 W 的灯管组成，采用链条吊装形式，安装高度为 2.5 m。

配电线路的标注形式为

$$a(b \times c)d - e$$

式中：a 表示导线型号；b 表示导线根数；c 表示导线截面；d 表示敷设方式及穿管管径；e 表示敷设部位。

需标注引入线的规格时的标注形式为

$$a - \frac{b - c}{d(e \times f) - g}$$

式中：a 表示设备编号；b 表示型号；c 表示容量；d 表示导线型号；e 表示导线根数；f 表示导线截面；g 表示敷设方式。

常用导线敷设方式及线路敷设部位的符号及含义见表2-9、表2-10。

表2-9 常用导线敷设方式文字符号及含义

符号	说明	符号	说明
PCL	用塑料夹敷设	MT	穿电线管敷设
AL	用铅皮线卡敷设	PC	穿硬塑料管敷设
PR	用塑料线槽敷设	FPC	穿半硬塑料管敷设
MR	用金属线槽敷设	KPC	穿塑料波纹电线管敷设
SC	穿焊接钢管敷设	CP	穿金属软管敷设

表2-10 常用导线敷设部位文字符号及含义

符号	说明	符号	说明
AB	沿或跨梁(屋架)敷设	WC	暗敷设在墙内
BC	敷设在梁内	CE	沿天棚或顶板面敷设
AC	沿或跨柱敷设	CC	暗敷在屋面或顶板内
CLC	暗敷设在柱内	SCE	吊顶内敷设
WS	沿墙面敷设	F	地板或地面下敷设

常用的导线电缆型号见表2-11。

表2-11 常用的导线电缆型号(500 V以下)

型号	说明
BV、BLV	铜芯、铝芯聚氯乙烯绝缘导线
BVV、BLW	铜芯、铝芯塑料绝缘护套线
BX、BLX	铜芯、铝芯橡皮绝缘电线
VV、VLV	铜芯、铝芯聚氯乙烯绝缘,聚氯乙烯护套内钢带铠装电力电缆
XV、XLV	铜芯、铝芯橡皮绝缘电力电缆
ZQ、ZL	铅护套、铝护套油浸纸绝缘电力电缆

常用电气平面图图例见表2-12。

表 2-12　常用电气平面图图例

图例	名称	图例	名称	图例	名称
	多种电源配电箱(屏)		暗装单相两线插座		事故照明配电箱(屏)
	照明配电箱		暗装单相带接地插座		壁龛交接箱
	断路器		暗装三相带接地插座		室内分线盒
	隔离开关		明装单相两线插座		单极拉线开关
	灯或信号灯的一般符号		明装单相带接地插座		明装单极开关
	防水防尘灯		明装三相带接地插座		暗装单极开关
	荧光灯一般符号		防爆三相插座		明装二极开关
	三管荧光灯		向上配线		暗装二极开关
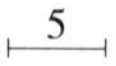	五管荧光灯		向下配线	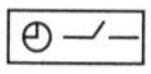	定时开关
	防爆荧光灯		垂直通过配线		钥匙开关

(4)详图。包括电气工程详图和标准图。电气工程详图指柜、盘的布置图和某些电气部件的安装大样图,对安装部件的各部位注有详细尺寸,一般是在没有标准图可选用并有特殊要求的情况下才绘制的图。标准图是通用性详图,表示一组设备或部件的具体图形和详细尺寸,便于制作安装。

任务三　施工图的绘制与识读

一、施工图工程图的一般特点

(1)施工图中的各图样是采用正投影法绘制的。某些工程构造,当用正投影法绘制不易表达时,可用镜像投影法绘制,但在图名后注写“镜像”二字。

(2)施工图应按比例进行绘制。由于建筑物的体形较大,房屋施工图一般采用缩小的比例绘制。但是房屋内部各部分构造情况,在小比例的平、立、剖面图中有的不可能表示清楚,因此对局部节点就要用较大比例将其内部构造详细绘制出来。因此,绘图所用比例应根据图样的用途与被绘对象的复杂程度,从表 2-13 中选用,并优先选用表中的常用比例。

表 2-13　绘图所用比例

常用比例	1∶1、1∶2、1∶5、1∶10、1∶100、1∶150、1∶200、1∶500、1∶1 000、1∶2 000、1∶5 000、1∶10 000、1∶20 000、1∶50 000、1∶100 000、1∶200 000
可用比例	1∶3、1∶4、1∶6、1∶25、1∶30、1∶40、1∶60、1∶80、1∶250、1∶300、1∶400、1∶600

一般情况下,一个图样应选用一种比例。但根据专业制图的需要,同一图样也可选用两种比例。

(3)由于建筑物的构配件、建筑材料等种类较多,为作图简便起见,国家标准规定了一系列的图例符号来代表建筑构配件、卫生设备、建筑材料等,因此施工图上会出现大量图例和符号,必须熟记才能正确阅读和绘制建筑工程施工图。

二、施工图设计规范

对施工中常用的材料、设备的产品制造标准要有基本的了解,对施工设备、零部件提供的说明书要充分阅读和理解,以便在施工中正确使用。

(一)给水排水工程施工规范的名称

(1)《给水排水管道工程施工及验收规范》(GB 50268)。

(2)《建筑给水排水及采暖工程施工质量验收规范》(GB 50242)。

(3)《建筑工程施工质量验收统一标准》(GB 50300)。

(4)《建筑给水塑料管道工程技术规程》(CJJ/T 98)。

(二)建筑电气工程施工规范的名称

(1)电气装置安装工程施工及验收规范全套共有十余本组成的系列规范,适用于所有的电力建设工程的施工;

(2)《建筑电气工程施工质量验收规范》(GB 50303)。

(3)《1 kV 及以下配线工程施工与验收规范》(GB 50575)。

(4)《建筑电气照明装置施工与验收规范》(GB 50617)。

(5)《建筑工程施工质量验收统一标准》(GB 50300)。

由于规范的更迭平均在 5~8 年,因此应用时要注意其颁行的时间,即标准号后的颁行年份,以最近者为有效版本。

三、施工图识读的方法与步骤

(一)施工图识读的方法

(1)总揽全局。识读施工图前,先阅读建筑施工图,建立起建筑物的轮廓概念,了解和明确施工图平面、立面、剖面的情况。在此基础上,阅读结构施工图目录,对图样数量和类型做到心中有数。阅读结构设计说明,了解工程概况及所采用的标准图等。粗读结构平面图,了解构件类型、数量和位置。

(2)循序渐进。根据投影关系、构造特点和图纸顺序,从前往后、从上往下、从左往右、由外向内、由大到小、由粗到细反复阅读。

(3)相互对照。识读施工图时,应该图样与说明对照看,建施图、结施图、设施图对照看,基本图与详图对照看。

(4)重点细读。以不同工种身份,有重点地细读施工图,掌握施工必需的重要信息。

(二)施工图识读的步骤

(1)阅读图纸目录。根据目录对照检查全套图纸是否齐全,标准图和重复利用的旧图是否配齐,图纸有无缺损。

(2)阅读设计总说明。了解本工程的名称、建筑规模、建筑面积、工程性质以及有采用的特殊要求等。对本工程有一个完整的概念。

(3)通读图纸。按建施图、结施图、设施图的顺序对图纸进行初步阅读,也可根据技术分工的不同进行分读。读图时,按照先整体后局部,先文字说明后图样,先图形后尺寸的顺序进行。

(4)精读图纸。在对图纸分类的基础上,对图纸及该图的剖面图、详图进行对照、精细阅读,对图样上的每个线面、每个尺寸都务必认清看懂,并掌握与其他图的关系。

【课程思政】 什么是新型电力系统?

2021年3月15日,习近平总书记主持召开中央财经委员会第九次会议,研究促进平台经济健康发展问题和实现碳达峰、碳中和的基本思路和主要举措。会议指出,要构建清洁低碳安全高效的能源体系,控制化石能源总量,着力提高利用效能,实施可再生能源替代行动,深化电力体制改革,构建以新能源为主体的新型电力系统。

新型电力系统的关键要素是以新能源为主体,以创新为根本驱动力,以数字化、智能化为关键手段。整个系统环节为新能源组成小电网(微电网),融入国家电网输电线路,实现电网负荷循环平衡运行,多余的电能以其他形式存储起来,实现电力价值流动的增加,整个系统的信息流完全智能而畅通无阻。

习　题

扫以下二维码,做相关习题。

项目三 项目管理的基本知识

任务一 施工项目管理的内容及组织

一、施工项目管理的概念与特点

施工项目管理是指施工企业运用系统的观点、理论和方法对施工项目进行的决策、计划、组织、控制、协调等全过程的全面管理。

施工项目管理具有以下特点:

(1)施工项目管理的主体是施工企业。其他单位都不进行施工项目管理,例如建设单位对项目的管理称为建设项目管理,设计单位对项目的管理称为设计项目管理。

(2)施工项目管理的对象是施工项目。施工项目管理周期包括工程投标、签订施工合同、施工准备、施工、竣工验收、保修等。施工项目具有多样性、固定性和体形庞大等特点,因此施工项目管理具有先有交易活动,后有“生产成品”,生产活动和交易活动很难分开等特殊性。

(3)施工项目管理的内容是按阶段变化的。由于施工项目各阶段管理内容差异大,因此要求管理者必须进行有针对性的动态管理,要使资源优化组合,以提高施工效率和效益。

(4)施工项目管理要求强化组织协调工作。由于施工项目生产活动具有独特性(单件性)、流动性、露天作业、工期长、需要资源多,且施工活动涉及的经济关系、技术关系、法律关系、行政关系和人际关系复杂等特点,因此必须通过强化组织协调工作才能保证施工活动的顺利进行。主要强化办法是优选项目经理,建立调度机构,配备称职的调度人员,努力使调度工作科学化、信息化,建立起动态的控制体系。

二、施工项目管理的内容

施工项目管理包括以下八方面的内容。

(一)建立施工项目管理组织

由企业法定代表人采用适当方式选聘称职的施工项目经理;根据施工项目管理组织原则,结合工程规模、特点,选择合适的组织形式,建立施工项目管理机构,明确各部门、各岗位的责任、权限和利益;在符合企业规章制度的前提下,根据施工项目管理的需要,制定施工项目经理部管理制度。

（二）编制施工项目管理规划

在工程投标前，由企业管理层编制施工项目管理大纲，对施工项目管理从投标到保修期满进行全面的纲要性规划。施工项目管理大纲可以用施工组织设计替代。

在工程开工前，由项目经理组织编制施工项目管理实施规划，对施工项目管理从开工到交工验收进行全面的指导性规划。当承包人以施工组织设计代替项目管理规划时，施工组织设计应满足项目管理规划的要求。

（三）施工项目的目标控制

在施工项目实施的全过程中，应对项目质量、进度、成本和安全目标进行控制，以实现项目的各项约束性目标。控制的基本过程是：确定各项目标控制标准；在实施过程中，通过检查、对比，衡量目标的完成情况；将衡量结果与标准进行比较，若有偏差，分析原因，采取相应的措施以保证目标的实现。

（四）施工项目的生产要素管理

施工项目的生产要素主要包括劳动力、材料、设备、技术和资金。管理生产要素的内容有：分析各生产要素的特点；按一定的原则、方法，对施工项目的生产要素进行优化配置并评价；对施工项目各生产要素进行动态管理。

（五）施工项目的合同管理

为了确保施工项目管理及工程施工的技术组织效果和目标实现，从工程投标开始，就要加强工程承包合同的策划、签订、履行和管理。同时，还应做好索赔工作，讲究索赔的方法和技巧。

（六）施工项目的信息管理

进行施工项目管理和施工项目目标控制、动态管理，必须在项目实施的全过程中充分利用计算机对项目有关的各类信息进行收集、整理、储存和使用，提高项目管理的科学性和有效性。

（七）施工现场的管理

在施工项目实施过程中，应对施工现场进行科学有效的管理，以达到文明施工、保护环境、塑造良好的企业形象、提高施工管理水平的目的。

（八）组织协调

协调为有效控制服务，协调和控制都是计划目标实现的保证。在施工项目实施过程中，应进行组织协调、沟通和处理好内部及外部的各种关系，排除各种干扰和障碍。

三、施工项目管理的组织机构

（一）施工项目管理组织的主要形式

施工项目管理组织的形式是指在施工项目管理组织中处理管理层次、管理跨度、部门设置和上下级关系的组织结构类型。主要的管理组织形式有工作队式、部门控制式、矩阵式、事业部式等。

1. 工作队式项目组织

如图 3-1 所示，工作队式项目组织是指主要由企业中有关部门抽出管理力量组成施工项目经理部的方式，企业职能部门处于服务地位。

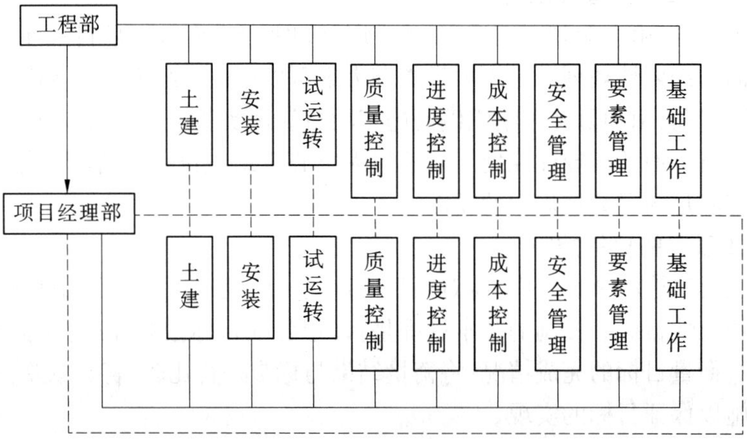

图 3-1 工作队式项目组织形式示意图

工作队式项目组织适用于大型项目,工期要求紧,要求多工种、多部门密切配合的项目。

2. 部门控制式项目组织

部门控制式并不打乱企业的现行建制,把项目委托给企业某一专业部门或某一施工队,由被委托的单位负责组织项目实施,其形式如图 3-2 所示。

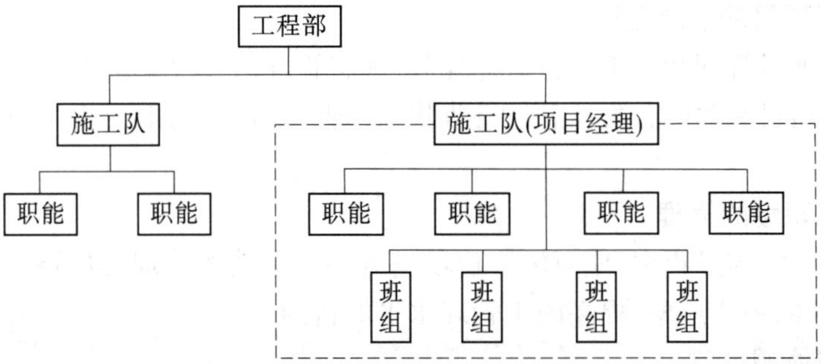

图 3-2 部门控制式项目组织形式示意图

部门控制式项目组织一般适用于小型的、专业性较强、不需涉及众多部门的施工项目。

3. 矩阵式项目组织

矩阵式项目组织是指结构形式呈矩阵状的组织,其项目管理人员由企业有关职能部门派出并进行业务指导,接受项目经理的直接领导,其形式如图 3-3 所示。

矩阵式项目组织适用于同时承担多个需要进行项目管理工程的企业。在这种情况下,各项目对专业技术人才和管理人员都有需求,加在一起数量较大,采用矩阵制式项目组织可以充分利用有限的人才对多个项目进行管理,特别有利于发挥优秀人才的作用;适用于大型、复杂的施工项目。因大型复杂的施工项目要求多部门、多技术、多工种配合实

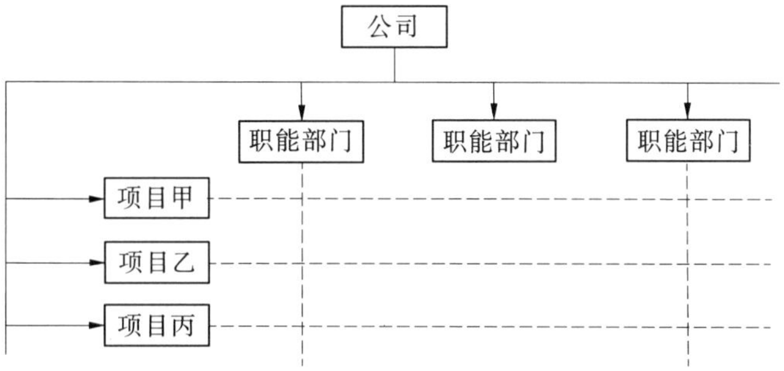

图 3-3　矩阵式项目组织形式示意图

施，在不同阶段，对不同人员，在数量和搭配上有不同的需求。

4. 事业部式项目组织

企业成立事业部，事业部对企业来说是职能部门，对外界来说享有相对独立的经营权，是一个独立单位。事业部可以按地区设置，也可以按工程类型或经营内容设置，其形式如图 3-4 所示。

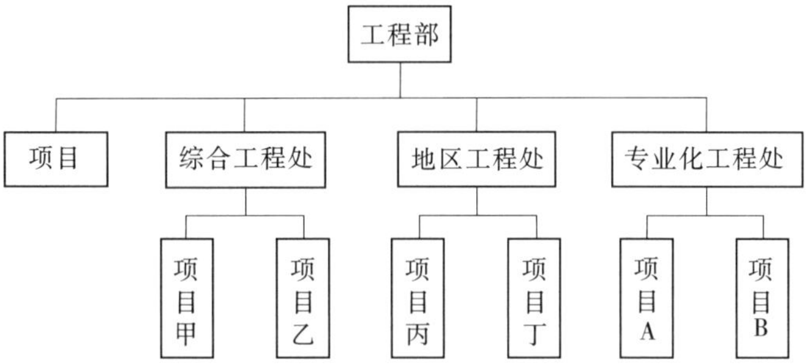

图 3-4　事业部式项目组织形式示意图

在事业部下边设置项目经理部。项目经理由事业部选派，一般对事业部负责，有的可以直接对业主负责，这是根据其授权程度决定的。

事业部式项目组织适用于大型经营性企业的工程承包，特别是适用于远离公司本部的工程承包。需要注意的是，一个地区只有一个项目，没有后续工程时，不宜设立地区事业部，也就是说它适用于在一个地区内有长期市场或一个企业有多种专业化施工力量时采用。在这种情况下，事业部与地区市场同寿命，地区没有项目时，该事业部应撤销。

（二）施工项目经理部

施工项目经理部是由企业授权，在施工项目经理的领导下建立的项目管理组织机构，是施工项目的管理层，其职能是对施工项目实施阶段进行综合管理。

1. 项目经理部的性质

施工项目经理部的性质可以归纳为以下三方面：

（1）相对独立性。施工项目经理部的相对独立性主要是指它与企业存在着双重关系。一方面,它作为企业的下属单位,同企业存在着行政隶属关系,要绝对服从企业的全面领导;另一方面,它又是一个施工项目独立利益的代表,存在着独立的利益,同企业形成一种经济承包或其他形式的经济责任关系。

(2)综合性。施工项目经理部的综合性主要表现在以下几方面:①施工项目经理部是企业所属的经济组织,主要职责是管理施工项目的各种经济活动。②施工项目经理部的管理职能是综合的,包括计划、组织、控制、协调、指挥等多方面。③施工项目经理部的管理业务是综合的,从横向看包括人、财、物、生产和经营活动,从纵向看包括施工项目寿命周期的主要过程。

(3)临时性。施工项目经理部是企业一个施工项目的责任单位,随着项目的开工而成立,随着项目的竣工而解体。

2. 项目经理部的作用

(1)负责施工项目从开工到竣工的全过程施工生产经营的管理,对作业层负有管理与服务的双重责任。

(2)为项目经理决策提供信息依据,执行项目经理的决策意图,向项目经理全面负责。

(3)项目经理部作为项目团队,应具有团队精神,完成企业所赋予的基本任务——项目管理:凝聚管理人员的力量;协调部门之间、管理人员之间的关系;影响和改变管理人员的观念和行为,沟通部门之间、项目经理部与作业队之间、与公司之间、与环境之间的关系。

(4)项目经理部是代表企业履行工程承包合同的主体,对项目产品和建设单位负责。

3. 建立施工项目经理部的基本原则

(1)根据所设计的项目组织形式设置。因为项目组织形式与项目的管理方式有关,与企业对项目经理部的授权有关。不同的组织形式对项目经理部的管理力量和管理职责提出了不同要求,提供了不同的管理环境。

(2)根据施工项目的规模、复杂程度和专业特点设置。例如,大型项目经理部可以设职能部、处;中型项目经理部可以设处、科;小型项目经理部一般只需设职能人员即可。如果项目的专业性强,便可设置专业性强的职能部门,如水电处、安装处、打桩处等。

(3)根据施工工程任务需要调整。项目经理部是一个具有弹性的一次性管理组织,随着工程项目的开工而组建,随着工程项目的竣工而解体,不应搞成一级固定性组织。在工程施工开始前建立,在工程施工交付使用后解体。项目经理部不应有固定的作业队伍,而是根据施工的需要,由企业(或授权给项目经理部)在社会市场吸收人员,进行优化组合和动态管理。

(4)适应现场施工的需要。项目经理部的人员配置应面向现场,满足现场的计划与调度、技术与质量、成本与核算、劳务与物资、安全与文明施工的需要。而不应设置专营经营与咨询、研究与发展、政工与人事等与项目施工关系较少的非生产性管理部门。

4. 施工项目的劳动组织

施工项目的劳动力来源于社会的劳务市场,应从以下三方面进行组织和管理:

(1)劳务输入。坚持"计划管理、定向输入、市场调节、双向选择、统一调配、合理流动”的方针。

(2)劳动力组织。劳务队伍均要以整建制进入施工项目,由项目经理部和劳务分公司配合,双方协商共同组建栋号(作业)承包队,栋号(作业)承包队的组建要注意打破工种界限,实行混合编组,提倡一专多能、一岗多职。

(3)项目经理部对劳务队伍的管理。对于施工劳务分包公司组建的现场施工作业队,除配备专职的栋号负责人外,还要实行“三员”管理岗位责任制;由项目经理派出专职质量员、安全员、材料员,实行一线职工操作全过程的监控、检查、考核和严格管理。

5. 项目经理部部门设置与人员配置

目前,国家对项目经理部的设置规模尚无具体规定。结合有关企业推行施工项目管理的实际,一般按项目的使用性质和规模分类。只有当施工项目的规模达到1万m^2以上的公共建筑、工业建筑、住宅建设小区及其他工程项目投资在500万元以上时,才实行施工项目管理。

一般项目经理部可设置以下5个部门:

(1)经营核算部门。主要负责工程预结算、合同与索赔、资金收支、成本核算、工资分配等工作。

(2)技术管理部门。主要负责生产调度、文明施工、劳动管理、技术管理、施工组织、设计、计划统计等工作。

(3)物资设备供应部门。主要负责材料的询价、采购、计划供应、管理、运输,工具管理,机械设备的租赁配套使用等工作。

(4)质量安全监控管理部门。主要负责工程质量、安全管理、消防保卫、环境保护等工作。

(5)测试计量部门。主要负责计量、测量、试验等工作。

6. 项目经理部岗位设置及职责

1)岗位设置

根据项目大小不同、人员安排不同,项目部领导层从上往下设置项目经理、项目技术负责人等;项目部设置最基本的六大岗位:施工员、质量员、安全员、资料员、造价员、测量员,其他还有材料员、标准员、机械员、劳务员等。图3-5为某项目部组织机构框图。

2)岗位职责

在现代施工企业的项目管理中,施工项目经理是施工项目的最高责任人和组织者,是决定施工项目盈亏的关键性角色。

一般说来,人们习惯于将项目经理定位于企业的中层管理者或中层干部,然而由于项目管理及项目环境的特殊性,在实践中的项目经理所行使的管理职权与企业职能部门的中层干部往往是有所不同的。前者体现在决策职能的增强上,着重于目标管理;而后者则主要表现为控制职能的强化,强调和讲究的是过程管理。实际上,项目经理应该是职业经理式的人物,是复合型人才,是通才。他应该具有懂法律、善管理、会经营、敢负责、能公关等各方面的较为丰富的经验和知识,而职能部门的负责人则往往是专才,是某一技术专业领域的专家。对项目经理的素质和技能要求在实践中往往是同企业中的总经理完全相同的。

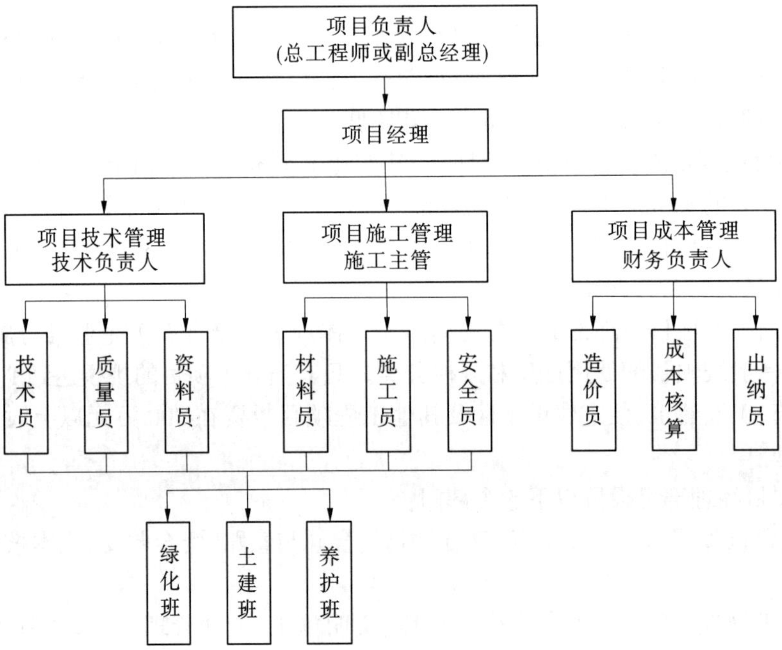

图 3-5　某项目部组织机构框图

项目技术负责人是在项目部经理的领导下,负责项目部施工生产、工程质量、安全生产和机械设备管理工作。

施工员、质量员、安全员、资料员、测量员、材料员、标准员、机械员、劳务员都是项目的专业人员,是施工现场的管理者。

施工员主要从事项目施工组织和进度控制。

7. 项目经理部的解体

项目经理部是一次性、具有弹性的施工现场生产组织机构。工程临近结尾时,业务管理人员乃至项目经理要陆续撤走,因此必须重视项目经理部的解体和善后工作。企业工程管理部门是项目经理部解体善后工作的主管部门,主要负责项目经理部解体后工程项目在保修期间问题的处理,包括因质量问题造成的返(维)修,工程剩余价款的结算以及回收等。

任务二　施工项目目标控制

施工项目目标控制包括施工项目进度控制、施工项目质量控制、施工项目成本控制、施工项目安全控制四个方面。

施工项目进度控制,是指在既定的工期内,编制出最优的施工进度计划,在执行该计划的施工中,经常检查施工实际进度情况,并将其与计划进度相比较,若出现偏差,便分析产生的原因和对工期的影响程度,找出必要的调整措施,修改原计划,不断地如此循环,直至工程竣工验收。施工项目进度控制的总目标是确保施工项目的合同工期的实现,或者在保证施工质量和不因此而增加施工实际成本的条件下，适当缩短工期。

施工项目质量控制，是指对项目的实施情况进行监督、检查和测量，并将项目实施结果与事先制定的质量标准进行比较，判断其是否符合质量标准，找出存在的偏差，分析偏差形成原因的一系列活动。项目质量控制贯穿于项目实施的全过程。

施工项目成本控制，是指在成本形成过程中，根据事先制定的成本目标，对企业经常发生的各项生产经营活动按照一定的原则，采用专门的控制方法，进行指导、调节、限制和监督，将各项生产费用控制在原来所规定的标准和预算之内。如果发生偏差或问题，应及时进行分析研究，查明原因，并及时采取有效措施，不断降低成本，以保证实现规定的成本目标。

施工项目安全控制，是指经营管理者对施工生产过程中的安全生产工作进行的策划、组织、指挥、协调、控制和改进的一系列活动，其目的是保证在生产经营活动中的人身安全、资产安全，促进生产的发展，保持社会的稳定。安全管理的对象是生产中一切人物、环境、管理状态，安全管理是一种动态管理。

一、施工项目目标控制的任务

施工项目控制的任务是进行以项目进度控制、质量控制、成本控制和安全控制为主要内容的四大目标控制。这四项目标是施工项目的约束条件，也是施工效益的象征。其中前三项目标是指施工项目成果，而安全目标则是指施工过程中人和物的状态。也就是说，安全既指人身安全，又指财产安全，所以安全控制既要克服人的不安全行为，又要克服物的不安全状态。

施工项目目标控制的具体任务见表3-1。

表3-1　施工项目目标控制的具体任务

控制目标	具体控制任务
进度控制	施工顺序合理，衔接关系适当，连续、均衡、有节奏地施工，实现计划工期，提前完成合同工期
质量控制	使分部分项工程达到质量检验评定标准的要求，实现施工组织设计中保证施工质量的技术组织措施和质量等级，保证合同质量目标等级的实现
成本控制	实现施工组织设计的降低成本措施，降低每个分项工程的直接成本，实现项目经理部盈利目标，实现公司利润目标及合同造价
安全控制	实现施工组织设计的安全设计和措施，控制劳动者、劳动手段和劳动对象，控制环境，实现安全目标，使人的行为安全、物的状态安全，断绝环境危险源
施工现场控制	科学组织施工，使场容场貌、料具堆放与管理、消防保卫、环境保护及职工生活均符合规定要求

二、施工项目目标控制的措施

（一）施工项目进度控制的措施

施工项目进度控制的措施主要有组织措施、技术措施、合同措施、经济措施和信息管理措施等。

组织措施主要是指落实各级进度控制的人员及其具体任务和工作责任，建立进度控制的组织系统；按照施工项目的结构、施工阶段或合同结构的层次进行项目分解，确定各分项进度控制的工期目标，建立进度控制的工期目标体系；建立进度控制的工作制度，如定期检查的时间、方法，召开协调会议的时间、参加人员等，并对影响施工实际进度的主要因素进行分析和预测，制订调整施工实际进度的组织措施。

技术措施主要是指应尽可能采用先进的施工技术、方法和新材料、新工艺、新技术保证进度目标实现；落实施工方案，在发生问题时，能适时调整工作之间的逻辑关系，加快施工进度。

合同措施是指以合同形式保证工期进度的实现，即保持总进度控制目标与合同总工期相一致；分包合同的工期与总包合同的工期相一致；供货、供电、运输、构件加工等合同规定的提供服务时间与有关的进度控制目标相一致。

经济措施是指要制订切实可行的实现施工计划进度所必需的资金保证措施，包括落实实现进度目标的保证资金；签订并实施关于工期和进度的经济承包责任制；建立并实施关于工期和进度的奖惩制度。

信息管理措施是指建立完善的工程统计管理体系和统计制度，详细、准确、定时地收集有关工程实际进度情况的资料和信息，并进行整理统计，得出工程施工实际进度完成情况的各指标，将其与施工计划进度的各项指标进行比较，定期地向建设单位提供施工进度比较报告。

（二）施工项目质量控制的措施

1. 提高管理、施工及操作人员自身素质

管理、施工及操作人员素质的高低对工程质量起决定性的作用。首先，应提高所有参与工程施工人员的质量意识，让他们树立五大观念，即质量第一的观念、预控为主的观念、为用户服务的观念、用数据说话的观念以及社会效益与企业效益相结合的综合效益观念。其次，要搞好人员培训，提高员工素质。要对现场施工人员进行质量知识、施工技术、安全知识等方面的教育和培训，提高施工人员的综合素质。

2. 建立完善的质量保证体系

工程项目质量保证体系是指现场施工管理组织的施工质量自控系统或管理系统，即施工单位为保证工程项目的质量管理和目标控制，以现场施工管理组织机构为基础，通过质量目标的确定和分解，管理人员和资源的配置，质量管理制度的建立和完善，形成具有质量控制和质量保证能力的工作系统。

施工项目质量保证体系的内容应根据施工管理的需要并结合工程特点进行设置，具体如下：

（1）施工项目质量控制的目标体系。

(2)施工项目质量控制的工作分工。

(3)施工项目质量控制的基本制度。

(4)施工项目质量控制的工作流程。

(5)施工项目质量计划或施工组织设计。

(6)施工项目质量控制点的设置和控制措施的制订。

(7)施工项目质量控制关系网络设置及运行措施。

3. 加强原材料质量控制

一是提高采购人员的政治素质和质量鉴定水平,使那些有一定专业知识又忠于事业的人担任该项工作。二是采购材料要广开门路,综合比较,择优进货。三是施工现场材料人员要会同工地负责人、甲方等有关人员对现场设备及进场材料进行检查验收。特殊材料要有说明书和试验报告、生产许可证,对钢材、水泥、防水材料、混凝土外加剂等必须进行复试和见证取样试验。

4. 提高施工的质量管理水平

每项工程有总体施工方案,每一分项工程施工之前也要做到方案先行,并且施工方案必须实行分级审批制度,方案审完后还要做出样板,反复对样板中存在的问题进行修改,直至达到设计要求方可执行。在工程实施过程中,根据出现的新问题、新情况,及时对施工方案进行修改。

5. 确保施工工序的质量

工程项目的施工过程,是由一系列相互关联、相互制约的工序所构成的,工序质量是构成工程质量的最基本的单元,上道工序存在质量缺陷或隐患,不仅使本工序质量达不到标准的要求,而且直接影响下道工序及后续工程的质量与安全,进而影响最终成品的质量。因此,在施工中要建立严格的交接班检查制度,在每一道工序进行中,必须坚持自检、互检。如监理人员在检查时发现质量问题,应分析产生问题的原因,要求承包人采取合适的措施进行修整或返工。处理完毕,合格后方可进行下一道工序施工。

6. 加强施工项目的过程控制

(1)施工人员的控制。施工项目管理人员由项目经理统一指挥,各自按照岗位标准进行工作,公司随时对项目管理人员的工作状态进行考核,并如实记录考查结果存入工程档案之中,依据考核结果,奖优罚劣。

(2)施工材料的控制。施工材料的选购,必须是经过考查后合格的、信誉好的材料供应商,在材料进场前必须先报验,经检测部门检验合格后的材料方能使用,从而保证质量,又能节约成本。

(3)施工工艺的控制。是决定工程质量好坏的关键。为了保证工艺的先进性、合理性,公司工程部针对分项分部工程编制成作业指导书,并下发给各基层项目部技术人员,合理安排创造良好的施工环境,才能保证工程质量。

(4)加强专项检查,开展自检、专检、互检,及时解决问题。各工序完工后由班组长组织质检员对本工序进行自检、互检。自检时,严格执行技术交底及现行规程、规范,在自检中发现问题由班组自行处理并填写自检记录,班组自检记录填写完善,自检的问题已确实修正后,方可由项目专职质检员进行验收。

(三)施工项目安全控制的措施

1. 安全制度措施

项目经理部必须执行国家、行业、地区安全法规、标准,并以此制定本项目的安全管理制度,主要包括以下几个方面:

(1)行政管理方面。安全生产责任制度;安全生产例会制度;安全生产教育制度;安全生产检查制度;伤亡事故管理制度;劳保用品发放及使用管理制度;安全生产奖惩制度;工程开竣工的安全制度;施工现场安全管理制度;安全技术措施计划管理制度;特殊作业安全管理制度;环境保护、工业卫生工作管理制度;锅炉、压力容器安全管理制度;场区交通安全管理制度;防火安全管理制度;意外伤害保险制度;安全检举和控告制度等。

(2)技术管理方面。关于施工现场安全技术要求的规定;各专业工种安全技术操作规程;设备维护检修制度等。

2. 安全组织措施

(1)建立施工项目安全组织系统。

(2)建立与项目安全组织系统相配套的各专业、各部门、各生产岗位的安全责任系统。

(3)建立项目经理的安全生产职责及项目班子成员的安全生产职责。

(4)作业人员安全纪律。现场作业人员与施工安全生产关系最为密切,他们遵守安全生产纪律和操作规程是安全控制的关键。

3. 安全技术措施

施工准备阶段的安全技术措施见表3-2,施工阶段的安全技术措施见表3-3。

表3-2 施工准备阶段的安全技术措施

	内容
技术准备	1. 了解工程设计对安全施工的要求。 2. 调查工程的自然环境(水文、地质、气候、洪水、雷击等)和施工环境(地下设施、管道及电缆的分布与走向、粉尘、噪声等)对施工安全的影响,以及施工时对周围环境安全的影响。 3. 当改扩建工程施工与建设单位使用或生产发生交叉可能造成双方伤害时,双方应签订安全施工协议,搞好施工与生产的协议,以明确双方责任,共同遵守安全事项。 4. 在施工组织设计中,编制切实可行、行之有效的安全技术措施,并严格履行审批手续,送安全部门备案
物资准备	1. 及时供应质量合格的安全防护用品(安全帽、安全带、安全网等)满足施工需要。 2. 保证特殊工种(电工、焊工、爆破工、起重工等)使用的工具器械质量合格,技术性能良好。 3. 施工机具、设备(起重机、卷扬机、电锯、平面刨、电气设备)、车辆等需经安全技术性能检测,鉴定合格、防护装置齐全、制动装置可靠,方可进场使用。 4. 施工周转材料(脚手杆、扣件、跳板等)需经认真挑选,不符合安全要求的禁止使用

续表 3-2

	内容
施工现场准备	1. 按施工总平面图要求做好现场施工准备。 2. 现场各种临时设施和库房的布置，特别是炸药库、油库的布置，易燃易爆品的存放都必须符合安全规定和消防要求，并经公安消防部门批准。 3. 电气线路、配电设备应符合安全要求，有安全用电防护措施。 4. 场内道路应通畅，设交通标志，危险地带设危险信号及禁止通行标志，以保证行人和车辆通行安全。 5. 现场周围和陡坡及沟坑处设好围栏、防护板，现场入口处设“无关人员禁止入内”的标志及警示标志。 6. 塔吊等起重设备安置应与输电线路、永久的或临时的工程间要有足够的安全距离，避免碰撞，以保证搭设脚手架、安全网的施工距离。 7. 现场设消防栓，应有足够有效的灭火器材
施工队伍准备	1. 新工人、特殊工种工人须经岗位技术培训与安全教育后，持合格证上岗。 2. 高险难作业工人须经身体检查合格后，方可施工作业。 3. 施工负责人在开工前，应向全体施工人员进行入场前的安全技术交底，并逐级签发“安全交底任务单”

表 3-3　施工阶段的安全技术措施

	内容
一般施工	1. 单项工程、单位工程均有安全技术措施，分部分项工程有安全技术具体措施，施工前由技术负责人向有关人员进行安全技术交底。 2. 安全技术应与施工生产技术相统一，各项安全技术措施必须在相应的工序施工前做好。 3. 操作者严格遵守相应的操作规程，实现标准化作业。 4. 施工现场的危险地段应设有防护、保险、信号装置及危险警示标志。 5. 针对采用的新工艺、新技术、新设备、新结构制订专门的施工安全技术措施。 6. 有预防自然灾害（防台风、防雷击、防洪排水、防暑降温、防寒、防冻、防滑等）的专门安全技术措施。 7. 在明火作业（焊接、切割、熬沥青等）现场应有防火、防爆安全技术措施。 8. 有特殊工程、特殊作业的专业安全技术措施，如土石方施工安全技术、爆破安全技术、脚手架安全技术、起重吊装安全技术、电气安全技术、高处作业及主体交叉作业安全技术、焊割安全技术、防火安全技术、交通运输安全技术、安装工程安全技术、烟囱及筒仓安全技术等

续表 3-3

	内容
拆除工程	1. 详细调查拆除工程结构特点和强度、电线线路、管道设施等现状,制订可靠的安全技术方案。 2. 拆除建筑物之前,在建筑物周围划定危险警戒区域,设立安全围栏,禁止无关人员进入作业现场。 3. 拆除工作开始前,先切断被拆除建筑物的电线及供水、供热、供燃气的通道。 4. 拆除工作应按自上而下顺序进行,禁止数层同时拆除,必要时要对底层或下部结构进行加固。 5. 栏杆、楼梯、平台应与主体拆除程度配合进行,不能先行拆除。 6. 拆除作业工人应站在脚手架上或稳固的结构部分操作,拆除承重梁和柱之间应先拆除其承重的全部结构,并防止其他部分坍塌。 7. 拆下的材料要及时清理运走,不得在旧楼板上集中堆放,以免超负荷。 8. 被拆除的建筑物内需要保留的部分或需保留的设备要事先搭好防护棚。 9. 一般不采用推倒方法拆除建筑物,必须采用推倒方法的应采取特殊安全措施

(四)施工项目成本控制的措施

1. 组织措施

施工项目应从组织项目部人员和协作部门上入手,设置一个强有力的工程项目部和协作网络,保证工程项目的各项管理措施得以顺利实施。

第一,项目经理是企业法人在项目上的全权代表,对所负责的项目拥有与公司经理相同的责任和权力,是项目成本管理的第一责任人。因此,选择经验丰富、能力强的项目经理,及时掌握和分析项目的盈亏状况,并迅速采取有效的管理措施是做好成本管理的第一步。

第二,技术部门是整个工程项目施工技术和施工进度的负责部门。使用专业知识丰富、责任心强、有一定施工经验的工程师作为工程项目的技术负责人,可以确保技术部门在保证质量、按期完成任务的前提下,尽可能地采用先进的施工技术和施工方案,以求提高工程施工的效率,最大限度地降低工程成本。

第三,经营部门主管合同实施和合同管理工作。配置外向型的工程师或懂技术的人员负责工程进度款的申报和催款工作,处理施工赔偿问题,加强合同预算管理,增加工程项目的合同外收入。经营部门的有效运作可以保证工程项目的增收节支。

第四,财务部门应随时分析项目的财务收支情况,及时为项目经理提供项目部的资金状况,合理调度资金,减少资金使用费和其他不必要的费用支出。项目部的其他部门和班组也要相应地精心设置和组织,力求工程施工中的每个环节和部门都能为项目管理的实施提供保证,为增收节支尽责尽职。

2. 技术措施

采取先进的技术措施,走技术与经济相结合的道路,确定科学合理的施工方案和工艺技术,以技术优势来取得经济效益是降低项目成本的关键。首先,制订先进合理的施工方案和施工工艺,合理布置施工现场,不断提高工程施工工业化、现代化水平,以达到缩短工期、提高质量、降低成本的目的。其次，在施工过程中大力推广各种降低消耗，提高工效的新工艺、新技术、新材料、新设备和其他能降低成本的技术革新措施，提高经济效益。最后，加强施工过程中的技术质量检验制度和力度，严把质量关，提高工程质量，杜绝返工现象和损失，减少浪费。

3. 经济措施

(1)控制人工费。根本途径是提高劳动生产率，改善劳动组织结构，减少窝工浪费；实行合理的奖惩制度和激励办法，提高员工的劳动积极性和工作效率；加强劳动纪律，加强技术教育和培训工作；压缩非生产用工和辅助用工，严格控制非生产人员比例。

(2)控制材料费。材料费占工程成本的比例很大，因此降低成本的潜力最大。降低材料费的主要措施是制订好材料采购的计划，包括品种、数量和采购时间，减少仓储量，避免出现完料不尽，垃圾堆里有“黄金”的现象，节约采购费用；改进材料的采购、运输、收发、保管等方面的工作，减少各个环节的损耗；合理堆放现场材料，避免和减少二次搬运和摊销损耗；严格实行材料进场验收和限额领料控制制度，减少浪费；建立结构材料消耗台账，实时监控材料的使用和消耗情况，制订并贯彻节约材料的各种相应措施，合理使用材料，建立材料回收台账，注意工地余料的回收和再利用。另外，在施工过程中，要随时注意发现新产品、新材料的出现，及时向建设单位和设计院提出采用代用材料的合理建议，在保证工程质量的同时，最大限度地做好增收节支。

(3)控制机械使用费。在控制机械使用费方面，最主要的是加强机械设备的使用和管理力度，正确选配和合理利用机械设备，提高机械使用率和机械效率。要提高机械效率必须提高机械设备的完好率和利用率。机械利用率的提高靠人，完好率的提高在于保养和维护。因此，在机械设备的使用和维护方面要尽量做到人机固定，落实机械使用、保养责任制，实行操作员、驾驶员经培训持证上岗，保证合理规范地使用机械设备，并保证机械设备的使用安全，同时应建立机械设备档案制度，定期对机械设备进行保养维护。另外，要注意机械设备的综合利用，尽量做到一机多用，提高利用率，从而加快施工进度、增加产量、降低机械设备的综合使用费。

(4)控制间接费及其他直接费。间接费是项目管理人员和企业的其他职能部门为该工程项目所发生的全部费用。这一项费用的控制主要应通过精减管理机构，合理确定管理幅度与管理层次，业务管理部门的费用实行节约承包来落实，同时对涉及管理部门的多个项目实行清晰分账，落实谁受益谁负担，多受益多负担，少受益少负担，不受益不负担的原则。其他直接费包括临时设施费、工地二次搬运费、生产工具用具使用费、检验试验费和场地清理费等，应本着合理计划、节约为主的原则进行严格监控。

任务三　施工资源与现场管理

一、施工资源管理的任务和内容

(一)施工项目资源管理的概念

施工项目资源，也称施工项目生产要素，是指生产力作用于施工项目的有关要素，即投入施工项目的劳动力、材料、机械设备、技术和资金等要素。施工项目生产要素是施工项目管理的基本要素,施工项目管理实际上就是根据施工项目的目标、特点和施工条件,通过对生产要素的有效和有序地组织和管理,实现最终目标。施工项目的计划和控制的各项工作最终都要落实到生产要素管理上。生产要素的管理对施工项目的质量、成本、进度和安全都有重要影响。

(二)施工项目资源管理的特点

(1)劳动力。当前,我国在施工企业中设置劳务分包企业序列,施工总承包企业和专业承包企业的作业人员按合同由施工劳务企业提供。劳动力管理主要依靠劳务企业,项目经理部协助管理。施工项目中的劳动力,关键在使用,使用的关键在提高效率,提高效率的关键是如何调动职工的积极性,调动积极性的最好办法是加强思想政治工作和利用行为科学,从劳动力个人的需要与行为的关系的观点出发,进行恰当的激励。

(2)材料。建筑材料按在生产中的作用可分为主要材料、辅助材料和其他材料。其中,主要材料是指在施工中被直接加工,构成工程实体的各种材料,如钢材、水泥、木材、砂、石等。辅助材料是指在施工中有助于产品的形成,但不构成实体的材料,如促凝剂、脱模剂、润滑物等。其他材料是指不构成工程实体,但又是施工中必需的材料,如燃料、油料、砂纸、棉纱等。另外,还有周转材料(如脚手架材、模板材等)、工具、预制构配件、机械零配件等。建筑材料还可以按其自然属性分类,包括金属材料、硅酸盐材料、电器材料、化工材料等。施工项目材料管理的重点在现场、使用、节约和核算。

(3)机械设备。施工项目的机械设备,主要是指作为大型工具使用的大、中、小型机械,既是固定资产,又是劳动手段。施工项目机械设备管理的环节包括选择、使用、保养、维修、改造、更新。其关键在使用,使用的关键是提高机械效率,提高机械效率必须提高利用率和完好率。利用率的提高靠人,完好率的提高在于保养与维修。

(4)技术。施工项目技术管理,是对各项技术工作要素和技术活动过程的管理。技术工作要素包括技术人才、技术装备、技术规程、技术资料等。技术活动过程指技术计划、技术运用、技术评价等。技术作用的发挥,除取决于技术本身的水平外,极大程度上还依赖于技术管理水平。没有完善的技术管理,先进的技术是难以发挥作用的。施工项目技术管理的任务有四项:①正确贯彻国家和行政主管部门的技术政策,贯彻上级对技术工作的指示与决定;②研究、认识和利用技术规律,科学地组织各项技术工作,充分发挥技术的作用;③确立正常的生产技术秩序,进行文明施工,以技术保证工程质量;④努力提高技术工作的经济效果,使技术与经济有机地结合。

(5)资金。施工项目的资金,是一种特殊的资源,是获取其他资源的基础,是所有项目活动的基础。资金管理主要有以下环节:编制资金计划,筹集资金,投入资金(施工项目经理部收入),资金使用(支出),资金核算与分析。施工项目资金管理的重点是收入与支出问题,收支之差涉及核算、筹资、贷款、利息、利润、税收等问题。

(三)施工资源管理的任务

(1)确定资源类型及数量。具体包括:①确定项目施工所需的各层次管理人员和各工种工人的数量;②确定项目施工所需的各种物资资源的品种、类型、规格和相应的数量;③确定项目施工所需的各种施工设施的定量需求;④确定项目施工所需的各种来源的资金数量。

(2)确定资源的分配计划。包括编制人员需求分配计划、编制物资需求分配计划、编制施工设备和设施需求分配计划、编制资金需求分配计划。在各项计划中,明确各种施工资源的需求在时间上的分配,以及在相应的子项目或工程部位上的分配。

(3)编制资源进度计划。资源进度计划是资源按时间的供应计划,应视项目对施工资源的需用情况和施工资源的供应条件而确定编制哪种资源进度计划。编制资源进度计划能合理地考虑施工资源的运用,这将有利于提高施工质量,降低施工成本和加快施工进度。

(4)施工资源进度计划的执行和动态调整。施工项目施工资源管理不能仅停留于确定和编制上述计划,在施工开始前和在施工过程中应落实和执行所编的有关资源管理的计划,并视需要对其进行动态的调整。

二、施工现场管理的任务和内容

施工现场是指从事工程施工活动经批准占用的施工场地。它既包括红线以内占用的建筑用地和施工用地,又包括红线以外现场附近经批准占用的临时施工用地。施工现场管理就是运用科学的思想、组织、方法和手段,对施工现场的人、设备、材料、工艺、资金等生产要素,进行有计划的组织、控制、协调、激励,来保证预定目标的实现。

(一)施工现场管理的任务

施工现场管理的任务,具体可以归纳为以下几点:

(1)全面完成生产计划规定的任务,含产量、产值、质量、工期、资金、成本、利润和安全等。

(2)按施工规律组织生产,优化生产要素的配置,实现高效率和高效益。

(3)搞好劳动组织和班组建设,不断提高施工现场人员的思想和技术素质。

(4)加强定额管理,降低物料和能源的消耗,减少生产储备和资金占用,不断降低生产成本。

(5)优化专业管理,建立完善管理体系,有效地控制施工现场的投入和产出。

(6)加强施工现场的标准化管理,使人流、物流高效有序。

(7)治理施工现场环境,改变“脏、乱、差”的状况,注意保护施工环境,做到施工不扰民。

(二)施工现场管理的内容

(1)规划及报批施工用地。根据施工项目及建筑用地的特点科学规划,充分、合理使用施工现场场内占地;当场内空间不足时,应同发包人按规定向城市规划部门、公安、交通部门申请,经批准后,方可使用场外施工临时用地。

(2)设计施工现场平面图。根据建筑总平面图、单位工程施工图、拟定的施工方案、现场地理位置和环境及政府部门的管理标准,充分考虑现场布置的科学性、合理性、可行性,设计施工总平面图、单位工程施工平面图;单位工程施工平面图应根据施工内容和分包单位的变化,设计出阶段性施工平面图,并在阶段性进度目标开始实施前,通过施工协调会议确认后实施。

(3)建立施工现场管理组织。一是项目经理全面负责施工过程中的现场管理,并建立施工项目经理部体系。二是项目经理部应由主管生产的副经理,项目技术负责人,生产技术、质量、安全、保卫、消防、材料、环保、卫生等管理人员组成。三是建立施工项目现场管理规章制度、管理标准、实施措施、监督办法和奖惩制度。四是根据工程规模、技术复杂程度和施工现场的具体情况,遵循“谁生产、谁负责”的原则,建立按专业、岗位、区片划分的施工现场管理责任制,并组织实施。五是建立现场管理例会和协调制度,通过调度工作实施的动态管理,做到经常化、制度化。

(4)建立文明施工现场。一是按照国务院及地方建设行政主管部门颁布的施工现场管理法规和规章,认真管理施工现场。二是按审核批准的施工总平面图布置管理施工现场,规范场容。三是项目经理部应对施工现场场容、文明形象管理做出总体策划和部署,分包人应在项目经理部指导和协调下,按照分区划块原则做好分包人施工用地场容、文明形象管理的规划。四是经常检查施工项目现场管理的落实情况,听取社会公众、近邻单位的意见,发现问题及时处理,不留隐患,避免再度发生,并实施奖惩。五是接受住房和城乡建设行政主管部门的考评和企业对建设工程施工现场管理的定期抽查、日常检查、考评和指导。六是加强施工现场文明建设,展示和宣传企业文化,塑造企业及项目经理部的良好形象。

(5)及时清场转移。施工结束后,应及时组织清场,向新工地转移。同时,组织剩余物资退场,拆除临时设施,清除建筑垃圾,按市容管理要求恢复临时占用土地。

任务四　电力安全生产标准化内容与要求

一、电力建设施工企业安全生产标准化内容与要求

为加强电力建设安全生产监督管理,落实《国务院关于进一步加强企业安全生产工作的通知》(国发〔2010〕23 号)、《国务院关于坚持科学发展安全发展促进安全生产形势持续稳定好转的意见》(国发〔2011〕40 号),规范电力建设施工企业安全生产标准化工作,国家能源局委托中国电力建设企业协会组织编制了《电力建设施工企业安全生产标准化规范及达标评级标准》(简称“施工企业标准”)。

施工企业标准依据《企业安全生产标准化基本规范》(AQ/T 9006—2010),结合电力建设施工企业特点编制,规定了电力建设施工企业安全生产的目标、组织机构和职责、安全生产投入、法律法规与安全管理制度、教育培训、施工设备管理、作业安全、隐患排查和治理、危险源辨识和重大危险源监控、职业健康、应急救援、事故报告调查和处理、绩效评定和持续改进等十三个方面的内容、要求及达标评级标准,规范了电力建设施工企业安全管理。

(一)施工企业标准的适用范围

适用于中华人民共和国境内从事电源(不含核岛部分)、电网建设的施工企业;适用于上述企业涉电业务范围,其他业务按国家有关规定执行。

(二)施工企业标准的术语和定义

根据《企业安全生产标准化基本规范》(AQ/T 9006—2010)中规定的术语和国家、行业现行法规、标准,结合电力项目特点制定。

1. 安全生产标准化

通过建立安全生产责任制,制定安全管理制度和操作规程,排查治理隐患和监控重大危险源,建立风险分析和预控机制,规范电力建设施工企业安全生产行为,使电力建设施工企业各环节符合有关安全生产法律法规和标准规范的要求,人、机、物、环处于良好的状态,并持续改进,不断加强电力建设施工企业安全生产规范化建设。

2. 安全绩效

安全绩效是指依据安全工作目标,在施工企业安全工作方面取得的可测量结果。

3. 相关方

相关方是指与电力建设施工企业的安全绩效相关联或受其影响的组织或个人。

4. 资源

资源是指实施安全生产标准化所需的人员、资金、设施、材料、技术和方法等。

5. 高处作业

高处作业是指凡在坠落高度基准面 2 m 以上(含 2 m)有可能坠落的高处进行的作业。

6. 受限空间

受限空间是指施工现场各种设备内部(炉、罐、仓、池、槽车、管道、烟道等)和隧道、下水道、沟、坑、井、池、涵洞、阀门间、污水处理设施等封闭、半封闭的设施及场所(地下隐蔽工程、密闭容器、长期不用的设施或通风不畅的场所等)。

在符合以下所有物理条件(同时符合以下 3 条)外,还至少存在以下危险特征之一的空间:

(1)物理条件。

——有足够的空间,让员工可以进入并进行指定的工作;

——进入和撤离受到限制,不能自如进出;

——并非设计用来给员工长时间在内工作的。

(2)危险特征。

——存在或可能产生有毒有害气体;

——存在或可能产生掩埋进入者的物料;

——内部结构可能将进入者困在其中(如内有固定设备或四壁向内倾斜收拢);

——存在已识别出的健康、安全风险。

7. 特种作业

特种作业是指容易发生事故,对操作者本人、他人的安全健康及设备、设施的安全可能造成重大危害的作业。

8. 重大危险源

重大危险源是指长期地或者临时地生产、搬运、使用或者储存危险物品,且危险物品的数量等于或者超过临界量的单元(包括场所和设施)。

9. 事故隐患

事故隐患分为一般事故隐患和重大事故隐患。

一般事故隐患,是指危害和整改难度较小,发现后能够立即整改排除的隐患。

重大事故隐患,是指危害和整改难度较大,应当全部或者局部停产停业,并经过一定时间整改治理方能排除的隐患,或者因外部因素影响致使生产经营单位自身难以排除的隐患。

(三)施工企业标准实施过程应遵守的一般要求

1. 原则

电力建设施工企业开展安全生产标准化工作,遵循"安全第一、预防为主、综合治理"的方针,建立健全安全管理机构和管理制度,以安全文明施工、危险源动态管理、隐患排查治理为基础,提高安全生产水平,防范事故,保障人身安全健康,实现电力建设施工企业安全目标。

2. 建立和保持

依据施工企业标准要求,结合企业特点,采用"策划、实施、检查、改进"动态循环的模式,通过自我检查、自我纠正和自我完善,规范安全管理和作业行为,建立并保持安全绩效持续改进的长效管理机制。

3. 评审和监督

企业应根据施工企业标准开展安全生产标准化工作,自评后按相关管理办法的要求申请评审定级。

标准化达标评级采用对照施工企业标准评分的方式,评审得分=(实得分/应得分)×100。其中,实得分为受评企业实际得分值的总和;应得分为受评企业适用项标准分值的总和。

设立加分项。企业有安全管理创新成果,且已对企业安全生产工作起到积极促进作用、效果明显、具有广泛推广价值,经评审专家组协商一致,可在实得分中加分;每项加分不超过5分,总加分不超过10分。

标准化达标评级分为一级、二级、三级,评审得分90分及以上为一级,得分80分及以上为二级,得分70分及以上为三级。

国家能源监管机构对达标评级工作进行监督管理。

4. 核心要求

施工企业安全生产标准化核心要求及评分标准共13个要素,86个考核项目,共计508条评分条款,总分1 000分,按得分率计算实际得分,应得分为:1 000-不考核项的应得分数,具体内容见施工企业标准。

5. 施工企业标准中的附录规定实施要求

施工企业标准中给出的附录与核心要求效力相同,注明"包括但不限于"时,指可根据企业自身情况,增加有关内容,但规定的要求应按标准实施。主要包括:

附录A　常规安全防护设施

附录B　施工企业应建立的安全管理制度

附录C　达到一定规模的危险性较大的分部分项工程

附录 D　超过一定规模的危险性较大的分部分项工程
附录 E　重要临时设施、重要施工工序、特殊作业、危险作业项目
附录 F　安全施工作业票
附录 G　专项应急预案
附录 H　现场应急处置方案

二、电力工程建设项目安全生产标准化内容与要求

为加强电力工程建设项目安全生产监督管理，落实《国务院关于进一步加强企业安全生产工作的通知》(国发〔2010〕23 号)、《国务院关于坚持科学发展安全发展促进安全生产形势持续稳定好转的意见》(国发 2011〕40 号)等文件精神，规范电力工程建设项目安全生产标准化工作，国家电力监管委员会委托中国电力建设企业协会组织编制了《电力工程建设项目安全生产标准化规范及达标评级标准》(简称“项目标准”)。

项目标准依据《企业安全生产标准化基本规范》(AQ/T 9006—2010)，结合电力工程建设项目的类型、特点，规定了电力工程建设项目安全生产的目标、组织机构和职责、安全生产投入、法律法规与安全管理制度、教育培训、施工设备管理、作业安全、隐患排查和治理、危险源辨识和重大危险源监控、职业健康、应急救援、事故报告调查和处理、绩效评定和持续改进等十三个方面的内容、要求及达标评级标准，规范了电力工程建设项目安全管理。

(一)项目标准的适用范围

适用于中华人民共和国境内火电、水电、输变电等电力工程建设项目，风电、光伏发电等其他电力工程建设项目参照执行。

(二)项目标准的术语和定义

与施工企业标准的术语和定义基本相同。

(三)项目标准实施过程应遵守的一般要求

1. 原则

电力工程建设项目开展安全生产标准化工作，遵循“安全第一、预防为主、综合治理”的方针，以隐患排查治理、危险源动态管理、安全文明施工为基础，提高安全生产水平，减少事故发生，保障人身安全健康，保证电力工程建设活动顺利进行。

2. 建立和保持

依据本标准要求，结合电力工程建设特点，采用“策划、实施、检查、改进”动态循环的模式，通过自我检查、自我纠正及规范安全管理和作业行为，建立并保持安全绩效持续改进的长效管理机制。

3. 评审和监督

电力工程建设项目安全生产标准化工作实行建设有关单位自主评定、外部评审的方式。

建设单位应根据项目标准组织开展电力工程建设项目安全生产标准化工作，自主评定后向电力监管机构申请外部评审定级。

标准化达标评级采用对照项目标准评分的方式，评审得分=(实得分/应得分)×100。

其中,实得分为评分项目实际得分值的总和;应得分为评分项目适用项标准分值的总和。

标准化达标评级分为一级、二级、三级,一级评审得分应大于 90 分,二级评审得分应大于 80 分,三级评审得分应大于 70 分。

国家能源监管机构对达标评级工作进行监督管理。

4. 评审时间

评审时间应为工程施工高峰期。火电工程:首台锅炉板梁吊装至系统调试阶段;水电工程:挡水建筑物完成 50%至机电设备开始安装;输变电工程:变电工程主变压器安装就位前或线路工程导地线架线前;其他电力工程建设项目可根据工程情况适时申请评审。

5. 核心要求

工程项目安全生产标准化核心要求及评分标准共 13 个要素,86 个考核项目,共计 382 条评分条款,总分 1 000 分,按得分率计算实际得分,应得分为:1 000-不考核项的应得分数,具体内容见项目标准。

(四)项目标准中的附录规定实施要求

项目标准中给出的附录与核心要求效力相同,注明“包括但不限于”时,指可根据企业自身情况,增加有关内容,但规定的要求应按标准实施。主要包括常规安全防护设施、工程建设项目应建立的安全管理制度、达到一定规模的危险性较大的分部分项工程、超过一定规模的危险性较大的分部分项工程、重要临时设施、重要施工工序、特殊作业、危险作业项目、安全施工作业票、专项应急预案、现场应急处置方案。

任务五　企业应急能力建设内容与要求

为深入贯彻落实《中华人民共和国安全生产法》《中华人民共和国突发事件应对法》及有关法律法规和规章制度,促进电力行业应急管理制度化、规范化和标准化建设,提高电力行业突发事件应对能力,落实《国家能源局综合司关于深入开展电力企业应急能力建设评估工作的通知》(国能综安全〔2016〕542 号),国家能源局电力安全监管司组织编制了《电力建设企业应急能力建设评估规范》(DL/T 1921—2018)(本任务简称为“本规范”),自 2017 年开始全面开展企业应急能力建设评估工作。

一、电力建设企业应急能力建设主要内容与要求

(一)适用范围

本规范适用于电力建设企业(包括勘测设计和施工企业)安全生产应急能力建设评估工作,电力装备制造企业可参照执行。

(二)术语和定义

1. 应急管理

为应对突发事件而采取的涵盖预防与应急准备、监测与预警、应急处置与救援、事后恢复与重建全过程的有计划、有组织、系统性的行为。

2. 应急体系

电力行业各单位充分整合和利用现有资源,在建立和完善本单位“一案三制”的基础

上,全面加强应急重要环节的建设,包括监测预警、应急指挥、应急队伍、物资保障、培训演练、科技支撑、恢复重建等。

3. 电力建设企业应急能力建设评估

以电力建设企业为评估主体,以应急能力建设和提升为目标,以应对各类突发事件的综合能力评估为手段,以全面应急管理理论为指导,构建科学合理的建设与评估指标体系,建立评估模型和完善评估方法,进行综合评估。通过评估,明确电力建设企业应急能力存在的问题和不足,不断改进和完善应急体系,提高企业应急能力。

(三)一般要求

(1)电力建设企业应建立健全应急体系,完善应急监测预警和应急响应机制,以电力建设工程项目为重点,全面开展应急能力建设工作。

(2)电力建设企业应根据业务特点开展应急能力建设工作,内容如下:

①电力建设工程项目规划及可行性研究阶段,勘测设计单位应开展安全风险、地质灾害和涉及电力建设工程安全的重大问题分析和评估,提出安全防护措施,为施工单位应急能力建设与评估提供技术支持。

②电力建设工程实行工程总承包的,总承包单位应按照合同约定,履行建设单位对工程应急管理的责任。

③施工单位应根据电力建设工程项目的施工特点、范围,制订应急预案,对施工现场易发生事故的部位、环节进行监控;实行施工总承包的,由施工总承包单位组织分包单位开展应急管理工作,落实各项应急要求,定期开展应急演练、应急能力建设自查自评,建立与地方政府、上级单位及建设单位的协调联动机制。

(四)建设内容

电力建设企业应急能力建设应围绕预防与应急准备、监测与预警、应急处置与救援、事后恢复与重建四个方面开展。

(1)预防与应急准备能力建设应包括法规制度、应急规划与实施、应急组织体系、应急预案管理、应急培训与演练、应急队伍、应急保障能力等方面,内容如下:

①应识别、获取和更新适用的应急管理法律法规和有关要求,及时修订本企业应急管理制度,并在企业内部进行宣传、培训和落实。

②应将应急管理工作纳入企业安全发展规划,并同步实施、同步推进。

③应建立应急组织体系,明确各级人员的应急管理及应急救援职责,定期开展考核。

④应结合企业风险分析情况,根据有关标准及其他相关要求开展应急预案编制、评审、备案工作。

⑤应急管理制度应含有应急教育培训的内容,制订并实施应急教育培训计划,建立教育培训档案。

⑥应制订并实施应急演练计划,对演练过程和效果进行评估。

⑦应建立应急救援队伍,与社会救援、医疗、消防等专业应急队伍及应急协作单位建立联系。

⑧应保证应急所需资金,配置应急装备和物资,与应急协作单位建立装备和物资互助机制。

⑨建立应急联动机制，明确本单位与联动单位职责、权限和程序，加强与联动部门配合协调。

⑩应建立应急值守制度，明确值守方式、值班人员职责等。

(2)监测与预警能力建设包括监测预警能力、事件监测、预警管理等方面，内容如下：

①应建立分级负责的常态监测网络，明确各级、各专业部门的监测职责和范围；与上级主管单位、政府有关部门和专业机构建立联络机制。

②应建立突发事件预警机制，明确预警的具体条件、方式方法和信息发布程序，根据事态发展调整预警级别并重新发布或解除。

(3)应急处置与救援能力建设包括先期处置、应急指挥、应急启动、现场救援、信息报送、信息发布、调整与结束等方面，内容如下：

①突发事件发生时，现场人员应第一时间进行先期处置，防止事故扩大，重点做好人员的自救和互救工作，及时报送信息。

②应急领导机构确定应急响应级别，启动应急响应；应急指挥机构按照相应的应急预案、处置方案，开展应急救援，做好现场监测，保证现场处置人员安全，防止次生灾害。

③及时向政府有关部门和上级单位报送信息。

④按预案规定调整或解除应急响应。

(4)事后恢复与重建能力建设包括后期处置、应急处置评估、恢复重建等方面，内容如下：

①应开展突发事件原因调查和分析并统计事件造成的各项损失。

②应对现场处置工作进行总结，落实应急处置评估报告有关建议和要求，改进应急管理工作。

③应制订临时过渡措施和整改计划，针对设备、设施和施工现场存在的隐患，及时落实专项治理资金，制定整改措施，合理安排进度，确保安全、高效地实施整改。

④应结合事件调查分析结果，查找存在的问题，修改相关工作规划，制订建设方案，实施建设。

二、电力建设企业应急能力建设评估方法与要求

(1)应急能力评估内容依据应急能力建设内容，按照本规范附录 A 和附录 B 中的评分标准打分，各电力建设企业可根据本规范开展自评估。

(2)应急能力评估以静态评估为主，动态评估为辅。

(3)评估范围包括企业及其所承揽的工程项目，项目现场采取抽查方式，抽查个数应不少于 2 个，且覆盖主要业务范围。

(4)静态评估：

①静态评估的方法包括资料检查、现场勘查等。

②检查资料应包括应急规章制度、应急预案，以往突发事件处置、应急演练等相关资料和数据信息；现场勘查对象应包括应急装备、物资、信息系统等。

(5)动态评估。

动态评估的方法包括访谈、考问、考试、模拟演练等。

①访谈。

访谈对象为企业应急领导机构负责人，了解其对本岗位应急工作职责、企业综合预案内容、预警、响应流程的熟悉程度等。

②考问。

考问对象为部门负责人、管理人员、一线员工，抽选上述人员时应做到覆盖安全生产的重点岗位，主要评估其对本岗位应急工作职责、应急基本常识、关键的逃生路线、自保自救手段和措施、相关预案等的内容以及国家相关法律法规等的了解程度。

③考试。

考试对象为管理人员、一线员工，抽选上述人员时应做到覆盖安全生产的重点岗位，主要评估其对应急管理应知应会内容的掌握程度。

④模拟演练。

模拟演练主要针对应急领导机构负责人、部门负责人、一线员工，分别按相应职责评估其对监测预警、应急启动、应急响应、指挥协调、事件处置、舆论引导和信息发布、现场处置措施等应急响应及处置工作流程、技能的掌握程度。

(6)标准分设置。

①静态分值。

静态评估总分 1 000 分，其中一级评估指标中预防与应急准备标准分 500 分(占 50%)，监测与预警标准分 100 分(占 10%)，应急处置与救援标准分 300 分(占 30%)，事后恢复与重建标准分 100 分(占 10%)。

②动态分值。

本规范动态评估总分 200 分，其中访谈部分 10 分(占 5%)，考问部分 40 分(占 20%)，考试部分 50 分(占 25%)，模拟演练 100 分(占 50%)。

(7)评估得分。

①综合得分=(实得分/应得分)×100。

实得分为静态评估和动态评估实得分之和。

应得分为静态评估应得分和动态评估应得分之和。

②评估时应依据评分标准进行打分，然后逐级汇总，并形成实得分，换算成综合得分。同一企业不同部门或单位(项目部)出现同一问题不重复扣分，单项分扣完为止；访谈、考问、考试人数多于 1 人时，应取平均分。

(8)评估等级。

根据评估综合得分分数，评估等级分为优良、合格、不合格。

优良：综合得分≥90 分；

合格：70 分≤综合得分<90 分；

不合格：综合得分<70 分。

【课程思政】　什么是电力市场？

电力市场是电价、电力系统、负荷管理、合作式的供电用电、通信和计算机系统的总和，是电力工业经营(包括运行与发展、内部与社会)管理与技术的综合体。它的基本特点是采用法律、经济手段,本着公平竞争、自愿互利的原则,对电力系统运行进行组织、管理和协调。电力市场区别于普通商品市场的地方,在于电力市场要对电力系统的安全稳定运行负责,因此电力市场在强调竞争的同时,也不能忽略协作的重要性。电力市场按我国电力企业的组成情况,大致可分为电建市场、发电市场、输配电市场、供电市场和电力消费市场几类。

习 题

扫以下二维码,做相关习题。

第二部分 岗位知识

项目四 配电线路工程相关规定和标准

任务一 施工现场安全生产的管理规定

一、施工作业人员安全生产权利和义务的规定

《中华人民共和国安全生产法》(简称《安全生产法》)规定,生产经营单位必须遵守本法和其他有关安全生产的法律、法规,加强安全生产管理,建立健全全员安全生产责任制和安全生产规章制度,改善安全生产条件,加强安全生产标准化、信息化建设,提高安全生产水平,确保安全生产。

生产经营单位的从业人员有依法获得安全生产保障的权利,并应当依法履行安全生产方面的义务。

生产经营单位与从业人员订立的劳动合同,应当载明有关保障从业人员劳动安全、防止职业危害的事项,以及依法为从业人员办理工伤保险的事项。

生产经营单位不得以任何形式与从业人员订立协议,免除或者减轻其对从业人员因生产安全事故伤亡依法应承担的责任。

(一)施工作业人员安全生产权利

按照《安全生产法》的规定,施工作业人员主要享有如下安全生产权利。

1. 施工作业人员的知情权和建议权

施工作业人员是施工单位和施工生产活动的主体。充分发挥施工人员在企业中的主人翁作用,是搞好施工安全生产的重要保障。因此,施工作业人员对施工安全生产拥有知情权,并享有改进安全生产工作的建议权。

《安全生产法》规定,生产经营单位的从业人员有权了解其作业场所和工作岗位存在的危险因素、防范措施及事故应急措施,有权对本单位的安全生产工作提出建议。

2. 批评、检举、控告及拒绝违章指挥权

《安全生产法》规定,从业人员有权对本单位安全生产工作中存在的问题提出批评、

检举、控告;有权拒绝违章指挥和强令冒险作业。

生产经营单位不得因从业人员对本单位安全生产工作提出批评、检举、控告或者拒绝违章指挥、强令冒险作业而降低其工资、福利等待遇或者解除与其订立的劳动合同。

违章指挥和强令施工作业人员冒险作业,是强迫施工作业人员违反法律、法规或者规章制度、操作规程进行作业的行为。法律赋予施工作业人员有权拒绝违章指挥和强令冒险作业的权利,是为了保护施工作业人员的人身安全,也为了警示施工单位负责人和现场管理人员须按照规章制度和操作规程进行指挥,并不得对拒绝违章指挥和强令冒险作业的人员进行打击报复。

3. 紧急避险权

施工作业人员在施工作业过程中有可能会突然遇到直接危及人身安全的紧急情况,此时,如果不停止作业或者撤离作业场所,就极有可能造成重大的人身伤亡。施工作业人员发现直接危及人身安全的紧急情况,如果继续作业很有可能会发生重大事故(如矿井内瓦斯浓度严重超标),有权停止作业;或者事故马上就要发生,不撤离作业场所就会造成重大伤亡,可以在采取可能的应急措施后撤离作业场所。

《安全生产法》规定,从业人员发现直接危及人身安全的紧急情况时,有权停止作业或者在采取可能的应急措施后撤离作业场所。

生产经营单位不得因从业人员在前款紧急情况下停止作业或者采取紧急撤离措施而降低其工资、福利等待遇或者解除与其订立的劳动合同。

4. 享有工伤保险和意外伤害赔偿的权利

发生生产安全事故,施工单位对事故的发生负有责任的,施工人员根据《中华人民共和国社会保险法》《工伤保险条例》的有关规定除享有工伤保险外,还可以依照《中华人民共和国民法典》有权向本单位提出赔偿要求。

《安全生产法》规定,因生产安全事故受到损害的从业人员,除依法享有工伤保险外,依照有关民事法律尚有获得赔偿的权利的,有权向本单位提出赔偿要求。

(二)施工作业人员安全生产义务

按照《安全生产法》等法律、行政法规的规定,施工作业人员应当履行如下安全生产义务。

1. 守法遵章和正确使用劳动防护用品的义务

施工单位要依法保障施工人员的安全,施工作业人员在作业过程中,也必须依法遵守有关的规章制度,做到不违章作业。

《安全生产法》规定,从业人员在作业过程中,应当严格落实岗位安全责任,遵守本单位的安全生产规章制度和操作规程,服从管理,正确佩戴和使用劳动防护用品。

2. 接受安全生产教育和培训的义务

施工作业过程的复杂性和多样性决定了安全生产知识和安全生产技能的复杂性和多样性。施工作业人员应当通过安全生产教育和培训,掌握本职工作所需要的安全生产知识,提高安全生产技能,增强事故预防和应急处理能力。这是现代社会从业人员应当具备的基本素质。

《安全生产法》规定,从业人员应当接受安全生产教育和培训,掌握本职工作所需的安全生产知识,提高安全生产技能,增强事故预防和应急处理能力。

3. 及时报告事故隐患或者其他不安全因素的义务

施工安全通常都是由事故隐患或者其他不安全因素造成的。因此,施工作业人员一旦发现事故隐患或者其他不安全因素,应当立即报告,以便及时采取措施,防患于未然。

《安全生产法》规定,从业人员发现事故隐患或者其他不安全因素,应当立即向现场安全生产管理人员或者本单位负责人报告;接到报告的人员应当及时予以处理。

二、配电作业人员资格的有关规定

(1)年满十八周岁。

(2)身体健康,无妨碍从事本职工作的病症和生理缺陷。

(3)具备必要的安全生产知识,会紧急救护法。

(4)配电作业人员基本条件规定:接受相应的安全生产知识教育和岗位技能培训,掌握配电作业必备的电气知识和业务技能,并按工作性质,熟悉《国家电网公司电力安全工作规程(配电部分)》(试行)的相关内容,经考试合格后上岗。

三、保证安全的组织、技术措施的有关规定

(一)保证安全的组织措施

(1)工作票制度。

(2)操作票制度。

(3)工作许可证制度。

(4)工作监护制度。

(5)工作间断转移和终结制度。

(二)保证安全的技术措施

(1)停电。

(2)验电。

(3)装设接地线。

(4)悬挂标识牌和装设遮栏。

四、配电线路运行和维护的有关规定

(1)线路的运行维护工作,应贯彻安全第一、预防为主的方针。应加强对线路的巡视检查,认真进行定期检修,以保证线路的安全运行。

(2)每条线路明确维护界限,明确与发电厂、变电站或相邻维护部门的分界点,不得出现空白区。

(3)建立专责制,专人定期巡视,分析运行中出现的异常情况,提出预防措施。

五、架空配电线路工作的有关规定

(一)坑洞开挖

(1)挖坑前,应与有关地下管道、电缆等设施的主管单位取得联系,明确地下设施的确切位置,做好防护措施。

(2)挖坑时,应及时清除坑口附近浮土、石块,路面铺设材料和泥土应分别堆置,在堆置物堆起的斜坡上不得放置工具、材料等器物。

(3)在超过 1.5 m 深的基坑内作业时,向坑外抛掷土石应防止土石回落坑内,并做好防止土层塌方的临边防护措施。

(4)在土质松软处挖坑,应有防止塌方措施,如加挡板、撑木等。不得站在挡板、撑木上传递土石或放置传土工具。禁止由下部掏挖土层。

(5)在下水道、煤气管线、潮湿地、垃圾堆或有腐质物等附近挖坑时,应设监护人。在挖深超过 2 m 的坑内工作时,应采取安全措施,如戴防毒面具、向坑中送风和持续检测等。监护人应密切注意挖坑人员,防止煤气、硫化氢等有毒气体中毒及沼气等可燃气体爆炸。

(6)在居民区及交通道路附近开挖的基坑,应设坑盖或可靠遮栏,加挂警告标识牌,夜间挂红灯。

(7)塔脚检查,在不影响铁塔稳定的情况下,可以在对角线的两个塔脚同时挖坑。

(8)杆塔基础附近开挖时,应随时检查杆塔稳定性。若开挖影响杆塔的稳定性,应在开挖的反方向加装临时拉线,开挖基坑未回填时禁止拆除临时拉线。

(9)变压器台架的木杆打帮桩时,相邻两杆不得同时挖坑。承力杆打帮桩挖坑时,应采取防止倒杆的措施。使用铁钎时,应注意上方导线。

(二)杆塔上作业

(1)登杆塔前,应做好以下工作:

①核对线路名称和杆号。

②检查杆根、基础和拉线是否牢固。

③检查杆塔上是否有影响攀登的附属物。

④遇有冲刷、起土、上拔或导地线、拉线松动的杆塔,应先培土加固、打好临时拉线或支好架杆。

⑤检查登高工具、设施(如脚扣、升降板、安全带、梯子和脚钉、爬梯、防坠装置等)是否完整牢靠。

⑥攀登有覆冰、积雪、积霜、雨水的杆塔时,应采取防滑措施。

⑦攀登过程中应检查横向裂纹和金具锈蚀情况。

(2)杆塔作业应禁止以下行为:

①攀登杆基未完全牢固或未做好临时拉线的新立杆塔。

②携带器材登杆或在杆塔上移位。

③利用绳索、拉线上下杆塔或顺杆下滑。

(3)塔上作业应注意以下安全事项:

①作业人员攀登杆塔、杆塔上移位及杆塔上作业时，手扶的构件应牢固，不得失去安全保护，并有防止安全带从杆顶脱出或被锋利物损坏的措施。

②在杆塔上作业时，宜使用有后备保护绳或速差自锁器的双控背带式安全带，安全带和保护绳应分挂在杆塔不同部位的牢固构件上。

③上横担前，应检查横担腐蚀情况、联结是否牢固，检查时安全带(绳)应系在主杆或牢固的构件上。

④在人员密集或有人员通过的地段进行杆塔上作业时，作业点下方应按坠落半径设围栏或其他保护措施。

⑤杆塔上作业时不得从事与工作无关的活动。

(4)在杆塔上使用梯子或临时工作平台，应将两端与固定物可靠连接，一般应由一人在其上作业。

(5)雷电时，禁止线路杆塔上作业。

杆塔上下无法避免垂直交叉作业时，应做好防落物伤人的措施，作业时要相互照应，密切配合。

(三)杆塔施工

(1)立、撤杆应设专人统一指挥。开工前，应交代施工方法、指挥信号和安全措施。

(2)居民区和交通道路附近立、撤杆，应设警戒范围或警告标志，并派人看守。

(3)立、撤杆塔时，禁止基坑内有人。除指挥人及指定人员外，其他人员应在杆塔高度的1.2倍距离以外。

(4)顶杆及叉杆只能用于竖立8 m以下的拔梢杆，不得用铁锹、木桩等代用；立杆前，应开好“马道”；作业人员应均匀分布在电杆两侧。

(5)立杆及修整杆坑，应采用拉绳、叉杆等控制杆身倾斜、滚动。

(6)使用临时拉线的安全要求：

①不得利用树木或外露岩石作受力桩。

②一个锚桩上的临时拉线不得超过两根。

③临时拉线不得固定在有可能移动或其他不可靠的物体上。

④临时拉线绑扎工作应由有经验的人员担任。

⑤临时拉线应在永久拉线全部安装完毕承力后方可拆除。

⑥杆塔施工过程需要采用临时拉线过夜时，应对临时拉线采取加固和防盗措施。

(7)利用已有杆塔立、撤杆，应检查杆塔根部及拉线和杆塔的强度，必要时应增设临时拉线或采取其他补强措施。

(8)使用吊车立、撤杆塔，钢丝绳套应挂在电杆的适当位置以防止电杆突然倾倒。撤杆时，应先检查有无卡盘或障碍物并试拔。

(9)使用倒落式抱杆立、撤杆，主牵引绳、尾绳、杆塔中心及抱杆顶应在一条直线上，抱杆下端部应固定牢固，抱杆顶部应设临时拉线，并由有经验的人员均匀调节控制。抱杆应受力均匀，两侧缆风绳应拉好，不得左右倾斜。

(10)使用固定式抱杆立、撤杆，抱杆基础应平整坚实，缆风绳应分布合理、受力均匀。

(11)整体立、撤杆塔前,应全面检查各受力、联结部位情况,全部满足要求方可起吊。

(12)在带电线路、设备附近立、撤杆塔,杆塔、拉线、临时拉线、起重设备、起重绳索应与带电线路、设备保持表4-1所规定的安全距离,且应有防止立、撤杆过程中拉线跳动和杆塔倾斜接近带电导线的措施。

表4-1 与架空输电线及其他带电体的最小安全距离

电压/kV	<1	10、20	35、66	110	220	330	500
最小安全距离/m	1.5	2.0	4.0	5.0	6.0	7.0	8.5

(13)已经立起的杆塔,回填夯实后方可撤去拉绳及叉杆。

(14)杆塔检修(施工)应注意以下安全事项:

①不得随意拆除未采取补强措施的受力构件。

②调整杆塔倾斜、弯曲、拉线受力不均时,应根据需要设置临时拉线及其调节范围,并应有专人统一指挥。

③杆塔上有人时,禁止调整或拆除拉线。

(四)放线、紧线与撤线

(1)放线、紧线与撤线工作均应有专人指挥、统一信号,并做到通信畅通、加强监护。

(2)交叉跨越各种线路、铁路、公路、河流等地方放线、撤线,应先取得有关主管部门同意,做好跨越架搭设、封航、封路、在路口设专人持信号旗看守等安全措施。

(3)工作前应检查确认放线、紧线与撤线工具及设备符合要求。

(4)放线、紧线前,应检查确认导线无障碍物挂住,导线与牵引绳的连接应可靠,线盘架应稳固可靠、转动灵活、制动可靠。

(5)紧线、撤线前,应检查拉线、桩锚及杆塔。必要时,应加固桩锚或增设临时拉线。拆除杆上导线前,应检查杆根,做好防止倒杆措施,在挖坑前应先绑好拉绳。

(6)放线、紧线时,遇接线管或接线头过滑轮、横担、树枝、房屋等处有卡、挂现象,应松线后处理。处理时操作人员应站在卡线处外侧,采用工具、大绳等撬、拉导线。禁止用手直接拉、推导线。

(7)放线、紧线与撤线时,作业人员不应站在或跨在已受力的牵引绳、导线的内角侧,展放的导线圈内及牵引绳或架空线的垂直下方。

(8)放线、撤线应有人监护,注意与高压导线的安全距离,并采取措施防止与低压带电线路接触。

(9)禁止采用突然剪断导线的做法松线。

(10)采用以旧线带新线的方式施工,应检查确认旧导线完好牢固;若放线通道中有带电线路和带电设备,应与之保持安全距离,无法保证安全距离时应采取搭设跨越架等措施或停电。牵引过程中应安排专人跟踪新旧导线连接点,发现问题立即通知停止牵引。

(11)在交通道口采取无跨越架施工时,应采取措施防止车辆剐碰施工线路。

(五)高压架空绝缘导线工作

(1)架空绝缘导线不得视为绝缘设备,作业人员或非绝缘工器具、材料不得直接接触或接近。架空绝缘导线与裸导线线路的作业安全要求相同。

(2)禁止作业人员穿越未停电接地或未采取隔离措施的绝缘导线进行工作。

(3)在停电检修作业中,开断或接入绝缘导线前,应做好防感应电的安全措施。

(六)邻近带电导线的工作

(1)在带电杆塔上进行测量、防腐、巡视检查、紧杆塔螺栓、清除杆塔上异物等工作,作业人员活动范围及其所携带的工具、材料等与带电导线最小距离不得小于表4-2的规定。若不能保持表4-2要求的距离时,应按照带电作业或停电进行。

表4-2 高压线路、设备不停电时的安全距离

电压等级/kV	安全距离/m	电压等级/kV	安全距离/m
10及以下	0.7	330	4.0
20、35	1.0	500	5.0
66、110	1.5	750	8.0
220	3.0	1 000	9.5
±50	1.5	±660	9.0
±400	7.2	±800	10.1
±500	6.8		

注:表中未列电压应选用高一电压等级的安全距离。750 kV数据按海拔2 000 m校正,±400 kV数据按海拔3 000 m地区和海拔5 300 m校正,其他电压等级数据按海拔1 000 m校正。

(2)工作中,应使用绝缘无极绳索,风力应小于5级,并设人监护。

(3)若停电检修的线路与另一回带电线路交叉或接近,并导致工作时人员和工器具可能和另一回线路接触或接近至表4-3安全距离以内,则另一回线路也应停电并接地。若交叉或邻近的线路无法停电,应遵守(4)~(7)条的规定。工作中应采取防止损伤另一回线路的措施。

表4-3 邻近或交叉其他高压电力线工作的安全距离

电压等级/kV	安全距离/m	电压等级/kV	安全距离/m
10及以下	1.0	330	5.0
20、35	2.5	500	6.0
66、110	3.0	750	9.0
220	4.0	1 000	10.5
±50	3.0	±660	10.0
±400	8.2	±800	11.1
±500	7.8		

(4)邻近带电线路工作时,人体、导线、施工机具等与带电线路的距离应满足表4-3规定,作业的导线应在工作地点接地,绞车等牵引工具应接地。

(5)在带电线路下方进行交叉跨越档内松紧、降低或架设导线的检修及施工,应采取防止导线跳动或过牵引与带电线路接近至表4-3安全距离的措施。

(6)停电检修的线路若在另一回线路的上面,而又必须在该线路不停电情况下进行放松或架设导线、更换绝缘子等工作,应采取作业人员充分讨论后经批准执行的安全措施。措施应能保证:

①检修线路的导、地线牵引绳索等与带电线路的导线应保持表4-3规定的安全距离。

②要有防止导、地线脱落、滑跑的后备保护措施。

(7)与带电线路平行、邻近或交叉跨越的线路停电检修,应采取以下措施防止误登杆塔:

①每基杆塔上都应有线路名称、杆号。

②经核对停电检修线路的名称、杆号无误,验明线路确已停电并挂好地线后,工作负责人方可宣布开始工作。

③在该段线路上工作,作业人员登杆塔前应核对停电检修线路的名称、杆号无误,并设专人监护,方可攀登。

(七)同杆(塔)架设多回线路中部分线路停电的工作

(1)工作票中应填写多回线路中每回线路的双重称号(线路名称和位置称号)。

(2)工作负责人在接受许可开始工作的命令前,应与工作许可人核对停电线路双重称号无误。

(3)禁止在有同杆(塔)架设的10(20)kV及以下线路带电情况下,进行另一回线路的停电施工作业。

(4)在同杆(塔)架设的10(20)kV及以下线路带电情况下,当满足表4-3规定的安全距离且采取可靠防止人身安全措施的情况下,方可进行下层线路的登杆停电检修工作。

(5)为防止误登有电线路,应采取以下措施:

①每基杆塔应设识别标记(色标、判别标志等)和线路名称、杆号。

②工作前应发给作业人员相对应线路的识别标记。

③经核对停电检修线路的识别标记和线路名称、杆号无误,验明线路确已停电并挂好接地线后,工作负责人方可宣布开始工作。

④作业人员登杆塔前应核对停电检修线路的识别标记和线路名称、杆号无误后,方可攀登。

⑤登杆塔和在杆塔上工作时,每基杆塔都应设专人监护。

(6)在带电导线附近使用绑线时,应在下面绕成小盘再带上杆塔。禁止在杆塔上卷绕或放开绑线。

六、配电设备工作的有关规定

在高压配电室、箱式变电站、配电变压器台架上进行工作，不论线路是否停电，应先拉开低压侧刀闸，后拉开高压侧隔离开关(刀闸)或跌落式熔断器，在停电的高、低压引线上验电、接地。以上操作可不使用操作票，在工作负责人监护下进行。

(1)作业前检查双电源和有自备电源的用户已采取机械或电气联锁等防反送电的强制性技术措施。在双电源和有自备电源的用户线路的高压系统接入点，应有明显断开点，以防止停电作业时用户设备反送电。

(2)环网柜、电缆分支箱等箱式设备宜设置验电、接地装置。进行配电设备停电作业前，应断开可能送电到待检修设备、配电变压器各侧的所有线路(包括用户线路)断路器(开关)、隔离开关(刀闸)和熔断器，并验电、接地后，才能进行工作。

(3)两台及以上配电变压器低压侧共用一个接地引下线时，其中任一台配电变压器停电检修，其他配电变压器也应停电。配电设备验电时，应戴绝缘手套。如无法直接验电，可以按验电的有关规定进行间接验电。

(4)进行电容器停电工作时，应先断开电源，将电容器充分放电、接地后才能进行工作。

(5)配电设备接地电阻不合格时，应戴绝缘手套方可接触箱体。配电设备应有防误闭锁装置，防误闭锁装置不准随意退出运行。

(6)倒闸操作过程中禁止解锁。如需解锁，应履行批准手续。解锁工具(钥匙)使用后应及时封存。

(7)配电设备中使用的普通型电缆接头，禁止带电插拔。可带电插拔的肘型电缆接头，不宜带负荷操作。

七、低压电气工作的有关规定

(1)低压电气带电作业应戴手套、护目镜，并保持对地绝缘。

(2)低压配电网中的开断设备应易于操作，并有明显的开断指示。

(3)低压电气工作前，应用低压验电器或测电笔检验检修设备、金属外壳和相邻设备是否有电。

(4)低压电气工作，应采取措施防止误入相邻间隔、误碰相邻带电部分。

(5)低压电气工作时，拆开的引线、断开的线头应采取绝缘包裹等遮蔽措施。

(6)低压电气带电工作，应采取绝缘隔离措施防止相间短路和单项接地。

(7)低压电气带电工作时，作业范围内电气回路的剩余电流动作保护装置应投入运行。

(8)低压电气带电工作的工具应有绝缘柄，其外裸露的导电部位应采取绝缘包裹措施；禁止使用锉刀、金属尺和带有金属物的毛刺、毛掸等工具。

(9)所有未接地或未采取绝缘遮蔽、断开点加锁挂牌等可靠措施隔绝电源的低压线路和设备应视为带电。未经验明确无电压，禁止触碰导体的裸露部分。

(10)不填写工作票的低压电气工作可单人进行。

八、带电作业的有关规定

《电力安全工作规程》关于带电作业的规定适用于在海拔 1 000 m 及以下交流 10~1 000 kV、直流±500~±800 kV(750 kV 为海拔 2 000 m 及以下值)的高压架空电力线路、变电站(发电厂)电气设备上,采用等电位、中间电位和地电位方式进行的带电作业,以及低压带电作业。

在海拔 1 000 m 以上(750 kV 为海拔 2 000 m 以上)带电作业时,应根据作业区不同海拔高度,修正各类空气与固体绝缘的安全距离和长度、绝缘子片数等,并编制带电作业现场安全规程,经本单位分管生产领导(总工程师)批准后执行。

(1)带电作业应在良好天气下进行。如遇雷电(听见雷声、看见闪电)、雪、雹、雨、雾等,不准进行带电作业。风力大于 5 级,或湿度大于 80%时,一般不宜进行带电作业。

(2)在特殊情况下,必须在恶劣天气进行带电抢修时,应组织有关人员充分讨论并编制必要的安全措施,经本单位分管生产领导(总工程师)批准后方可进行。

(3)对于比较复杂、难度较大的带电作业新项目和研制的新工具,应进行科学试验,确认安全可靠,编出操作工艺方案和安全措施,并经本单位分管生产领导(总工程师)批准后,方可进行和使用。

(4)参加带电作业的人员,应经专门培训,并经考试合格取得资格、单位书面批准后,方能参加相应的作业。带电作业工作票签发人和工作负责人、专责监护人应由具有带电作业资格、带电作业实践经验的人员担任。

(5)带电作业应设专责监护人。监护人不准直接操作。监护的范围不准超过一个作业点。复杂或高杆塔作业必要时应增设(塔上)监护人。

(6)带电作业工作票签发人或工作负责人认为有必要时,应组织有经验的人员到现场勘察,根据勘察结果作出能否进行带电作业的判断,并确定作业方法和所需工具及应采取的措施。

(7)带电作业有下列情况之一者,应停用重合闸或直流再启动保护,并不准强送电。

①中性点有效接地的系统中有可能引起单相接地的作业。

②中性点非有效接地的系统中有可能引起相间短路的作业。

③直流线路中有可能引起单极接地或极间短路的作业。

④工作票签发人或工作负责人认为需要停用重合闸或直流再启动保护的作业。

(8)禁止约时停用或恢复重合闸及直流再启动保护。

(9)带电作业工作负责人在带电作业工作开始前,应与值班调度员联系。需要停用重合闸或直流再启动保护的作业和带电断、接引线应由值班调度员履行许可手续。带电作业结束后应及时向调度值班员汇报。

(10)在带电作业过程中如设备突然停电,作业人员应视设备仍然带电。工作负责人应尽快与调度联系,值班调度员未与工作负责人取得联系前不准强送电。

(11)带电作业工具应绝缘良好、连接牢固、转动灵活,并按厂家使用说明书、现场操作规程正确使用。

九、二次系统工作的有关规定

(1)根据工作情况按规定填用第一、二种工作票或二次工作安全措施票。

(2)在现场工作过程中,凡遇到异常情况(如直流接地)或开关跳闸,不论与本身工作是否有关,应立即停止工作,保持现状,待查明原因,确定与本工作无关时方可继续工作。若是由本身工作引起的,应保留现场并立即通知运行人员,以便及时处理。

(3)在全部或部分带电的运行屏(柜)上进行工作时,应将检修设备与运行设备前后以明显的标志隔开。

(4)在做传动试验或一次通电时,以及二次回路通电或耐压试验前,都应通知运行人员和有关人员。前者由工作负责人或由他指派专人到现场监视方可进行;后者也要派人到现场看守,检查二次回路及一次设备上确无人工作后方可加压。

(5)二次工作人员,不准对运行中的设备、信号系统、保护压板进行操作,但在取得运行人员许可并在检修工作盘两侧开关把手上采取防误操作措施后,可拉合检修开关。

十、高压试验与测量工作的有关规定

(一)高压试验人员应具备的条件

(1)经过专业培训,具有高压试验专业知识;熟悉试验设备和试品,熟悉《电力安全工作规程　高压试验室部分》(GB 26861—2011)及《电力安全工作规程　发电厂和变电站电气部分》(GB 26860—2011)、《电力安全工作规程　电力线路部分》(GB 26859—2011)的有关部分,并经考试合格。新参加高压试验的实习人员,必须经过安全技术知识教育并经考试合格,在监护下参加指定的高压试验工作,但不得担任工作负责人和监护人。高压试验人员应每年进行一次考试。

(2)身体健康,无妨碍工作的病症。

(3)学会紧急救护法,特别要学会触电急救法。

(4)了解消防的一般知识,会使用试验室消防设施。

(二)高压试验室应具备的安全条件

(1)高压试验室必须有良好的接地系统,以保证高压试验测量准确度和人身安全。接地电阻不超过0.5 Ω。试验设备的接地点与被试设备的接地点之间应有可靠的金属性连接。试验室(场)内所有的金属架构,固定的金属安全屏蔽遮(栅)栏均必须与接地网有牢固的连接。接地点应有明显可见的标志。为了保证接地系统始终处于完好状态,每5年应测量一次接地电阻,测量接地点的通断状态,对接地线和接地点的连接进行一次检查。

(2)试验室应保持光线充足,门窗严密,通风设施完备。通往试区的门与试验电源应有联锁装置,当通往试区的门打开时,应发出报警信号,并使试验电源跳闸。户外试验场宜有电源开关紧急按钮,以便在发生危急情况时可迅速切断电源。

(3)试验室内地面平整,留有符合要求、标志清晰的通道。室内布置整洁,不许随意堆放杂物。试验室周围应有消防通道,并保证畅通无阻。

(4)高压试验室应按规定设置安全遮拦、标识牌、安全信号灯及警铃,控制室应铺橡胶绝缘垫。

(5)根据试验室的性质和需要,配备相应的安全工器具,防毒、防射线、防烫伤的防护用品及防爆和消防安全设施,配备应急照明电源。

(6)试验设备应保持良好状态,发现缺陷及时处理,并应做好缺陷及处理记录。不准试验设备带缺陷强行投入试验。试验室的高、低压配电装置应符合有关标准,定期维修,安全可靠。

(7)高压试验室的试验人员到发电厂、供电局或其他生产单位进行高压试验时,除执行《电力安全工作规程　高压试验室部分》(GB 26861—2011)外,还应执行有关单位的现场规程。

(8)高压试验室必须加强技术管理,建立完备的技术档案。每次试验对试验全过程都应有完整、详细的记录,对试验结果必须进行全面综合分析,作出结论,并提出试验报告。大型试验设备的调试、运行、缺陷、维修等也应有完整的记录。

(9)对易燃易爆或放电后可能产生毒性物质的设备应作好防火、防爆、防毒措施。

十一、电力电缆工作的有关规定

(1)填用电力电缆第一种工作票的工作应经调度的许可,填用电力电缆第二种工作票的工作可不经调度的许可。持线路或电缆工作票进入变电站进行架空线路、电缆等工作,都应经当值运行人员许可。还应增加工作票的份数,工作负责人应将其中一份交变电站工作许可人许可工作。

(2)电缆沟盖板开启后,应自然通风一段时间后方可下沟工作。

(3)使用携带型火炉或喷灯时,火焰与带电部分的距离:10 kV 及以下者不得小于1.5 m;以上者不得小于3 m。不得在带电导线、带电设备、变压器、油开关附近及电缆夹层、沟洞内对火炉或喷灯加油或点火。

十二、机具及安全工器具使用、检查、保管和试验的有关规定

(一)一般规定

(1)施工机具和安全工器具应统一编号,专人保管。入库、出库、使用前应进行检查。禁止使用损坏、变形、有故障等不合格的施工机具和安全工器具。机具的各种监测仪表及制动器、限位器、安全阀、闭锁机构等安全装置应齐全、完好。

(2)自制或改装和主要部件更换或检修后的机具,应按《架空输电线路施工机具基本技术要求》(DL/T 875—2016)的规定进行试验,经鉴定合格后方可使用。

(3)机具应由了解其性能并熟悉使用知识的人员操作和使用。机具应按出厂说明书和铭牌的规定使用。

(4)起重机械的操作和维护应遵守《起重机械安全规程　第1部分:总则》(GB/T 6067.1—2010)。

(二)施工机具的使用要求

1.各类绞磨和卷扬机

(1)绞磨应放置平稳,锚固应可靠,受力前方不得有人。锚固绳应有防滑动措施。

(2)牵引绳应从卷筒下方卷入,排列整齐,并与卷筒垂直,在卷筒上不得少于5圈(卷扬机不得少于3圈)。钢绞线不得进入卷筒。导向滑车应对正卷筒中心。滑车与卷筒的距离:光面卷筒不应小于卷筒长度的20倍,有槽卷筒不应小于卷筒长度的15倍。

(3)人力绞磨架上固定磨轴的活动挡板应装在不受力的一侧,严禁反装。人力推磨时推磨人员应同时用力。绞磨受力时人员不得离开磨杠,防止飞磨伤人。作业完毕应取出磨杠。拉磨尾绳不应少于2人,应站在锚桩后面,且不得在绳圈内。绞磨受力时,不得用松尾绳的方法卸荷。

(4)拖拉机绞磨两轮胎应在同一水平面上,前后支架应受力平衡。严禁带拖斗牵引。拖拉机头牵引的绞磨应与牵引绳的最近转向点保持5 m以上的距离。

2. 抱杆

(1)选用抱杆应经过计算或负荷校核。独立抱杆至少应有4根拉绳,人字抱杆应有2根拉绳。所有拉绳均应固定在牢固的地锚上,必要时经校验合格。

(2)抱杆有下列情况之一者严禁使用:

①圆木抱杆:木质腐朽、损伤严重或弯曲过大。

②金属抱杆:整体弯曲超过杆长的1/600。局部弯曲严重、磕瘪变形、表面严重腐蚀、裂纹或脱焊。

③抱杆脱帽环表面有裂纹或螺纹变形。

3. 导线联结网套

导线穿入联结网套应到位,网套夹持导线的长度不得少于导线直径的30倍。网套末端应以铁丝绑扎不少于20圈。

4. 双钩紧线器

双钩紧线器应经常润滑保养。出现换向爪失灵、螺杆无保险螺丝、表面裂纹或变形等现象时严禁使用。紧线器受力后应至少保留1/5有效丝杆长度。

5. 卡线器

卡线器的规格、材质应与线材的规格、材质相匹配。卡线器有裂纹、弯曲、转轴不灵活或钳口斜纹磨平等缺陷时应予报废。

6. 放线架

放线架支撑在坚实的地面上,松软地面应采取加固措施。放线轴与导线伸展方向应形成垂直角度。

7. 地锚

地锚的分布和埋设深度,应根据其作用和现场的土质设置。

8. 链条葫芦

(1)使用前应检查吊钩、链条、转动装置及刹车装置,吊钩、链轮或倒卡变化及链条磨损达直径的15%者严禁使用。刹车片严禁沾染油脂。

(2)操作时,手拉链或扳手的拉动方向应与链轮槽方向一致,不得斜拉硬扳,操作人员不得站在葫芦正下方。葫芦的起重链不得打扭,并不得拆成单股使用。使用中如发生卡链,应将受力部位封固后方可进行检修。

(3)葫芦带负荷停留较长时间或过夜时,或扳手绑扎在起重链上,并采取保险措施。

9. 钢丝绳

(1)钢丝绳应按出厂技术数据使用。无技术数据时,应进行单丝破断力试验。

(2)钢丝绳应定期浸油,遇有下列情况之一者应予报废:

①钢丝绳的钢丝磨损或腐蚀达到原来钢丝直径的40%及以上,或钢丝绳受过严重退火或局部电弧烧伤者。

②绳芯损坏或绳股挤出。

③笼状畸形、严重扭结或弯折。

④钢丝绳压扁变形及表面起毛刺严重者。

⑤钢丝绳断丝数量不多,但断丝增加很快者。

(3)钢丝绳端部用绳卡固定连接时,绳卡压板丝绳主要受力的一边,不得正反交叉设置,绳卡间距不得小于钢丝绳直径的6倍,绳卡数量应符合有关规定。

(4)插接的环绳或绳套,其插接长度应不小于钢丝绳直径的15倍,且不得小于300 mm。新插接的钢丝绳套应作125%允许负荷的抽样试验。

(5)通过滑轮及卷筒的钢丝绳不得有接头。滑轮、卷筒的槽底或细腰部直径与钢丝绳直径之比应遵守下列规定:起重滑车,机械驱动时不应小于11;人力驱动时不应小于10;绞磨卷筒,不应小于10。

10. 汽车吊、斗臂车

(1)汽车吊、斗臂车应在水平地面上工作,其允许倾斜度不得大于3。支架应支撑在坚实的地面上,否则应采取加固措施。

(2)在斗臂上工作应使用安全带。不得用汽车吊悬挂吊篮上人作业。不得用斗臂起吊重物。

(3)在带电设备区域内使用汽车吊、斗臂车时,车身应使用不小于16 mm^2 的软铜线可靠接地。在道路上施工应设围栏,并设置适当的警示标志。

(三)施工机具的保管、检查和试验

(1)施工机具应有专用库房存放,库房要经常保持干燥、通风。

(2)施工机具应定期进行检查、维护、保养。施工机具的转动和传动部分应保持润滑。

(3)对不合格或应报废的机具应及时清理,不得与合格的混放。

(4)起重机具的检查、试验周期、质量参考标准应满足表4-4规定。

(5)汽车吊试验应遵守《起重机　试验规范和程序》(GB/T 5905—2011),维护与保养应遵守《起重机械　检查与维护规程》(GB/T 31052)的规定。斗臂车机械试验、维护与保养参照以上规程执行。

(四)安全工器具的保管、使用、检查和试验

1. 安全工器具的保管

(1)安全工器具宜存放在温度为-15~+35 ℃、相对湿度为80%以下、干燥通风的安全工器具室内。

表 4-4　起重机具检查和试验周期、质量参考标准

编号	起重工具名称	检查与试验质量标准	检查与预防性试验周期
1	白棕绳、纤维绳	检查:绳子光滑、干燥,无磨损现象。 试验:以 2 倍容许工作荷重进行 10 min 的静力试验,不得有断裂和显著的局部延伸现象	每月检查一次。 每年试验一次
2	钢丝绳(起重用)	检查:①绳扣可靠,无松动现象;②钢丝绳无严重磨损现象;③钢丝断裂根数在规程规定限度以内。 试验:以 2 倍容许工作荷重进行 10 min 的静力试验,不得有断裂和显著的局部延伸现象	每月检查一次(非常用的钢丝绳在使用前应进行检查)。 每年试验一次
3	合成纤维吊装带	检查:吊装带外部护套无破损,内芯无断裂。 试验:以 2 倍容许工作荷重进行 12min 的静力试验,不得有断裂现象	每月检查一次。 每年试验一次
4	铁链	检查:①链节无严重锈蚀,无磨损;②链节无裂纹。 试验:以 2 倍容许工作荷重进行 10 min 的静力试验,链条不得有断裂、显著的局部延伸及个别链节拉长等现象	每月检查一次。 每年试验一次
5	葫芦(绳子滑车)	检查:①葫芦滑轮完整灵活;②滑轮吊杆(板)无磨损现象,开口销完整;③吊钩无裂纹、变形;④棕绳光滑,无任何裂纹现象(如有损伤须经详细鉴定);⑤润滑油充分。 试验:①新安装或大修后,以 1.25 倍容许工作荷重进行 10 min 的静力试验后,以 1.1 倍容许工作荷重做动力试验,不得有裂纹及显著的局部延伸现象;②一般的定期试验,以 1.1 倍容许工作荷重进行 10 min 的静力试验	每月检查一次。 每年试验一次
6	绳卡、卸扣等	检查:丝扣良好,表面无裂纹。 试验:以 2 倍容许工作荷重进行 10 min 的静力试验	每月检查一次。 每年试验一次

续表 4-4

编号	起重工具名称	检查与试验质量标准	检查与预防性试验周期
7	电动及机动绞磨(拖拉机绞磨)	检查:①齿轮箱完整,润滑良好。②吊杆灵活,铆接处螺丝无松动或残缺。③钢丝绳无严重磨损现象,断丝根数在规程规定范围以内。④吊钩无裂纹变形。⑤滑轮滑竿无磨损现象。⑥滚筒突檐高度至少应比最外层绳索的表面高出该绳索的一个直径。吊钩放在最低位置时,滚筒上至少剩有 5 圈绳索,绳索固定点良好。⑦机械转动部分防护罩完整,开关及电动机外壳接地良好。⑧卷扬限制器在吊钩升起距起重构架 300 mm 时自动停止。⑨荷重控制器动作正常。⑩制动器灵活良好。 试验:①新安装的或经过大修的以 1.25 倍容许工作荷重升起 100 mm 进行 10 min 的静力试验后,以 1.1 倍容许工作荷重做动力试验,制动效能应良好,且无显著的局部延伸现象;②一般的定期试验,以 1.1 倍容许工作荷重进行 10 min 的静力试验	6 个月检查一次。 第③项使用前应进行检查。 第⑦、⑧、⑨、⑩项每月试验检查一次。 每年试验一次
8	吊钩、卡线器	检查:①无裂纹或显著变形;②无严重腐蚀、磨损现象;③转动部分灵活、无卡涩现象。 试验:以 1.25 倍容许工作荷重进行 10 min 静力试验,用放大镜或其他方法检查,不得有残余变化、裂纹及裂口	半年检查一次。 每年试验一次
9	抱杆	检查:①金属抱杆无弯曲变形、焊口,无开焊;②无严重腐蚀;③抱杆帽无裂纹、变形。 试验:以 1.25 倍容许工作荷重进行 10 min 静力试验	每月查一次、使用前检查。 每年试验一次
10	其他起重工具	试验:以≥1.25 倍容许工作荷重进行 10 min 静力试验(无标准可依据时)	每年试验一次、使用前检查

注:1. 新的起重设备和工具,允许在设备证件发出日起 12 个月内不需重新试验。
2. 机械和设备在大修后应试验,而不得受预防性试验期限的限制。

(2)安全工器具室内应配置适用的柜、架,并不得存放不合格的安全工器具及其他物品。

(3)携带型接地线宜存放在专用架上,架上的号码与接地线的号码应一致。

(4)绝缘隔板和绝缘罩应存放在室内干燥、离地面 200 mm 以上的架上或专用的柜内。使用前应擦净灰尘。如果表面有轻度擦伤,应涂绝缘漆处理。

(5)绝缘工具在储存、运输时不得与酸、碱、油类和化学药品接触,并要防止阳光直射、雨淋。橡胶绝缘用具应放在避光的柜内,并撒上滑石粉。

2. 安全工器具的使用和检查

(1)安全工器具使用前的外观检查应包括绝缘部分有无裂纹、老化、绝缘层脱落、严重伤痕,固定连接部分有无松动、锈蚀、断裂等现象。对其绝缘部分的外观有疑问时应进行绝缘试验,合格后方可使用。

(2)绝缘操作杆、验电器和测量杆:允许使用电压应与设备电压等级相符。使用时,作业人员手不得越过手持部分的界限。雨天在户外操作电气设备时,操作杆的绝缘部分应有防雨罩或使用带绝缘子的操作杆。使用时,人体应与带电设备保持安全距离,并注意防止绝缘杆被人体或设备短接,以保持有效的绝缘长度。

(3)携带型短路接地线的两端夹具应保证接地线与导体和接地装置都能接触良好、拆装方便,有足够的机械强度,并在大短路电流通过时不致松脱。携带型接地线使用前应检查是否完好,如发现绞线松股或断股、护套严重破损、夹具断裂松动等均不得使用。

(4)绝缘隔板和绝缘罩:只允许在 35 kV 及以下电压的电气设备上使用,并应有足够的绝缘和机械强度。用于 10 kV 电压等级时,绝缘隔板的厚度不应小于 3 mm,用于 35 kV 电压等级时不应小于 4 mm 。现场带电安放绝缘隔板及绝缘罩时,应戴绝缘手套、使用绝缘操作杆,必要时可用绝缘绳索将其固定。

(5)安全帽:使用前,应检查帽壳、帽衬、帽箍、顶衬、下颏带等附件是否完好无损。使用时,应将下颏带系好,防止工作中前倾后仰或其他原因造成滑落。

(6)安全带:其腰带和保险带、绳应有足够的机械强度,材质应有耐磨性,卡环(钩)应具有保险装置,操作应灵活。保险带、绳使用长度在 3 m 以上的应加缓冲器。

(7)脚扣和登高板:金属部分变形和绳(带)损伤者禁止使用。特殊天气使用脚扣和登高板应采取防滑措施。

3. 安全工器具的试验

(1)各类安全工器具应经过国家规定的型式试验、出厂试验和使用中的周期性试验,并做好记录。

(2)应进行试验的安全工器具如下:①规程要求进行试验的安全工器具。②新购置和自制的安全工器具。③检修后或关键零部件经过更换的安全工器具。④对安全工器具的机械、绝缘性能产生疑问或发现缺陷时。

(3)安全工器具经试验合格后,应在不妨碍绝缘性能且醒目的部位粘贴合格证。

(4)安全工器具的电气试验和机械试验可由各使用单位根据试验标准和周期进行,也可委托有资质的试验研究机构试验。

十三、动火工作的有关规定

(1)为了加强燃气设施动火作业的安全管理,预防和控制火灾事故发生,使动火操作做到规范、有序、安全,制定《动火作业安全管理制度》。

(2)动火等级划分,按动火的危害程度及影响范围分为三级。

①一级动火:天然气次高压管网、城区中压管网、站场生产区、阀室的工艺管网和压力容器、存放易燃腐蚀有毒有害物品而无法隔离的库房等处的动火操作。

②二级动火:站场区内非天然气系统、中低压调压站(柜、箱)内的动火作业。

③三级动火:低压燃气管道上的动火作业。

(3)审批权限及手续如下:

①一级动火、二级动火由动火部门提出，生产运行部经理审核后，报公司安全检查监督部、调度指挥中心审批，然后再报公司生产副总、总经理批准，并由动火作业提出部门存档。

②三级动火由动火部门提出，生产运行部审核后，报公司安全检查监督部、调度指挥中心审批，然后再报生产副总批准，并由动火作业提出部门存档。

(4)动火审批表的内容。

①动火内容及目的。

②施工动火日期、时间、级别、操作方式。

③动火作业方案如下：

a. 地点范围、位置，包括文字和附图（包括施工场地平面工艺图、动火作业点）、工作坑位置、消防器材等。

b. 组织分工，包括所有负责人及成员的职责分工。

c. 施工器材设备及材料。

d. 作业程序，包括文字评述、对作业程序的安排。

e. 动火安全措施。

f. 审批部门签字，领导审批意见。

(5)监护。

①动火单位和生产单位应在动火现场同时设监护人，共同监督检查动火现场情况，监护人行使监督权。

②动火前要做动火分析，严防易燃易爆气体泄漏，动火现场的可燃气体浓度低于爆炸下限的20%方可施工动火，动火取样时间不得早于动火前30 min，分析频率由批准动火人决定，分析人员对分析数据负责。

③非动火工作人员不准随便进入施工现场。

④动火现场5 m内应做到无易燃物、无积水，便于施工人员在危急情况下迅速撤离。

⑤动火现场应按照安全要求配备和布置消防设备和器材。

⑥氧气瓶与乙炔瓶相距7 m以上，且不准放在室内走廊或电线下面。

⑦动火完工后，监护人对现场进行检查，确认没有火种存在后方能离开。

⑧遇有五级以上大风（含五级）和阴雨天气不准动火，但在特殊情况下可采取相应的安全措施并经安全生产副总经理审批同意后方可进行作业。

(6)《动火作业管理制度》未尽事宜，可在确保安全的前提下，根据现场情况制定具体操作细则。

十四、起重与运输的有关规定

(一)起重作业规定

(1)起重设备需经检验检测机构检验合格，并在特种设备安全监督管理部门登记。

(2)起重设备的操作人员和指挥人员应经专业技术培训，并经实际操作及有关安全规程考试合格、取得合格证后方可独立上岗作业，其合格证种类应与所操作（指挥）的起重机类型相符合。起重设备作业人员在作业中应当严格执行起重设备的操作规程和有关的安全规章制度。

(3)起重设备、吊索具和其他起重工具的工作负荷,不准超过铭牌规定。

(4)一切重大物件的起重、搬运工作应由有经验的专人负责,作业前应向参加工作的全体人员进行技术交底,使全体人员均熟悉起重搬运方案和安全措施。起重搬运时只能由一人统一指挥,必要时可设置中间指挥人员传递信号。起重指挥信号应简明、统一、畅通、分工明确。

(5)凡属下列情况之一者,应制订专门的安全技术措施,经本单位分管生产的领导(总工程师)批准,作业时应有技术负责人在场指导,否则不准施工。

①重量达到起重设备额定负荷的90%及以上。

②两台及以上起重设备抬吊同一物件。

③起吊重要设备、精密物件、不易吊装的大件或在复杂场所进行大件吊装。

④爆炸品、危险品必须起吊时。

⑤起重设备在带电导体下方或距带电体较近时。

(6)起重物品应绑牢,吊钩要挂在物品的中心线上。

(7)遇有6级以上的大风时,禁止露天进行起重工作。当风力达到5级以上时,受风面积较大的物体不宜起吊。

(8)遇有大雾、照明不足、指挥人员看不清各工作地点或起重机操作人员未获得有效指挥时,不准进行起重工作。

(9)吊物上不许站人,禁止作业人员利用吊钩来上升或下降。

(10)各种起重设备的安装、使用及检查、试验等,除应遵守起重作业规定外,还应执行国家、行业有关部门颁发的相关规定、规程和技术标准。

(二)运输作业规定

(1)运输超高、超宽、超长或重量大的物件时,应遵守下列规定:

①对运输道路上方的障碍物及带电体等进行测量,其安全距离应满足要求。

②制订运输方案和安全技术措施,经分管安全领导或总工程师批准后执行。

③专人检查工具和运具,不得超载。

④物件的重心与车厢的承重中心基本一致。

⑤运输超长物件需设置超长架;运输超高物件应采取防倾倒的措施;运输易滚动物件应有防止滚动的措施。

⑥运输中有专人领车、监护,并设必要的标志。

⑦用拖车装运大型设备时应有防止冲击或振动的措施。

(2)叉车运输应遵守下列规定:

①叉车使用前应对行驶、升降、倾斜等机构进行检查,叉车不得载人行驶。

②叉车不得快速启动、急转弯或突然制动。在转弯、拐角、斜坡及弯曲道路上应低速行驶。倒车时,不得用紧急制动。

③叉车工作结束后,应关闭所有控制器,切断动力源,扳下制动闸,将货叉放至最低位置并取出钥匙或拉出联锁后方可离开。

(3)现场专用机动车辆的使用应遵守下列规定:

①应有专人驾驶及保养,驾驶人员应经考试合格并取得驾驶许可证。

②使用前应检查制动器、喇叭、方向机构等是否完好。

③装运物件应垫稳、捆牢,不得超载。

④行驶时,驾驶室外及车厢外不得载人。启动前应先鸣笛,时速不得超过 15 km/h。停车后应切断动力源,扳下制动闸后驾驶员方可离开。

十五、高处作业的有关规定

(1)十不登高:

①患有登高禁忌证(心脏病、高血压、深度近视眼等疾病)者不准登高;饮酒、精神不振或经医生证明不宜登高的人不登高。

②未按规定办理登高作业证不登高。

③不戴安全帽、不系安全带和无人监护时不登高。

④夜间没有足够照明不登高。

⑤迷雾、大雪、雷电或六级以上大风时,露天不登高。

⑥登高脚手架、脚手板、梯子没有防滑措施不登高。

⑦穿厚底、硬底皮鞋或携带笨重工具物体不登高。

⑧设备或构件之间没有安全跳板,高压电线旁没有遮拦不登高。

⑨高楼顶部没有固定防护措施不登高。

⑩石棉瓦、油毡屋面上不固定好跳板等防护措施不登高。

(2)登高工具的安全规定如下:

①梯子。使用梯子时,必须先检查梯子是否坚固,是否符合安全要求。立梯坡度 60°为宜。梯底宽度不低于 50 cm,并应有防滑装置。梯顶无搭钩,梯脚不能稳固时,须有人扶梯,人字梯拉绳必须牢固。

②跳板。长度 5 m 以上时,厚度要大于 60 mm,两端基础不可晃动,端头不许站人,禁止两人合用。在使用跳板前,须统一着装,将安全带系好挂好,否则不得上跳板工作。使用跳板前,必须选择安全可靠的锚点,符合要求后方可使用。操作时,必须设专人监护。

(3)参加高处作业的人员,应每年进行一次体检。

(4)在没有脚手架或者在没有栏杆的脚手架上工作,高度超过 1.5 m 时,应使用安全带,或采取其他可靠的安全措施。

十六、紧急救护的有关规定

(一)紧急救护组织

(1)各企业单位应组建相应的院外急救网络,形成现场急救—转送急救—医院急救的急救链,以提高伤员抢救的成功率。

(2)各企业单位的院外紧急救护小组应明确任务,熟练掌握各种急救技术,并负责对本单位人员进行紧急救护技术培训。紧急救护小组应经常处于应急状态,接到急救通知后,应以最快的速度到达现场开展紧急救护工作。在现场紧急救护的同时,应立即与当地急救中心或就近医院取得联系,以得到下一步的急救指导。

(3)院外急救小组应准备随时接受重大急救指令或现场紧急救护人员的咨询,并负责和指导伤员转送。

(4)现场事故发生后,在现场的工作人员应在班组安全员或受过紧急救护培训人员的带领下,迅速地开展现场紧急救护工作,并及时向有关部门报告,请求急救医疗支援。

(二)培训

(1)电力行业各企业单位应普及现场紧急救护的知识,努力提高职工自救、互救的能力。

(2)现场紧急救护培训是电力行业安全教育必修内容之一,是加强事故防范意识、提高伤员现场抢救成功率的有效手段。

(3)培训目的如下:

①使电力行业全体人员掌握触电急救技术规范,能进行现场徒手抢救;

②使生产第一线人员掌握紧急救护原则,能根据触电急救技术规范,熟练、正确地进行现场徒手抢救,并能正确使用简易急救设备;

③使生产第一线人员能进行相应简单的现场急救;

④使行业医务人员能较熟练地掌握现场紧急救护的基本理论,不仅能熟练地进行现场徒手抢救,并能使用现场急救设备,而且应具有进行紧急救护培训和现场指导等技术工作的能力。

(4)培训操作应采用模拟人和必备的仪器、设备。

(5)凡参加培训的人员一律经考核合格后,发给合格证书。

(6)每隔2~3年应对上述人员进行一次加强培训。

(三)紧急救护设备

(1)生产现场与流动作业车应配备简易急救箱或存放相应的急救物品,并由专人负责,定期检查、补充及更换。

(2)电力行业各企业医院院外急救小组应配备呼吸机、自动体外除颤器、专用急救箱、急救用车辆及必要的通信设备。

(3)现场紧急救护基本要求,紧急救护应就地抢救,动作迅速、果断,方法正确、有效。填写紧急救护现场记录。

十七、消防的有关规定

(1)为了预防火灾和减少火灾危害,保护公民人身、公共财产和公民财产的安全,维护公共安全,保障社会主义现代化建设的顺利进行,制定《中华人民共和国消防法》。

(2)消防工作贯彻“预防为主,防消结合”的方针,坚持专门机关与群众相结合的原则,实行防火安全责任制。

(3)任何单位、个人都有维护消防安全,保护消防设施,预防火灾,报告火警的义务,任何单位、成年公民都有参加有组织的灭火工作的义务。

(4)任何单位、个人不得损坏或者擅自挪用、拆除、停用消防设施、器材,不得埋压、圈占消火栓,不得占用防火间距,不得堵塞消防通道。

(5)任何人发现火灾时,都应当立即报警。任何单位、个人都应当无偿报警并提供便利,不得阻拦报警。严禁谎报火警。

(6)公共场所发生火灾时,该公共场所的现场工作人员有组织引导群众疏散的义务。

(7)发生火灾的单位必须立即组织力量扑救火灾。

(8)公共场所发生火灾时,该公共场所的现场工作人员不履行组织、引导在场群众疏散的义务,造成人身伤亡,尚不构成犯罪的,处15日以下拘留。

(9)违反《中华人民共和国消防法》行为,构成犯罪的依法追究刑事责任。

任务二　配电线路工程质量管理规定

一、配电线路工程专项质量检测、见证取样检测内容的规定

(一)专项质量检测内容

1. 地基基础工程检测

(1)地基及复合地基承载力静载检测。

(2)桩的承载力检测。

(3)桩身完整性检测。

(4)锚杆锁定力检测。

2. 主体结构工程现场检测

(1)混凝土、砂浆、砌体强度现场检测。

(2)钢筋保护层厚度检测。

(3)混凝土预制构件结构性能检测。

(4)后置埋件的力学性能检测。

3. 建筑幕墙工程检测

(1)建筑幕墙的气密性、水密性、风压变形性能、层间变位性能检测。

(2)聚硅氧烷结构胶相容性检测。

4. 钢结构工程检测

(1)钢结构焊接质量无损检测。

(2)钢结构防腐及防火涂装检测。

(3)钢结构节点、机械连接用紧固标准件及高强度螺栓力学性能检测。

(4)钢网架结构的变形检测。

(二)见证取样检测内容

(1)水泥物理力学性能检验。

(2)钢筋(含焊接与机械连接)力学性能检验。

(3)砂、石常规检验。

(4)混凝土、砂浆强度检验。

(5)简易土工试验。

(6)混凝土掺加剂检验。

(7)预应力钢绞线、锚夹具检验。

(8)沥青、沥青混合料检验。

二、配电线路工程质量保修范围、保修期限和违规处罚的规定

建设工程保修期是指在正常使用条件下,建设工期的最低保修期限。建设工程竣工验收后在保修期内出现的质量缺陷,予以修复。

所谓质量缺陷,是指建设工程不符合工程建设强制性标准及合同的约定。

(一)《建设工程质量管理条例》的规定

建设工程承包单位在向建设单位提交工程竣工验收报告时,应当向建设单位出具质量保修书。质量保修书中应当明确建设工程的保修范围、保修期限和保修责任等。

(二)建设工程的保修期限

在正常使用条件下,建设工程的最低保修期限如下:

(1)基础设施工程、房屋建筑的地基基础工程和主体结构工程,为设计文件规定的该工程的合理使用年限。

(2)屋面防水工程、有防水要求的卫生间、房间和外墙面的防渗漏,为5年。

(3)供热与供冷系统,为2个采暖期、供冷期。

(4)电气管线、给排水管道、设备安装和装修工程,为2年。

其他项目的保修期限由发包方与承包方约定。

建设工程的保修期,自竣工验收合格之日起计算。

三、配电线路工程质量监督的规定

(一)配电线路工程质量各阶段监督检查具备的条件

(1)杆塔组立前阶段,工程建设单位已按法定程序申领了质量监督注册证书,办理了《开工报告》或施工许可证,并按规定缴纳了质量监督费;项目法人严格执行国家基本建设程序,工程建设审批手续齐全。

(2)杆塔基础工程施工完毕,进行了质量检查验收并合格,签证齐全,基础混凝土养生强度已达到设计要求的80%以上,回填土回填应密实符合规定,施工场地无施工垃圾。本阶段技术文件资料整理齐全。

(3)导、地线架设前阶段,杆塔组立工程施工完毕,进行了质量检查验收并合格,签证齐全。本阶段技术文件资料整理齐全。

(4)投运前阶段,整体工程按施工图施工完毕并经检查验收合格,签证齐全;线路通道畅通,相位正确,标识齐全,线路参数已测定;归档资料已收集整理;生产准备已就绪。

(二)监督检查的内容和要求

(1)对工程建设各方主体质量行为的监督检查。

(2)工程建设各方主体质量管理体系(组织结构、职责、程序、过程和资源)健全,并运行有效。

四、配电线路工程竣工验收备案管理的规定

(1)为了做好电力建设工程(指新建、改建、扩建及大修电力工程项目建设,下同)的

验收管理工作,确保工程的安全优质投产,特制定《电力工程建设验收管理办法》。

(2)为了提高工程验收质量,调动参加验收人员的工作责任心和积极主动性,《电力工程建设验收管理办法》贯彻责任终身追究和闭环式管理的指导思想,即每一项工作都有人负责、有人落实、有人检查;每一项验收工作都要履行签字手续,验收人员对验收质量负责。

(3)工程项目的验收工作包括阶段性验收和竣工验收两部分。

①阶段性验收是指工程竣工前为了控制工程质量而对各个关键性工艺环节进行的验收。

②竣工验收是指所有工程项目安装调试完毕后进行的验收。

(4)为保证工程验收的有效性,尽量减少人员差异对验收效果产生的影响,参加验收的各有关单位应依照事先批准的验收细则开展各阶段验收工作。

五、配电线路工程质量验收的划分、合格判定及工程质量验收的程序和组织要求

(一)配电线路工程质量验收

配电线路工程质量验收分为检验批、分项工程、分部(子分部)工程、单位(子单位)工程。

1. 检验批

(1)主控项目和一般项目抽样检验必须符合规范要求。

(2)材料的进场具有相关合格证、检验报告等,复验符合相关规范要求。

2. 分项工程

(1)分项工程所包含的检验批验收要全部合格。

(2)所包含的检验批资料完整,检测符合相关规范要求。

3. 分部(子分部)工程

(1)包含的分项工程的质量验收全部合格。

(2)质量控制资料完整。

(3)外观质量验收符合要求。

4. 单位(子单子)工程

(1)所包含的分部(子分部)工程质量验收全部合格。

(2)质量控制资料完整。

(3)相关资料符合规范要求。

(二)合格判定

(1)应符合《建筑工程施工质量验收统一标准》(GB 50300—2013)和相关专业验收规范的规定。

(2)应符合工程勘察、设计文件的要求。

(3)参加验收的各方人员应具备规定的资格。

(4)验收应在施工单位自行检查评定的基础上进行。

(5)隐蔽工程在隐蔽前应由施工单位通知有关单位进行验收,并形成验收文件。

(三)工程质量验收的程序和组织要求

检验批和分项工程应该由监理工程师(建设单位项目技术负责人)组织施工单位项目专业质量(技术)负责人等进行验收。

分部工程应该由总监理工程师(建设单位项目负责人)组织施工单位项目负责人和技术,质量负责人等进行验收。地基与基础、主体结构分部工程的勘察,经设计单位项目负责人和施工单位技术、质量负责人等进行验收单位工程完工后,施工单位应自行组织有关人员进行检查评定,并向建设单位提交工程验收报告。

建设单位接到工程验收报告后,应由建设单位(项目)负责人组织施工(含分包)、设计、监理等单位负责人进行单位工程验收。

单位工程质量验收合格后,建设单位应在规定的时间(15 d)内将竣工报告和有关文件,报建设行政管理部门备案。

六、《电气装置安装工程 66 kV 及以下架空电力线路施工及验收规范》(GB 50173—2014)的要求

(1)为保证 66 kV 及以下架空电力线路工程建设质量,规范施工过程中的质量控制要求和验收条件,制定 GB 50173—2014。

(2)该规范适用于 66 kV 及以下架空电力线路新建、改建、扩建工程的施工及验收。

(3)架空电力线路工程的施工应按已批准的设计文件进行。

(4)架空电力线路工程测量及检查用的仪器、仪表、量具等,应采用合格产品并在检定有效期内使用。

(5)架空电力线路工程的施工及验收,除应符合该规范外,尚应符合国家现行有关标准的规定。

七、《10 kV 及以下架空配电线路设计规范》(DL/T 5220)的要求

(1)配电线路的设计必须贯彻国家的基本建设方针和技术经济政策,做到安全可靠、先进适用、经济合理、资源节约、环境友好,便于施工和检修维护。

(2)配电线路设计必须从实际出发,结合地区特点,积极地采用成熟可靠的新材料、新工艺、新技术、新设备,推广采用节能、降耗、环保的先进技术和产品。

(3)10kV 及以下架空配电线路的设计,除应符合该规范的规定外,还应符合现行国家标准和有关电力行业标准的规定。

八、《电气装置安装工程　电缆线路施工及验收标准》(GB 50168—2018)的要求

(1)为保证电缆线路安装工程的施工质量,促进电缆线路施工技术水平的提高,确保电缆线路安全运行,制定《电气装置安装工程　电缆线路施工及验收标准》(GB 50168—2018)。

(2)电缆线路的安装应按已批准的设计进行施工。

(3)电缆及其附件的运输、保管,应符合该规范要求。当产品有特殊要求时,应符合

产品的要求。

(4)电缆及其附件在安装前的保管,其保管期限应为一年及以下。当需长期保管时,应符合设备保管的专门规定。

(5)采用的电缆及附件,均应符合国家现行技术标准的规定,并应有合格证件,设备应有铭牌。

(6)施工中的安全技术措施,应符合该规范及现行有关安全技术标准及产品的技术文件的规定。对重要的施工项目或工序,尚应事先制订安全技术措施。

(7)与电缆线路安装有关的建筑工程的施工应符合下列要求:

①与电缆线路安装有关的建筑物、构筑物的建筑工程质量,应符合国家现行的建筑工程施工及验收规范中的有关规定。

②电缆线路安装前,建筑工程应具备下列条件:

a. 预埋件符合设计,安置牢固。

b. 电缆沟、隧道、竖井及人孔等处的地坪及抹面工作结束。

c. 电缆层、电缆沟、隧道等处的施工临时设施、模板及建筑废料等清理干净,施工用道路畅通,盖板齐全。

d. 电缆线路敷设后,不能再进行的建筑工程工作应结束。

e. 电缆沟排水畅通,电缆室的门窗安装完毕。

③电缆线路安装完毕后投入运行前,建筑工程应完成由于预埋件补遗、开孔、扩孔等需要而造成的建筑工程修饰工作。

(8)电缆及其附件安装用的钢制紧固件,除地脚螺栓外,应用热镀锌制品。

(9)对有抗干扰要求的电缆线路,应按设计要求采取抗干扰措施。

(10)电缆线路的施工及验收,除按该规范的规定执行外,尚应符合国家现行的有关标准规范的规定。

任务三 工程质量管理的内容和方法

一、工程质量管理的特点和原则

(一)工程质量管理的特点

(1)影响质量的因素多。如设计、材料、机械、地形、地质、水文、气象、施工工艺、操作方法、技术措施、管理制度等,均直接影响施工项目的质量。

(2)容易产生质量变异。

(3)易产生第一、第二判断错误。

(4)质量检查不能解体、拆卸。

(5)质量易受投资、进度制约。

(二)质量管理的原则

在进行施工质量管理过程中,应遵循以下几个原则:

(1)坚持质量第一,用户至上。

(2)以人为核心。人是质量的创造者,质量控制必须“以人为核心”,把人作为控制的动力,调动人的积极性、创造性,增强人的责任感,树立“质量第一”观念,提高人的素质,避免人的失误,以人的工作质量保工序质量、保工程质量。

(3)以预防为主。预防为主,就是要从对质量的事后检查把关,转向对质量的事前控制、事中控制,从对产品质量的检查,转向对工作质量的检查,对工序质量的检查,对中间产品的质量检查。这是确保施工项目质量的有效措施。

(4)坚持质量标准、严格检查,一切用数据说话。

(5)贯彻科学、公正、守法的职业规范。

二、施工质量影响因素

影响施工项目质量的因素主要有五大方面,即4ME,指人(man)、材料(material)、机械(machine)、方法(method)和环境(environment)。

(1)人的因素。这里讲的“人”,是指直接参与施工的决策者、管理者和作业者。施工质量控制应以控制人的因素为基本出发点。作为控制对象,人的工作应避免失误;作为控制动力,应充分调动人的积极性,发挥人的主导作用。人的因素是影响施工项目质量的第一个重要因素。

(2)材料的因素。材料包括工程材料和施工用料,又包括原材料、半成品、成品、构配件和周转材料等。

(3)机械的因素。机械设备包括工程设备、施工机械和各类施工工器具。工程设备是指组成工程实体的工艺设备和各类机具;施工机械设备是指施工过程中使用的各类机具设备。

(4)方法的因素。施工方法包括施工技术方案、施工工艺、工法和施工技术措施等。

(5)环境的因素。主要包括现场自然环境因素、施工质量管理环境因素和施工作业环境因素。环境因素对工程质量的影响,具有复杂多变和不确定性的特点。

三、施工质量控制的基本内容和要求

通过对施工质量控制目标的细化分解并对其进行控制,便是施工工序的质量控制,工序质量控制的方法一般有质量预控、工序分析、工序质量检验三种,以质量预控为主。质量预控方案一般包括工序名称、可能出现的质量问题、提出质量预控措施等三部分内容。质量预控的重点是生产要素的预控,也就是对影响工程质量因素的控制,其依据为有关质量管理方面的法律法规、施工验收规范和质量验收规范等,其基本内容和要求如下。

(一)人的控制

人,是指直接参与施工的组织者、指挥者和操作者。除加强政治思想教育、劳动纪律教育、职业道德教育、专业技术培训、健全岗位责任制、改善劳动条件、公平合理地激励劳动热情外,还需根据工程特点,从确保质量出发,在人的技术水平、生理特点、心理行为等方面来控制人的使用。

(二)材料控制

材料控制包括原材料、成品、半成品、构配件等的控制,主要是严格检查验收,正确合理地使用,建立管理台账,进行收、发、储、运等各环节的技术管理,避免混料和将不合格的原材料使用到工程上。

(三)机械控制

机械控制包括施工机械设备、工具等的控制。机械设备的选用需要考虑较多的因素,概括起来主要包括机械设备的选型、主要性能参数和使用操作要求等三方面。要根据不同工艺特点和技术要求,选用合适的机械设备,正确使用、管理和保养好机械设备,为此要健全“人机固定”制度、“操作证”制度、岗位责任制度、交接班制度、“技术保养”制度、“安全使用”制度、机械设备检查制度等,确保机械设备处于最佳完好状态。

(四)方法控制

这里所指的方法控制,包含施工组织设计、施工方案、施工工艺、施工技术措施等的控制,细化起来主要包含工程项目整个建设周期内所采取的施工组织设计、组织措施、技术方案、工艺流程、检测手段等的控制。对方法的要求主要应切合工程实际、能解决施工难题、技术可行、经济合理,有利于保证质量、加快进度、降低成本。

(五)环境控制

影响工程质量的环境因素较多,有工程技术环境、工程管理环境、劳动环境。环境因素对工程质量的影响,具有复杂而多变的特点,因此根据工程特点和具体条件,应对影响质量的环境因素,采取有效的措施严加控制。尤其是施工现场,应建立文明施工和文明生产的环境,保持材料工件堆放有序,道路畅通,工作场所清洁整齐,施工程序井井有条,为确保质量、安全创造良好条件。

四、施工过程质量控制的基本程序、方法、质量控制点的确定

(一)基本程序

工程质量控制过程分为事前、事中和事后三个阶段,说明了基本的控制程序和流程。

1.事前质量控制

事前质量控制指在正式施工前进行的质量控制,其控制重点是做好施工准备工作,且施工准备工作要贯穿于施工全过程中。

1)施工准备的范围

施工准备的范围包括全场性施工准备、单位工程施工准备、分项分部工程施工准备、项目开工前的施工准备、项目开工后的施工准备等。

2)施工准备的内容

(1)技术准备。

技术准备包括项目扩大初步设计方案的审查,熟悉和审查项目的施工图纸,项目建设地点的自然条件、技术经济条件调查分析,编制项目施工图预算和施工预算,编制项目施工组织设计等。

设计图纸是进行质量控制的重要依据,为使施工单位熟悉有关设计图纸,充分了解拟建项目的特点、设计意图和工艺与质量要求,最大程度减少图纸的差错,并消灭施工图纸中可能存在的质量隐患,必须做好设计交底和图纸会审工作。设计交底及图纸会审后,应对各有关单位提出的图纸上存在的问题和疑点,明确提出需要解决的技术难题,各单位针

对问题进行研究与协调，制订解决办法。

①设计交底的内容主要有：施工图设计依据为初步设计文件，规划、环境等要求，设计规范，建筑物的功能、特点与设计意图，施工注意事项及过程控制要求。

②图纸会审的主要内容有：施工图与国家现行有关标准、经济政策的符合性。施工的技术设备条件能否满足设计要求；当采取特殊的施工技术措施时，现有的技术力量及现场条件有无困难，能否保证工程质量和安全施工的要求。有关特殊技术或新材料的要求，其品种、规格、数量能否满足需要及工艺规定要求。建筑结构与安装工程的设备与管线的接合部位是否符合技术要求。安装工程各分项专业之间有无重大矛盾。图纸的份数及说明是否齐全、清楚、明确，图纸上标注的尺寸、坐标、标高及地上地下工程和道路交汇点等有无遗漏和矛盾。

(2)物资准备。

物资准备包括建筑材料准备、构配件和制品加工准备、施工机具准备、生产工艺设备的准备等。采购质量控制主要包括对采购产品及其供方的控制，制订采购要求和验证采购产品。建设项目中的工程分包，也应符合规定的采购要求。

①物资采购：采购物资应符合设计文件、标准、规范、相关法规及承包合同要求，如果项目部另有附加的质量要求，也应予以满足。

②分包服务：对各种分包服务选用的控制应根据其规模、对它控制的复杂程度区别对待。一般通过分包合同，对分包服务进行动态控制。

③采购要求：是采购产品控制的重要内容，采购要求的形式可以是合同、订单、技术协议、询价单及采购计划等。

④采购产品验证：建筑工程采用的主要材料、半成品、成品、建筑构配件、器具和设备应进行现场验收。凡涉及安全、功能的有关产品应按各专业工程质量验收规范规定进行复检，并经监理工程师检查认可。

(3)组织准备。

组织准备包括建立项目组织机构、集结施工队伍、对施工人员进行入场教育等。

施工现场准备，包括控制网、水准点、标桩的测量，“五通一平”，生产、生活临时设施等的准备，组织机具、材料进场，拟定有关试验、试制和技术进步项目计划，编制季节性施工措施，制定施工现场管理制度等。

2. 事中质量控制

事中质量控制指在施工过程中进行的质量控制。事中质量控制的策略是：全面控制施工过程，重点控制工序质量。具体措施是：工序交接有检查，质量预控有对策，施工项目有方案，技术措施有交底，图纸会审有记录，设备材料有检验，隐蔽工程有验收，计量器具校正有复核，设计变更有手续，材料代换有制度，质量处理有复查，成品保护有措施，行使质控有否决（发现质量异常、隐蔽工程未经验收、质量问题未处理、擅自变更设计图纸、擅自代换材料、无证上岗等，均应对质量予以否决）；质量文件有档案（凡是与质量有关的技术文件，如图纸会审记录、材料合格证明、试验报告、施工记录、隐蔽工程记录、设计变更记录、调试/试压运行记录、试车运转记录、竣工图等都要编目建档）。

3. 事后质量控制

事后质量控制指在完成施工过程形成产品的质量控制,其具体工作内容有:

(1)组织试运行和联动试车。

(2)整理竣工验收资料,组织自检和初步验收。

(3)按规定的质量评定标准和办法,对完成的分项分部工程、单位工程进行质量评定。

(4)组织竣工验收,其标准是:

①按设计文件规定的内容和合同规定的内容完成施工,质量达到国家质量标准及合同的约定,能满足生产或使用的要求。

②主要生产工艺设备已安装配套,联动负荷试车合格,达到设计生产或使用能力。

③交工验收的建筑物窗明、地净、水通、灯亮、气来、采暖通风设备运转正常。

④交工验收的工程内净外洁,施工中的残余物料运离现场,灰坑填平,临时工程拆除,地坪整洁。

⑤技术档案资料齐全。

(二)基本方法

施工项目质量控制的方法,主要是审核有关技术文件、报告和直接进行现场检查或必要的试验等。

(1)审核有关技术文件、报告、报表或记录。对技术文件、报告、报表、记录的审核,是对工程质量进行全面控制的重要手段,具体内容如下:

①技术资质证明文件。

②开工报告,并经现场核实。

③施工组织设计和技术措施。

④有关材料、半成品的质量检验报告。

⑤工序质量动态的统计资料或控制图表。

⑥设计变更、修改图纸和技术核定书。

⑦有关质量问题的处理报告。

⑧有关应用新工艺、新材料、新技术、新机具的技术鉴定书。

⑨有关工序交接检查,分项、分部工程质量检查报告。

⑩现场有关技术签证、文件等。

(2)现场质量检查。

①现场质量检查的内容。

a. 开工前检查。目的是检查是否具备开工条件,开工后能否连续正常施工,能否保证工程质量。

b. 工序交接检查。对于重要的工序或对工程质量有重大影响的工序,在自检、互检的基础上,还要组织专职人员进行工序交接检查。

c. 隐蔽工程检查。隐蔽工程在隐蔽前应由施工单位通知有关单位进行验收,并形成验收文件,隐蔽工程验收合格后方能掩盖。

d. 停工后复工前的检查。因处理质量问题或某种原因停工后需复工时,应经检查认可后方能复工。

e. 分项、分部工程完工后,应经检查认可,签署验收记录。

f. 成品保护检查。检查成品有无防护、包裹、覆盖、封闭等保护措施,或保护措施是否可靠。

此外,还应经常深入现场,对施工操作质量进行巡视检查。必要时,还应进行跟班或自踪检查。

②现场质量检查的方法。现场进行质量检查的方法有目测法、实测法和试验法三种。

a. 目测法。其手段可归纳为看、摸、敲、照四个字。

b. 实测法。实测检查法的手段,可归纳为靠、吊、量、套四个字。

c. 试验检查。指必须通过试验手段,对质量进行判断的检查方法。

(3)实行闭环控制。

每一个质量控制的具体方法本身也有一个持续改进的课题,这就要用计划、实施、检查、处置(P、D、C、A)循环原理,在实践中使质量控制得到有效地、不断地提高。

①P(plan)计划,包括质量方针和目标的确定,以及实现质量目标的活动方案的制订。

②D(do)实施,根据已知的信息,设计具体的方法、方案和计划布局;再根据设计和布局,进行具体运作,实现计划中的内容。

③C(check)检查,总结执行计划的结果,分清哪些对了,哪些错了,明确效果,找出问题。

④A(action)处置,对总结检查的结果进行处理,对成功的经验加以肯定,并予以标准化;对于失败的教训也要总结,引起重视。对于没有解决的问题,应提交给下一个 PDCA 循环中去解决。

以上四个过程不是运行一次就结束,而是周而复始地进行,一个循环完了,解决一些问题,未解决的问题进入下一个循环,这样阶梯式上升的。PDCA 循环是全面质量管理所应遵循的科学程序。全面质量管理活动的全部过程,就是质量计划的制订和组织实现的过程,这个过程就是按照 PDCA 循环,不停顿地周而复始地运转的。PDCA 循环不仅在质量管理体系中运用,也适用于一切循序渐进的管理工作。

(三)质量控制点的确定

1. 质量控制点的定义

质量控制点是指为了保证工序质量而需要进行控制的重点,或关键部位,或薄弱环节,以便在一定时期内、一定条件下进行强化管理,使工序处于良好的控制状态。

2. 质量控制点的动态性

从定义可知,关键部位是对工程实体而言的,薄弱环节主要指作业行为或施工方法,前者较稳定、变异小,比如管道的连接处,电气的对地安全间隙,通风机转子平衡检查等,后者因企业而异,有着不断完善改进的空间,因而便有了一定时期内、一定条件下的限制性提法,也就说明了质量控制点对某一具体的工程或企业不是一成不变的,而是动态变化的。

3. 检查点的概念

(1)建筑设备安装工程施工过程中质量检查实行三检制,是指作业人员的“自检”“互检”和专职质量员的“专检”相结合的检验制度，其是确保施工质量行之有效的检验方法。

(2)自检是作业人员对自己已完成的分项工程的质量实行自我检验，是自我约束、自我把关的表现，以防止不合格品进入下道工序作业。

(3)互检是指作业人员之间对已完成的分项工程质量进行相互检查，起到复核确认作用，其形式可以是同一作业队组人员间的相互检查，也可以是作业队组兼职的质量员对本组作业质量的检查，还可以是下道作业对上道作业质量的检查，亦称为交接检。

(4)专检是指质量员对分项、分部工程质量的检验，以弥补自检、互检的不足。一般情况下，自检、互检要全数检查，专检可以用抽检的形式。原材料进场验收以质量员的专检为主，生产过程中的实体质量检验以自检、互检为主。

(5)质量检查点即质量检查的部位及检查内容，以施工质量验收规范的规定为准，其中主控项目为主，一般项目为辅，黑体字表达的强制性条文的规定必须严格执行，也是重要的检查点所在的部位。

4. 停止点的概念

(1)所有控制点、检查点、停止点等的“点”的称谓，本质上是施工过程中的某一个工序，一个工序完成一个作业内容，只有完成该工序的作业内容，才能开始下一个作业内容，即进入下道工序。

(2)停止点是个特殊的点，即这道工序未作检验，尚未断定合格与否，是不得进行下道工序的，只有得出结论为合格者可进入下道工序。例如保温的管道，只有试压、严密性试验合格才能进行保温；又如只有电气工程交接试验合格才能进行通电试运行。前者称为管道工程施工过程中的一个停止点(试压和严密性试验)；后者称为电气工程施工过程中的一个停止点(电气交接试验)。

(四)特殊过程和关键过程

特殊过程和关键过程直接影响施工质量的好坏，因此应在施工组织设计中给予明确，过程中进行严格控制，方能获得较好的质量。

1. 特殊过程

特殊过程是指某些加工质量不易或不能通过其后的检验或试验而得到充分验证的过程(工序)。

典型的特殊过程有：承压件的焊接、热处理、高强度螺栓连接、电镀、涂漆、铸造、锻造、压铸、黏结等。这种特殊过程加工的产品质量不能完全依靠检验来验证，需要进行连续的参数监控，以确保过程质量的稳定。

2. 关键过程

关键过程是对成品质量起决定性作用的过程。这样的过程必然是与关键件、重要件有关的过程及加工质量不稳定的过程。关键过程包括以下内容：

(1)通过加工形成关键、重要特性的过程。

(2)加工难度大、质量不稳定的过程。

(3)外购的关键、重要件验收过程。

配电工程中典型的关键过程有基础工程、杆塔组立工程、架线工程、接地工程、电气调试等。

五、施工质量问题的分类

（一）工程质量事故

工程质量事故是指在工程建设过程中或交付使用后，对工程结构安全、使用功能和外形观感影响较大，损失较大的质量损伤。如住宅阳台、雨篷倾覆，桥梁结构坍塌，大体积混凝土强度不足，管道、容器爆裂使气体或液体严重泄漏等。它的特点如下：

（1）经济损失达到较大的金额。

（2）有时造成人员伤亡。

（3）后果严重，影响结构安全。

（4）无法降级使用，难以修复时，必须推倒重建。

（5）根据《关于做好房屋建筑和市政基础设施工程质量事故报告和调查处理工作的通知》（建质〔2010〕111号），工程质量事故造成的人员伤亡或者直接经济损失，工程质量事故分为4个等级：

①特别重大事故，是指造成30人以上死亡，或者100人以上重伤，或者1亿元以上直接经济损失的事故。

②重大事故，是指造成10人以上30人以下死亡，或者50人以上100人以下重伤或者5 000万元以上1亿元以下直接经济损失的事故。

③较大事故，是指造成3人以上10人以下死亡，或者10人以上50人以下重伤，或者1 000万元以上5 000万元以下直接经济损失的事故。

④一般事故，是指造成3人以下死亡，或者10人以下重伤，或者100万元以上1 000万元以下直接经济损失的事故。

此等级划分所称的“以上”包括本数，所称的“以下”不包括本数。

（6）工程质量事故按事故责任分为三类：

①指导责任事故。指由于工程实施指导或领导失误而造成的质量事故。例如，由于工程负责人片面追求施工进度，放松或不按质量标准进行控制和检验，降低施工质量标准等。

②操作责任事故。指在施工过程中，由于实施操作者不按规程和标准实施操作，而造成的质量事故。例如，浇筑混凝土时随意加水，或振捣疏漏造成混凝土质量事故等。

③自然灾害事故。指由于突发的严重自然灾害等不可抗力造成的质量事故。如地震、台风、暴雨、雷电、洪水等对工程造成破坏甚至倒塌。这类事故虽然不是人为责任直接造成的，但灾害事故造成的损失程度也往往与人们是否在事前采取了有效的预防措施有关，相关责任人员也可能负有一定责任。

（二）质量缺陷

工程质量问题一般分为工程质量缺陷、工程质量通病。

1. 工程质量缺陷

工程质量缺陷是指工程达不到技术标准允许的技术指标的现象。

2. 工程质量通病

工程质量通病是指各类影响工程结构、使用功能和外形观感的常见性质量损伤，犹如

“多发病”一样,而称为质量通病。目前,建筑安装工程最常见的质量通病主要有以下几类:

(1)基础不均匀下沉,墙开裂。

(2)现浇钢筋混凝土工程出现蜂窝、麻面、露筋。

(3)现浇钢筋混凝土阳台、雨篷根部开裂或倾覆、坍塌。

(4)砂浆、混凝土配合比控制不严,任意加水,强度得不到保证。

(5)屋面、厨房渗水、漏水。

(6)墙面抹灰起壳、裂缝、起麻点、不平整。

(7)地面及楼面起砂、起壳、开裂。

(8)门窗变形、缝隙过大、密封不严。

(9)水暖电卫安装粗糙,不符合使用要求。

(10)结构吊装就位偏差过大。

(11)预制构件裂缝,预埋件移位,预应力张拉不足。

(12)砖墙接槎或预留脚手眼不符合规范要求。

(13)金属栏杆、管道、配件锈蚀。

(14)墙纸粘贴不牢、空鼓、折皱、压平起光。

(15)饰面板、饰面砖拼缝不平、不直、空鼓、脱落。

(16)喷浆不均匀,脱色,掉粉等。

项目部应针对容易发生质量通病的分部分项工程编制作业指导书,进行技术交底,必要时先行样板施工。分部分项工程开工前,项目总工应组织施工员(专业工程师)编制工程质量通病预防措施,质量预防措施可单独编制,也可编制在施工组织设计或施工方案中。项目施工员在对施工班组进行施工技术交底时,要详细说明预防质量通病的具体措施。质量员监督工程质量预防措施的落实情况,并对质量通病的预防效果进行检验。

六、施工质量问题的产生原因

发生质量事故基本上是违反了施工质量验收规范的主控项目的规定,而一般的质量缺陷基本上是违反了施工质量验收规范中一般项目的有关观感的规定。

七、施工质量问题的处理方法

(一)处理程序

(1)事故报告。由施工负责人(项目经理)按规定时间和程序及时向企业报告,并提供事故发生的初步调查文件及证据。

(2)现场保护。要做好现场应急保护措施,防止因质量事故而引发更严重的次生灾害而扩大损失,待有事故结论后进行处理。

(3)事故调查。调查内容包括现场调查和收集资料,调查的组织由施工企业管理制度依据法规规定作出规定。

(4)编写质量事故调查报告。

(5)形成事故处理报告。

(二)处理方式

(1)返工处理:工程质量未达到规范、标准或设计要求,存在质量问题,但通过返工处理可以达到合格标准要求的,可对产品进行返工处理。

(2)返修处理:工程质量未达到规范、标准或设计要求,存在一定缺陷,但通过修补或更换器具、设备后,可使产品满足预期的使用功能,可以进行返修处理。

(3)加固处理:主要是针对危及承载力的质量缺陷的处理。

(4)限制使用:工程质量缺陷按返修方法处理后,无法保证达到规定的使用要求和安全要求,又无法返工处理,可降级处理。

(5)不作处理:某些工程质量问题虽不符合规定的要求,但经过分析、论证、法定检测单位鉴定和设计等有关部门认可,对工程或结构使用及安全影响不大、经后续工序可以弥补、经法定检测单位鉴定合格或虽经检测鉴定达不到设计要求,但经原设计单位核算,仍能满足结构安全和使用功能的,也不做专门处理。

(6)报废处理:当采取上述办法后,仍不能满足规定的要求或标准,则必须报废处理。

任务四　工程成本管理的内容和方法

一、工程成本的构成及管理特点

(一)成本管理责任体系

根据施工企业成本运行规律,企业的成本管理责任体系包括两个层面,一是企业管理层,其管理从投标始止于结算全过程,着眼于体现效益中心的管理职能。二是项目层,其管理以企业确定的施工成本为目标,体现现场生产成本控制中心(利润中心)的管理职能。前者所指的成本是指企业成本,后者所指的成本是指施工成本,施工项目成本是指建筑企业以施工项目作为成本核算对象的施工过程中所消耗的生产资料转移价值和劳动者的必要劳动所创造价值的数字形式。

(二)施工成本的构成

施工成本是指在工程项目施工过程中所发生的全部生产费用的总和。包括:

(1)消耗的原材料、辅助材料、购配件等的费用,包括材料运杂费、运输损耗费、采购保管费和检验试验费,也包括周转材料的摊销费或租赁费。

(2)施工机械的台班费或租赁费。

(3)支付给生产工人的工资、奖金、工资性津贴等。

(4)因组织施工而发生的组织和管理费用。

(三)直接成本与间接成本

(1)直接成本。是指施工过程中耗费的为构成工程实体或有助于工程实体形成的各项费用支出的和,包括人工费、材料费、施工机械使用费和施工措施费等。

(2)间接成本。是指为施工准备、组织管理施工作业而发生的费用支出,是非直接用于也无法直接计入工程对象,但为进行工程施工所必须发生的费用,包括管理人员的工资奖金和津贴、办公费、交通费等。

(四)成本管理的特点

(1)管理目的。是要在保证工期、质量、安全的前提下,采取相应管理措施,把成本控制在计划范围内,并进一步寻求最大程度的成本降低途径,力争成本费用最小化,也就是所谓的“短工期、高质量、低成本”。

(2)管理措施。主要有组织措施、经济措施、技术措施、合同措施等四个方面。

(3)管理环节。主要有施工成本预测、施工成本计划、施工成本控制、施工成本核算、施工成本分析和施工成本考核等六个环节或任务。

(4)造价构成与成本构成的关系。

从图 4-1 可知,建筑安装工程费用是由 31 个基本科目组成的,这些科目说明造价即销售收入,可从这些方面去计取,当然还应计入所求利润和依法缴纳的税金。同时 31 个科目也表明生产费用的支出应纳入什么样的成本科目,以利成本管理有条不紊,但必须注意两点:

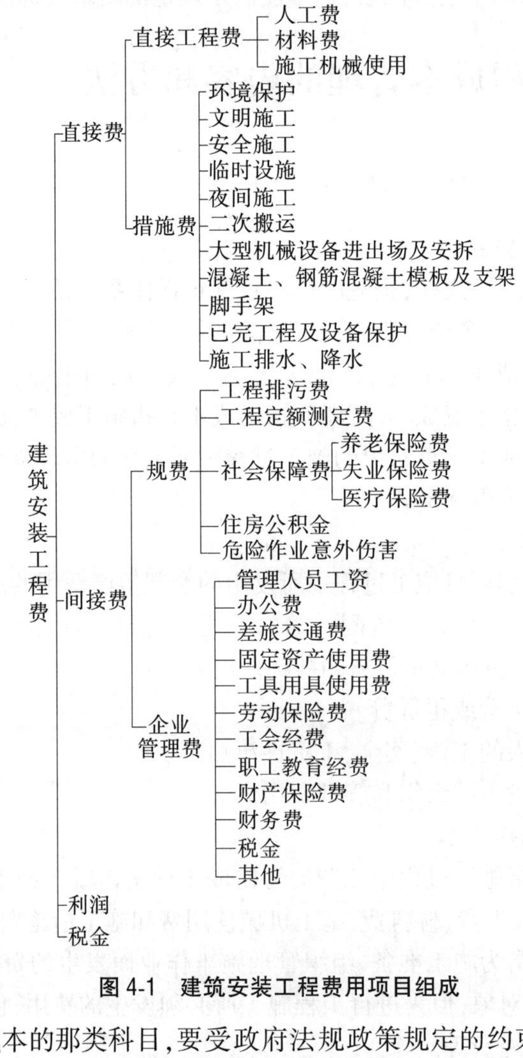

图 4-1 建筑安装工程费用项目组成

(1)用于摊入成本的那类科目,要受政府法规政策规定的约束,要依法而行,不得弄虚作假。

(2)施工成本是企业成本的主要部分,但不能全部代表企业成本的组成,所以成本的摊入还要按照企业的规章制度或工程项目承包合同的约定来办。

二、施工成本的影响因素

(一)物的方面

从成本的构成可知,直接成本中的材料费、机械使用费和人工费的单价价格如与预测时不一致,必然会使成本发生较大的波动。

(二)组织管理方面

(1)缺乏科学组织的施工管理,必然会延误工期,导致增大固定成本;质量管理不力,会造成返工而增大费用开支;存在安全管理的疏漏,安全事故频发,其对成本的增大更为难以考量。

(2)现场管理方面。非生产人员配备比重大,增大间接成本;资源管理不善,造成物资浪费严重,形成消耗过大而增加开支;对设计变更或合同变更造成的损失,没有进行索赔也会造成施工成本的增加。

三、施工成本控制的基本内容

工程项目成本控制主要有以下四个方面的内容。

(一)材料费的控制

材料费的控制按照"量价分离"的原则,一是材料用量的控制;二是材料价格的控制。

1. 材料用量的控制

在保证符合设计规格和质量标准的前提下,合理使用材料和节约使用材料,通过定额管理、计量管理等手段及施工质量控制,避免返工等,有效控制材料物资的消耗。

2. 材料价格的控制

由于材料价格是由买价、运杂费、运输中的合理损耗等所组成的,因此控制材料价格,主要是通过市场信息、询价、应用竞争机制和经济合同手段等控制材料、设备、工程用品的采购价格,包括买价、运杂费和损耗等。

(二)人工费的控制

人工费的控制同样实行"量价分离"的原则。人工用工数通过项目经理与施工劳务承包人的承包合同,按照内部施工预算、钢筋翻样单或模板量计算出定额人工工日,并将安全生产、文明施工及零星用工按定额工日的一定比例(一般为15%~25%)一起发包。

(三)机械费的控制

机械费主要由台班数量和台班单价两方面决定,主要从以下几个方面控制台班费的有效支出:

(1)合理安排施工生产,加强设备租赁计划管理,减少因安排不当引起的设备闲置。

(2)加强机械设备的调度工作,尽量避免窝工,提高现场设备利用率。

(3)加强现场设备的维修保养,避免因不正当使用造成机械设备的停置。

(4)做好上机人员与辅助生产人员的协调与配合,提高机械台班产量。

(四)管理费的控制

现场施工管理费在项目成本中占有一定比例,项目在使用和开支时弹性较大,控制与核算都较难把握,主要采取以下控制措施:

(1)根据现场施工管理费占工程项目计划总成本的比重,确定项目经理部施工管理费总额。

(2)在项目经理的领导下,编制项目经理部施工管理费总额预算和各管理部门的施工管理费预算,作为现场施工管理费的控制根据。

(3)制定项目管理开支标准和范围,落实各部门和岗位的控制责任。

(4)制定并严格执行项目经理部的施工管理费使用的审批、报销程序。

四、施工成本控制的基本要求

合同文件和成本计划是成本控制的目标,进度报告和工程变更与索赔资料是成本控制过程中的动态资料。

成本控制应满足下列要求:

(1)按照计划成本目标值控制生产要素的采购价格,认真做好材料、设备进场数量和质量的检查、验收与保管。

(2)控制生产要素的利用效率和消耗定额,如任务单管理、限额领料、验工报告审核等。同时,要做好不可预见成本风险的分析和预控,包括编制相应的应急措施等。

(3)控制影响效率和消耗量的其他因素所引起的成本增加,如工程变更等。

(4)把施工成本管理责任制度与对项目管理者的激励机制结合起来,以增强管理人员的成本意识和控制能力。

(5)承包人必须健全项目财务管理制度,按规定的权限和程序对项目资金的使用和费用的结算支付进行审核、审批,使其成为施工成本控制的重要手段。

五、施工过程中成本控制的步骤

施工成本控制分五个步骤。

(一)比较

按照某种确定的方式将施工成本的计划值和实际值逐项进行比较,看施工成本是否已超支。

(二)分析

在比较的基础上,对比较的结果进行分析,以确定偏差的严重性及偏差产生的原因。这一步是施工成本控制工作的核心,其主要目的在于找出产生偏差的原因,从而采用有针对性的措施,避免或减少相同原因的再次发生或减少由此造成的损失。

(三)预测

根据项目实施情况估算整个项目完成时的施工成本。预测的目的在于为决策提供支持。

(四)纠偏

当工程项目的实际施工成本出现偏差,应当根据工程的具体情况、偏差分析和预测的结果，采用适当的措施，以期达到使施工成本偏差尽可能小的目的。纠偏是施工成本控制中最具实质性的一步。只有通过纠偏，才能最终达到有效控制施工成本的目的。

（五）检查

检查是指对工程的进展进行跟踪和检查，及时了解工程进展状况及纠偏措施的执行情况和效果，为今后的工作积累经验。

六、施工过程中成本控制的措施

为了取得施工成本管理的理想效果，必须从多方面采取有效措施实施管理，通常把这些措施归纳为组织措施、技术措施、经济措施、合同措施。

（一）组织措施

组织措施的一方面是从施工成本管理的组织方面采取的措施。项目经理部应将成本责任分解落实到各个岗位、落实到专人，对成本进行全过程控制、全员控制、动态控制，形成一个分工明确、责任到人的成本控制责任体系。

组织措施的另一方面是编制施工成本控制工作计划，确定合理详细的工作流程。要做好施工采购规划，通过生产要素的优化配置、合理使用、动态管理，有效控制实际成本；加强施工定额管理和施工任务单管理，控制活劳动和物化劳动的消耗；加强施工调度，避免因施工计划不周和盲目调度造成窝工损失、机械利用率降低、物料积压等而使施工成本增加。成本控制工作只有建立在科学管理的基础之上，具备合理的管理体制、完善的规章制度、稳定的作业秩序、完整准确的信息传递，才能取得成效。组织措施是其他各类措施的前提和保障，而且一般不需要增加额外的费用，运用得当可以收到良好的效果。

（二）技术措施

施工过程中降低成本的技术措施，包括：进行技术经济分析，确定最佳的施工方案；结合施工方法，进行材料使用的比选，在满足功能要求的前提下，通过代用、改变配合比、使用外加剂等方法降低材料消耗的费用；确定最合适的施工机械、设备使用方案；结合项目的施工组织设计及自然地理条件，降低材料的库存成本和运输成本；应用先进的施工技术，运用新材料，使用新开发机械设备等。在实践中，也要避免仅从技术角度选定方案而忽视对其经济效果的分析论证。

（三）经济措施

经济措施是最易为人们所接受和采用的措施。管理人员应编制资金使用计划，确定、分解施工成本管理目标。对施工成本管理目标进行风险分析，并制定防范性对策。对各种支出，应认真做好资金的使用计划，并在施工中严格控制各项开支。及时准确地记录、收集、整理、核算实际发生的成本。对各种变更，及时做好增减账，及时落实业主签证，及时结算工程款。通过偏差分析和未完工工程预测，可发现一些潜在的可能引起未完工程施工成本增加的问题，对这些问题应以主动控制为出发点，及时采取预防措施。由此可见，经济措施的运用绝不仅仅是财务人员的事情。

（四）合同措施

采用合同措施控制施工成本，应贯穿于整个合同周期，包括从合同谈判开始到合同终结的全过程。首先是选用合适的合同结构，对各种合同结构模式进行分析、比较，在合同谈判时，要争取选用适合于工程规模、性质和特点的合同结构模式。其次，在合同的条款中应仔细考虑一切影响成本和效益的因素，特别是潜在的风险因素。通过对引起成本变动的风险因素的识别和分析，采取必要的风险对策，如通过合理的方式，增加承担风险的个体数量，降低损失发生的比例，并最终使这些策略反映在合同的具体条款中。在合同执行过程中，既要密切关注对方合同执行的情况，以寻求合同索赔的机会；同时也应密切关注自己履行合同的情况，以防被对方索赔，造成经济损失。

【课程思政】 什么是碳达峰、碳中和？

“碳达峰”，是指二氧化碳的排放不再增长，达到峰值之后开始下降；而“碳中和”，是指自身温室气体的零排放。目前，人类的生产生活中无论如何都会产生如二氧化碳等温室气体的碳排放。我们现在说的“零排放”，并不是指不排放，而是通过使用可再生能源、可回收材料，提高能源效率，以及植树造林、碳捕捉等方式，来将自身碳排放“吸收”，实现正负抵消。

碳达峰是二氧化碳排放量由增转降的历史拐点，标志着碳排放与经济发展实现脱钩，达峰目标包括达峰年份和峰值。

中国承诺在2030年前，二氧化碳的排放不再增长，达到峰值之后再慢慢减下去。碳达峰与碳中和一起，简称“双碳”。

习　题

扫以下二维码，做相关习题。

项目五　施工组织设计及专项施工方案的内容和编制方法

任务一　施工组织设计的内容和编制方法

一、施工组织设计的类型和编制依据

(一)施工组织设计的类型

施工组织设计即项目管理组织规划。

配电工程,即10 kV及以下电压等级的变电、送电、配电安装工程。它包括10 kV高压的输送,外线分支的接引,电力设备的安装(如开闭站、箱式变电站、变压器、高低压开关柜等),电杆组立和电力线路的架设,电缆沟井开挖和高低压电缆的敷设,高低压电缆头的制作,以及与之相关的土建施工。

施工组织设计根据实际施工情况,分为变电工程施工组织设计、送电工程施工组织设计、配电安装工程施工组织设计。

(二)编制依据

(1)已经批准的初步设计和施工图纸及资料。

(2)工程相关的招标投标文件、施工合同、技术协议、会议纪要等文件。

(3)工程概算和主要工程量。

(4)设备清册和主要材料清册。

(5)主体设备技术文件和新产品的工艺性试验资料。

(6)施工定额资料。

(7)施工队伍情况和机械条件。

(8)《质量管理体系　要求》(GB/T 19001)。

(9)现场内外环境条件调查资料。

二、施工组织设计的内容

(一)编制要点

(1)要把图纸看明白。

(2)现场踏勘。编制施工组织设计方案前还应携带设计图纸对工程现场进行详细的踏勘。对工程概况、地形地貌、周边环境、现场状况、施工障碍等有所了解,以获得编制施工组织设计方案必要的资料信息。

(3)编制施工组织设计方案时要先把工程概况交代清楚,让阅读者和使用者对工程

概况有一个总的了解和清晰的印象,一看工程概况便知工程的全貌,描述时要言简意赅。

(4)制定施工组织机构、人员安排、工期进度要力求详细具体,落实到具体人、具体天、具体工序。描述时既要用文字说明,也要用图表表述,使之直观清晰。

(5)施工方案、技术质量措施、安全管理措施及文明施工措施要详细具体,方法步骤要合理,目标指标要分解细化量化,操作性强,易贯彻掌握。

(二)基本步骤

编制施工组织设计方案可分为下列步骤。

(1)项目概况:一是基本情况,即工程名称、工程地址、建设单位、建设规模等,这些内容应是全称,并与图纸标注一致。二是工程概况,即要投标或施工的工程项目的概况。用简洁的文字概括工程的电源取电地方、路径走向、安装设备数量及位置、设备供电范围及回路、使用电缆的规格型号等。

(2)项目建设管理体制。包含项目建设管理网络、项目安全管理网络、项目质量管理网络。

(3)现场施工组织及人员安排。主要有工程项目经理、工程技术人员、施工队伍、现场质检员、现场安全员、现场材料员。

(4)施工方案。是施工组织设计方案的重点部分,它表述的是整个工程从开工到完工按施工顺序每个步骤要做的事,采取的施工方法、施工工艺,具体怎么做。它分整个工程的总体安排和分部分项工程的具体施工安排。以 10 kV 住宅小区配电网络工程为例,其施工步骤的顺序应为:开挖、砌筑或浇筑设备基础→作接地网→开挖高压和低压电缆沟、电缆井→敷设电缆保护管→砌筑电缆井→设备(开闭站、箱变、变压器)吊运安装→高低压电缆敷设→作外线接引→作高低压电缆头→电缆压接设备调试→设备打压试验→电缆井板井具安装→验收→回填现场清理→送电。

(5)施工工期和施工进度也是方案的重点。它分为施工工期和进度计划两个方面。施工工期应是整个工程从某年某月某日开工到某年某月某日完工共计需要的天数。施工进度计划则是从开工到完工每个步骤的具体时间安排,它需要用文字叙述和进度计划图表两种方式来表述。

(6)主要施工设备和材料供应计划。分两个方面,应以文字和表格两种方式同时表述。一是为完成施工任务必备的机械设备,方案中要写清设备的名称、型号、数量,以及在本工程的用途。二是用于本工程的材料及供应计划。这部分应参考施工图的材料表,结合工程实际进行编制,与工程报价保持一致。

(7)质量保证措施:

①质量目标。

②保证质量目标实现的组织管理和检验程序。

③对重点环节和薄弱环节采取的技术措施。

(8)安全管理措施:

①安全管理目标。

②安全管理组织机构和基本安全制度。

③施工安全技术措施。

④安全检查和考核。

(9)文明施工管理,包括文明施工目标、管理组织机构、文明施工要求和实施方案、考核办法、信息管理。

(10)信息及档案管理。

(11)标准化及物资管理。

(12)项目创优示范管理。

三、单位工程施工组织计划的编制方法

(一)编制的原则

(1)符合工程承包合同的约定或招标文件中有关工程进度、质量、安全、环境保护、造价等方面的要求。

(2)积极开发、使用新技术和新工艺,推广应用新材料和新设备。

(3)坚持科学的施工程序和合理的施工顺序,采用流水施工和网络计划等方法,科学配置资源,合理布置现场,采取季节性施工措施,实现均衡施工,达到合理的经济技术指标。

(4)采取技术和管理措施,推广建筑节能和绿色施工。

(5)与质量、环境和职业健康安全三个管理体系有效结合。

(二)编制的流程

(1)组织编制组,明确负责人(主编)。通常由项目负责人主持编制。

(2)收集整理编制依据,并鉴别其完整性和真实性。

(3)编制组分工,并明确初稿完成时间。

(4)初稿整理后召集企业内部审查。

(5)编制组依据初审意见进行修改。

(6)依据企业规章制度报企业负责人审阅。

(7)除投标用施工组织设计外,召集外部人员参加评审会议,拟参评的单位有业主方、监理方、设计方,有的工程还有政府行政管理监督部门参加,如公安消防监督机构、建设工程质量安全监督机构、特种设备安全监督机构、环境保护监督机构,以及文物管理部门等。

(8)编制组依据外部评审会议的纪要进一步对施工组织设计进行修改。

(9)修改完成报企业负责人审批,经批准后的施工组织设计即生效进入实施阶段。

(10)实施中因条件变化,发生较大的必须更改,其更改部分需经原批准人审查批复。

(三)施工组织设计的审批

(1)各类施工组织设计文件在实施前应严格执行编制、审核、审批程序,没有批准的施工组织设计不得实施。

(2)施工组织总设计、专项施工组织设计的编制,应坚持“谁负责项目的实施,谁组织编制”的原则。对于规模大、工艺复杂的工程、群体工程或分期出图的工程,可分阶段编制和报批。施工组织总设计由施工总承包单位组织编制。当工程没有施工总承包单位时,施工组织总设计应由建设单位负责组织各施工单位编制。专项施工组织设计由施工

单位组织编制。

(3)施工组织编制、审核和审批工作实行分级管理制度。施工组织设计编制完成后，由项目部总工程师进行复核，施工组织总设计由总承包单位技术负责人审批后，向监理报批。专项施工组织设计由分包单位完成内部编制、审核、审批程序后，报总承包单位审核、批准，然后由总承包单位项目经理或其授权人签章后向监理报批。当工程没有施工总承包单位时，施工单位完成内部编制、审核、审批程序后，由施工单位项目经理或其授权人签章后向监理报批。

四、专项施工方案的内容

(1)工程概况，包括名称，主要工程量，施工的特点、难度和复杂程度，要解决的技术要点，施工作业条件和环境特点。

(2)施工安排，确定施工程序和顺序，经比较分析确定施工方法和施工起点及流向。

(3)施工准备与资源配置计划，明确各类资源配置数量和要求。

(4)进度计划安排，确定全部施工过程在时间上和空间上的部署。

(5)施工方法及工艺要求，如杆塔组立的施工方法及工艺。

(6)工程质量控制，明确标准，制定检测控制点，说明检测器具和方法，提出质量预控措施。

(7)制定安全技术措施，辨识危险源，提出相应预控方案。

(8)明确文明施工要点和环境保护措施。

五、专项施工方案的编制方法

(一)工程概况的编制

施工方案的工程概况一般比较简单，应对工程主要情况、设计简介和工程施工条件等重点内容加以简要介绍，重点说明工程的难点和施工特点。

(二)施工安排的编制

专项工程的施工安排包括专项工程的施工目标、施工顺序与施工流水段、施工重难点分析及主要管理与技术措施、工程管理组织机构与岗位职责等内容。施工安排是施工方案的核心，关系专项工程实施的成败。

工程的重点和难点的设置，主要是根据工程的重要程度，即质量特征值对整个工程质量的影响程度来确定。首先对施工对象进行全面分析、比较，以明确工程的重点和难点，然后进一步分析所设置的重点和难点在施工中可能出现的问题或造成质量安全隐患的原因，针对隐患的原因相应地提出对策，加以预防。专项施工方案的技术重点和难点设置应该包括设计、计算、详图、文字说明等。

工程管理的组织机构及岗位职责应在施工安排中确定并应符合总承包单位的要求。根据分部(分项)工程或专项工程的规模、特点、复杂程度、目标控制和总承包单位的要求设置项目管理机构，该机构各种专业人员配备齐全，完善项目管理网络，建立健全岗位责任制。

(三)施工准备与资源配置计划的编制

1. 施工准备的主要内容

施工准备的主要内容包括技术准备、现场准备和资金准备。

技术准备包括施工所需技术资料的准备、图纸深化和技术交底的要求、试验检验和测试工作计划、样板制作计划及与相关单位的技术交接计划等。专项工程技术负责人认真查阅设计交底、图纸会审记录、变更洽商、备忘录、设计工作联系单、甲方工作联系单、监理通知等是否与已施工的项目有出入的地方,发现问题立即处理。

现场准备包括生产、生活等临时设施的准备及与相关单位进行现场交接的计划等。

资金准备主要是编制资金使用计划等。

2. 资源配置计划的主要内容

资源配置计划的主要内容包括劳动力配置计划和物资配置计划。

劳动力配置计划应根据工程施工计划要求确定工程用工量并编制专业工种劳动力计划表。

物资配置计划包括工程材料和设备配置计划、周转材料和施工机具配置计划及计量、测量和检验仪器配置计划等。

(四)施工进度计划的编制

分部(分项)工程或专项工程施工进度计划应按照施工安排,并结合总承包单位的施工进度计划进行编制。

施工进度计划可采用网络图或横道图表示,并附必要说明。

(五)施工方法及工艺要求

1. 施工方法

施工方法是工程施工期间所采用的技术方案、工艺流程、组织措施、检验手段等。它直接影响施工进度、质量、安全及工程成本。施工方法中应进行必要的技术核算,对主要分项工程(工序)明确施工工艺要求。施工方法应比施工组织总设计和单位工程施工组织设计的相关内容更细化。

2. 施工重点

专项工程施工方法应对易发生质量通病、易出现安全问题、施工难度大、技术含量高的分项工程(工序)等作出重点说明。

3. 新技术应用

对开发和使用的新技术、新工艺及采用的新材料、新设备应做必要的试验或论证并制订计划。

对于工程中推广应用的新技术、新工艺、新材料和新设备,可以采用目前国家和地方推广的,也可以根据工程具体情况由企业创新;对于企业创新的技术和工艺,要制订理论和试验研究实施方案,并组织鉴定评价。

4. 季节性施工措施

对季节性施工应提出具体要求。根据施工地点的实际气候特点,提出具有针对性的施工措施。在施工过程中,还应根据气象部门的预报资料,对具体措施进行细化。

（六）工程质量控制

工程质量控制主要是提出质量目标、针对质量管理的措施、质量管理及检验的标准。

（七）安全技术措施

安全技术措施主要是提出安全目标、危险点分析及措施。

（八）文明施工和环境保护措施

针对文明施工的实施方案、环境保护的具体措施，如防止大气污染的措施、水土保持的措施等内容。

六、危险性较大工程专项施工方案的内容和编制方法

（一）危险性较大工程专项施工方案的内容

危险性较大的分部分项工程安全专项施工方案（简称“专项方案”）是在编制施工组织设计的基础上，针对危险性较大的分部分项工程单独编制的安全技术措施文件。

专项方案包括以下内容：

（1）工程概况：危险性较大的分部分项工程概况、施工平面布置、施工要求和技术保证条件；

（2）编制依据：相关法律、法规、规范性文件，标准，规范及图纸（国标图集），施工组织设计等；

（3）施工计划：包括施工进度计划、材料与设备计划；

（4）施工工艺技术：技术参数、工艺流程、施工方法、检查验收等；

（5）施工安全保证措施：组织保障、技术措施、应急预案、监测监控等；

（6）劳动力计划：专职安全生产管理人员、特种作业人员等；

（7）计算书及相关图纸。

（二）专项方案的编制、审核与论证

建设单位在申请领取施工许可证或办理安全监督手续时，应当提供危险性较大的分部分项工程清单和安全管理措施。施工单位、监理单位应当建立危险性较大的分部分项工程安全管理制度。

1. 专项方案的编制

施工单位应当在危险性较大的分部分项工程施工前编制专项方案，其编制步骤和方法与施工方案基本相同，只是编制内容略有区别，主要是更加强调施工安全技术、施工安全保证措施和安全管理人员及特种作业人员等要求。

对于超过一定规模的危险性较大的分部分项工程，施工单位应当组织专家组对其专项方案进行充分论证。

对于实行施工总承包的配电工程项目，其专项方案应当由施工总承包单位组织编制。其中，起重机械安装拆卸工程、深基坑工程、停电跨高铁等专业工程实施的专项方案可由专业承包单位组织编制。

2. 专项方案的审核

专项方案应当由施工单位技术部门组织本单位施工技术、安全、质量等部门的专业技术人员进行审核。经审核合格的，由施工单位技术负责人签字。实行施工总承包的，专项

方案应当由总承包单位技术负责人及相关专业承包单位技术负责人签字。

不需专家论证的专项方案，经施工单位审核合格后报监理单位，由项目总监理工程师审核签字。

3. 专项方案的论证

超过一定规模的专项方案应当由施工单位组织召开专家论证会。实行施工总承包的，由施工总承包单位组织召开专家论证会。

1）专家库的建立

各地住房和城乡建设主管部门应当按专业类别建立专家库。专家库的专业类别及专家数量应根据本地实际情况设置。专家名单应当予以公示。

专家库的专家应当具备以下基本条件：诚实守信、作风正派、学术严谨；从事专业工作15 年以上或具有丰富的专业经验；具有高级专业技术职称。

各地住房和城乡建设主管部门应当根据本地区实际情况，制定专家资格审查办法和管理制度并建立专家诚信档案，及时更新专家库。

2）参加专家论证会的人员

专家组成员；建设单位项目负责人或技术负责人；监理单位项目总监理工程师及相关人员；施工单位分管安全的负责人、技术负责人、项目负责人、项目技术负责人、专项方案编制人员、项目专职安全生产管理人员；勘察、设计单位项目技术负责人及相关人员。

专家组成员应当由 5 名及以上符合相关专业要求的专家组成，本项目参建各方的人员不得以专家身份参加专家论证会。

3）专家论证的主要内容

专家论证的主要内容包括：专项方案内容是否完整、可行；专项方案计算书和验算依据是否符合有关标准规范；安全施工的基本条件是否满足现场实际情况。

专项方案经论证后，专家组应当提交论证报告，对论证的内容提出明确的意见，并在论证报告上签字。该报告作为专项方案修改完善的指导意见。

专项方案经论证后需做重大修改的，施工单位应当按照论证报告修改，并重新组织专家进行论证。

七、施工技术交底文件的内容与编写方法

配电工程施工中的技术交底，是在某一单位工程开工前，或一个分项工程施工前，由项目技术员向参与施工的人员进行的技术性交代，其目的是使施工人员对工程特点、技术质量要求、施工方法与措施等方面有一个较详细的了解，以便于科学地组织施工，避免技术质量等事故的发生。

各项技术交底内容也是工程技术档案资料中不可缺少的部分。

（一）施工技术交底文件的内容

配电工程施工技术交底文件包括以下基本内容：

（1）施工准备工作情况。包括施工条件、图纸及资源准备情况、现场准备情况等。

（2）主要施工方法。包括施工组织安排、工艺流程、关键部位的操作方法及施工中应注意的事项等。

(3)劳动力安排及施工工期。劳动力配备情况,尤其是技术工人的配置要求。施工过程持续时间与施工工期要求,工期保证措施。

(4)施工质量要求及质量保证措施。

(5)环境安全及文明施工等注意事项及安全保证措施。

(二)施工技术交底文件的编写方法

1. 施工技术交底文件的编写要求

(1)施工技术交底的内容要详尽。技术人员在施工前必须深入了解设计意图,在熟悉图纸的前提下,对相应的规范、标准、图集等要有一个深入的了解,结合各专业图纸之间的对照比较,确定具体的施工工艺,然后开始编制施工技术交底文件。

技术交底的内容应能反映施工图、施工方法、安全质量等各个方面,能全面说明各类要求。技术交底应重点阐述整个施工过程的工序衔接、施工工艺方法,让工人接受交底后能依此进行操作,对较为复杂或确实无法表述清楚的部位,还应通过附图加以说明。

(2)施工技术交底的针对性要强。在编写技术交底时,一定要针对工程特点、图纸说明、工艺要求、施工关键部位与环节等,做到每一分项工程施工都有自己的工艺操作要点。然后结合技术交底的范本、工艺标准要求进行编写,体现其针对性、独特性、实用性。

(3)施工技术交底的表达要通俗易懂。除文字形式的交底外,还应结合口头交底。使一线工人能够理解。编写施工技术交底时,一定要用工人熟悉的方式将交底意图表达出来,力求通俗易懂。将复杂、专业的标准、术语,用相应的、通俗易懂的语言传达给现场的操作工人,力求每一个工人都能明了怎么干,要求是什么,达到什么效果。

2. 编制技术交底文件的注意事项

(1)技术交底文件的编写应在施工组织设计或施工方案编制以后进行,是将施工组织设计或施工方案中的有关内容纳入施工技术交底之中的,因此不能偏离施工组织设计的内容。

(2)技术交底文件的编写不能完全照搬施工组织设计的内容,应根据实施工程的具体特点,综合考虑各种因素,提高质量,保证可行,便于实施。

(3)凡是本工程或本项目交底中没有或不包括的内容,一律不得照抄规范和规定。

(4)技术交底需要补充或变更时应编写补充或变更交底文件。

(5)技术交底书及被交底人(班组长等)必须签字承诺。

八、技术交底的程序

(1)每道施工工序开始前,施工员应根据现场施工特点、图纸设计要求、施工工艺和质量验收标准进行有针对性的施工技术汇总。

(2)施工员应召开技术交底会,向班组长及操作工人解说技术交底中的现场施工要点、图纸设计要求、施工工艺和质量验收规范等。

(3)施工班组长必须严格遵守并执行技术交底中的各项施工流程、施工工艺、技术要求和质量标准。

(4)交底人与被交底人均应签字确认。

任务二　施工进度计划的编制方法

一、施工进度计划的类型

(一)施工进度计划的主要内容

(1)根据拟定的施工方法和工程属性合理地选择施工方式,科学安排施工顺序。

(2)根据进度计划进行工期优化,满足合同工期要求。

(3)在满足业主工期要求和保证工程质量的前提下,制订切实可行的进度计划。

(二)施工进度计划编制的原则

(1)符合合同文件中有关进度的要求。

(2)编制的施工进度计划应先进、可行。

(3)切合实际,与项目经理部的施工能力相协调。

(4)满足企业对工程项目要求的施工进度目标。

(5)保证施工过程的均衡性和连续性。

(6)有利于节约施工成本,保证施工质量和施工安全。

(7)采用科学的方法编制施工进度计划,如采用网络计划技术等方法。

(三)施工进度计划的编制依据

(1)上级合同规定的开工日期、竣工日期。

(2)设计图纸、定额资料等。

(3)工程项目所在地的水文、地质、气象等自然情况。

(4)工程项目所在地的资源可利用情况。

(5)项目部可能投入的施工力量、机械设备和主要材料的供应及到货情况。

(6)影响施工的经济条件和技术条件。

(7)主要工程的施工方案。

(8)工程项目的外部条件等。

(四)施工进度计划编制的作用

(1)有助于领导部门抓住关键,统筹全局。

(2)有利于施工企业合理布置人力、物力,正确指导施工生产活动的顺利进行。

(3)有利于工人群众明确目标,更好地发挥主动精神。

(4)有利于施工企业内部及时配合,协同作战。

(五)施工进度计划的分类

施工进度计划是为实现项目设定的工期目标,对各项施工工程的施工顺序、起止时间和相互衔接关系所作的统筹策划和安排,施工进度计划包括以下分类:

(1)按工程规模分类,有施工总进度计划、单位工程施工进度计划、分部分项工程施工进度计划等。

(2)按指导施工时间长短分类,有年度计划、季度计划、月度计划、旬或周计划等。

(3)按配电工程类别分类,有土石方工程进度计划、基础工程进度计划、杆塔组立工程进度计划、架线工程进度计划、电力电缆工程进度计划、配电高低压盘柜安装工程进度计划等。

(4)按作用不同分类,有控制性进度计划和实施性作业计划等。

二、控制性进度计划的作用

项目由多个单位工程组成或工期较长需跨多个年度才能建成的工程需进行编制。

(1)施工总进度计划描述的对象是单位工程的开工时间、竣工时间,是对整个项目工期目标实行宏观控制,因而计划的时间坐标以年、季、月为主,属于控制性计划。

(2)单位工程进度计划编制的工期目标应符合施工总进度计划时间节点的安排,仅在总进度计划作出调整后,新开工的单位工程进度计划才能与原总进度计划的安排有差异,这是计划安排严肃性的体现。

(3)在实施过程中经常检查实际进度是否按计划要求进行,对出现的偏差分析原因,采取措施或调整、修改原计划,直至工程竣工,交付使用。

(4)单位工程施工进度计划对跨多年度的工程因其规模庞大具有控制性作用外,大多是与作业计划一样均为实施性计划。

三、实施性施工进度计划的作用

实施性的计划编制时对施工资源情况、作业条件状况、作业环境分析等均做了充分的了解,因而计划的实施具有较强的可操作性。

作业计划具有如下作用:

(1)施工作业进度计划是对单位工程进度计划目标分解后的计划,可按分项工程或工序为单元进行编制。

(2)作业计划编制前要对施工现场条件、作业面现状、人力资源配备、物资供应状况、技术能力情况和资金供给的可能性等做充分的了解,并对执行中可能遇到的问题及其解决的途径提出对策,因而作业计划具有更强的可操作性。

(3)作业计划编制时已充分考虑了工作间的衔接关系,客观地反映了施工顺序的安排,符合工艺技术规律。

(4)作业计划的表达单位应是形象进度的实物工程量,表达形式宜为横道图进度计划。

(5)作业进度计划分为月计划、旬(周)计划、日计划三个层次。

(6)实施性施工进度计划的主要作用包括:

①确定各分部分项工程的施工时间及其相互之间的衔接、穿插、平行搭接、协作配合等关系;

②确定一个月度或旬的人工需求;

③确定一个月度或旬的施工机械的需求;

④确定一个月度或旬的建筑材料的需求;

⑤确定一个月度或旬的资金的需求等;

⑥指导现场的施工安排,确保施工任务的如期完成。

四、横道图进度计划的编制方法

(一)横道图进度计划

横道图进度计划由左、右两部分组成,左半部分是按施工顺序排列的施工过程(工序),右半部分是在日历坐标上绘制的横道线进度计划,横道线条结合时间坐标来表示项目各项工作的开始时间、持续时间和先后顺序。还可以在进度计划的下方绘制资源动态线来表达资源情况,如图 5-1 所示。

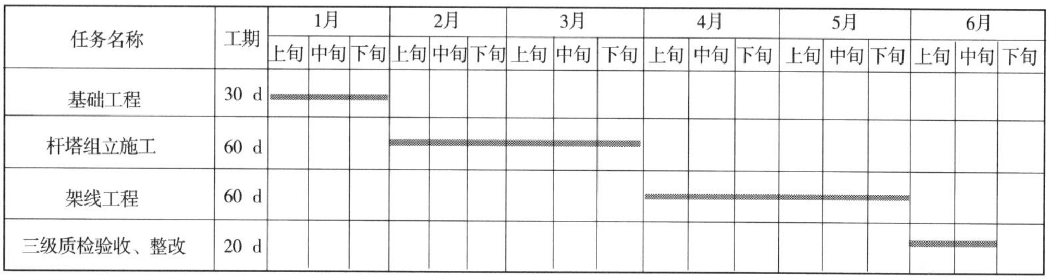

图 5-1　某横道图进度计划

横道图进度计划的优点是简单、明了、直观、易懂,且较易编制。因有时间坐标,故各项工作的开始时间、持续时间、工作进度、总工期等一目了然,便于据图叠加统计资源。其缺点主要是不能全面地反映出各项工作相互之间的关系和影响,也不便于进行各种时间的计算,不能客观地突出工作的重点,也不能从图中看出计划的潜力。

(二)绘制步骤

(1)分析施工对象的性质,以专业或工序划分工作内容。

(2)依据施工工艺规律确定各专业或工序的前后衔接关系。

(3)在总工期或上一级进度计划(例如月计划要服从年或季计划安排)控制下,安排各工作内容的完成时间,从而作为生产要素(资源)配置数量的依据。

(4)绘制横道图。

(三)绘制举例

(1)案例背景。有一配网工程,线路全长 15 km,其施工工序为线路复测,基础工程,杆塔组立,架线施工,防雷接地工程施工,线路试验,三级质检验收、整改,竣工送电,共 8 个工序。

(2)作横道图,如图 5-2 所示。

(3)说明。该计划的安排要与单位工程施工进度计划相衔接,即符合其总体计划要求。作业计划是按依次作业安排的,如资源供给充实,还可安排成有搭接作业的计划,以缩短工期。

五、网络图计划的基本概念与识读

网络图计划有单代号网络图计划、双代号网络图计划、搭接网络图计划等,其基本原

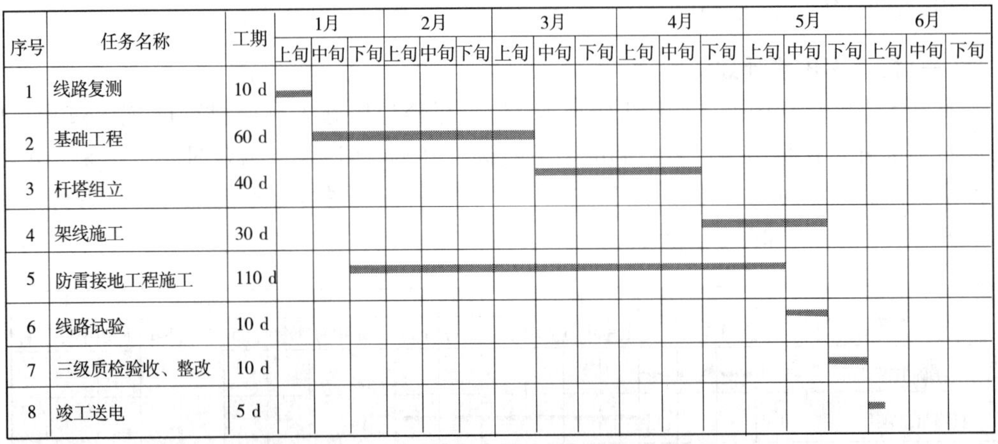

图 5-2 配网工程施工作业横道图进度计划

理称统筹法。统筹法是应用网络图形来表达一项工程建设计划各项工作的开展顺序及其相互间的关系，通过时间参数计算，找出关键工作和关键线路，并通过优化，寻找计划的最佳方案，同时网络图计划也便于在执行中对计划的监督，保证合理地使用人力、物力和财力，以最小的消耗取得最大的经济效果。目前，已有不少计算机软件在工程建设领域推广网络计划的绘制和执行中的控制，使网络图计划不便于计算资源消耗量的缺点得以日益改进和克服。现以双代号网络图计划为例介绍施工进度计划的编制和识读方法。

（一）网络图的三要素

双代号网络图由工作、节点、线路三个基本要素组成。

1. 工作（也称过程、活动、工序）

工作就是按计划安排的粗细程度来划分的施工活动。例如，配网工程总体网络图（较粗的计划）把基础工程、杆塔组立、架线工程各看作一个工作，而作业计划的网络图（较细的计划）把基础工程中的土方开挖、模板施工、钢筋绑扎、地脚螺栓安装、基础浇筑各看作一个工作。工作是要消耗时间和资源的。在网络图中工作用箭线表示，箭线的两端有节点，箭尾的节点表示工作开始、箭头的节点表示工作结束。箭线的上部标有工作名称，下部标有消耗的时间或资源数值，如图 5-3 所示。

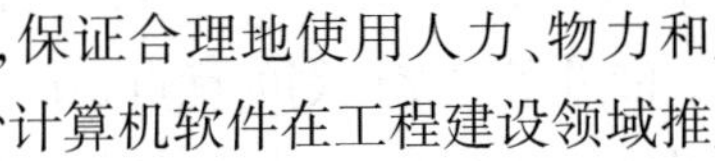

图 5-3 工作的表示

工作通常分为两种，要消耗时间和资源或仅消耗时间的工作称为实工作，用实箭线表示；既不消耗时间又不消耗资源仅表示相邻工作间的前后逻辑关系的工作称为虚工作，用虚箭线表示。

2. 节点

除前述工作两端都有节点的含义外，网络图中各项工作的交汇处都有节点，用圆圈表示，只有该节点前面的工作都结束后，才可能使该节点后面的工作开始，节点仅是一个时间的瞬间，不消耗时间和资源。在一个网络图中只有一个仅发出箭线不接受箭线的开始（起始）节点，也只有一个仅接受箭线不发出箭线的完成（终点）节点。节点有编号，编号可用数字、字码、天干、地支等，但有一个原则，自网络图起点到终点的所有节点编号顺序要符合自然顺序，即每个工作的箭尾节点编号在自然顺序上要先于箭头节点的编号。同一张网络图的节点不应有重号。

3. 线路

线路是指自网络图起始节点开始，沿着箭线所指方向，通过一系列箭线和节点，到达终点节点，有着多种路径，称为线路，费时最长的线路称为关键线路，关键线路上的工作称为关键工作。要注意一张网络计划图上不仅仅有一条关键线路，有可能还有多条关键线路。

4. 网络图中工作之间的关系

紧邻工作箭尾节点前的工作，称为该工作的紧前工作。

紧邻工作箭头节点后的工作，称为该工作的紧后工作。

有着共同箭尾节点的工作，称为平行工作。如图 5-4 所示，工作 $i—j$ 是工作 $j—z$、$j—k$、$j—y$ 的紧前工作。

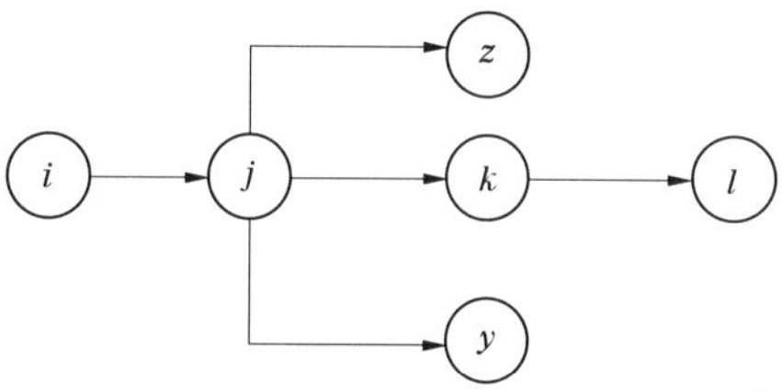

图 5-4　工作的关系

工作 $j—k$ 是工作 $k—l$ 的紧前工作。

工作 $j—z$、$j—k$、$j—y$ 是工作 $i—j$ 的紧后工作。

工作 $k—l$ 是工作 $j—k$ 的紧后工作。

工作 $j—z$、$j—k$、$j—y$ 间称平行工作。

5. 网络图时间参数相关概念

网络图时间参数相关概念包括：各项工作的最早开工时间、最早完工时间、最迟开工时间、最迟完工时间及工作的时差（总时差、自由时差）。

最早开工时间（EST）：可能开工的最早时间，用 TE_i 表示；

最早完工时间（EFT）：可能完工的最早时间，用 TE_j 表示；

最迟开工时间（LST）：在不影响指定的总工期范围内，允许最迟开工时间，用 TL_i 表示；

最迟完工时间（LFT）：在不影响指定的总工期范围内，允许最迟完工时间，用 TL_j 表示。

总时差（TFT）：双代号网络图时间计算参数，指一项工作在不影响总工期的前提下所具有的机动时间。用工作的最迟开工时间 LST 与最早开工时间 EST 之差表示。

自由时差，指一项工作在不影响后续工作的情况下所拥有的机动时间。用紧后工作的最早开工时间与该工作的最早完工时间之差表示。

总时差=最迟完工时间-尚需完成时间。计算结果若大于0，则不影响总工期。若小于0，则影响总工期。

拖延时间=总时差+受影响工期，与自由时差无关。

自由时差=紧后工作的最早开工时间-本工作的最早完工时间。

(二)绘制原则

1. 逻辑关系

正确地表达工作之间的相互依赖和相互制约关系，即逻辑关系要正确。

【例5-1】 有A、B、C三项工作，只有工作A完成后，工作B和C才能开始，表示如图5-5所示。

【例5-2】 有A、B、C三项工作，只有工作A和B完成后，工作C才能开始，表示如图5-6所示。

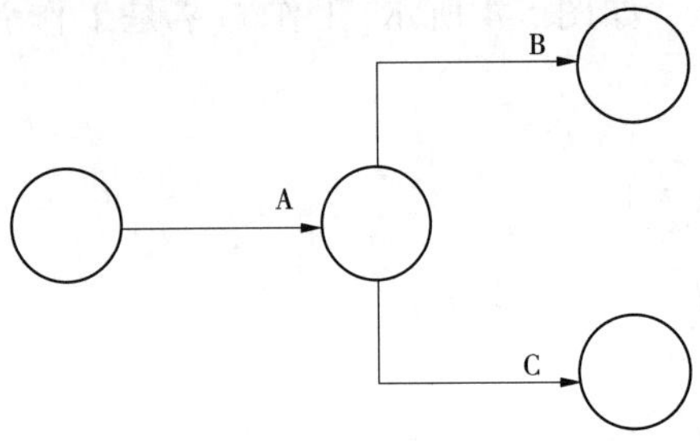

图5-5 绘制原则1

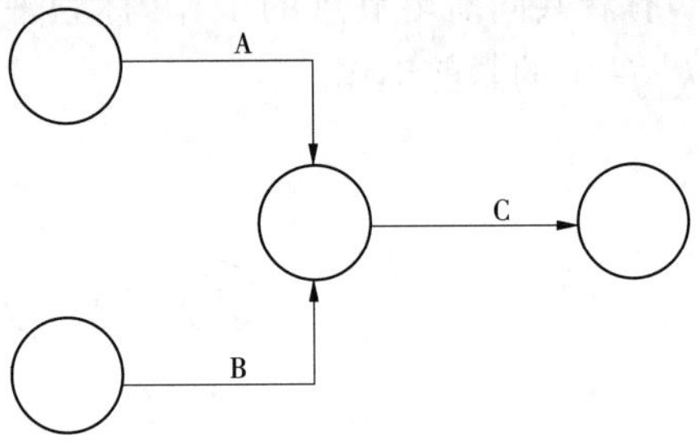

图5-6 绘制原则2

【例5-3】 网络图如图5-7所示。最早开工时间写在图中的□内，最迟开工时间写在□旁的○中。

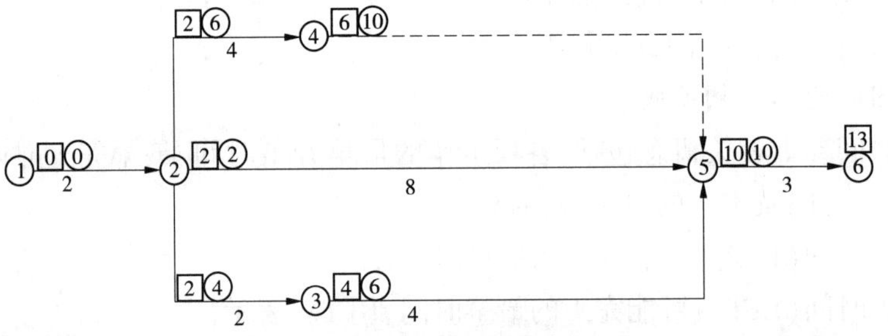

图5-7 网络图

最早开工时间取几个途径中的最大值，如以点⑤为例，途径1：①→②→⑤，开工时间为2+8=10(d)；途径2：①→②→③→⑤，开工时间为2+2+4=8(d)，则⑤的最早开工时间TE_i为10 d。

最迟开工时间取几个途径中的最小值，如以点②为例，途径1：⑤→②，开工时间为10-8=2(d)；途径2：④→②，开工时间为10-4=6(d)，则②的最迟开工时间TL_j为2 d。也可用表的方式来计算网络图时差，见表5-1。

表 5-1　网络图时差计算

工序编号		本工序时间/d	开工时间/d		时差/d
箭尾号	箭头号		最早开工时间	最迟开工时间	
甲	乙	丙	丁	戊	己
①	②	2	0	0	0
②	③	2	2	4	2
②	④	4	2	6	4
②	⑤	8	2	2	0
③	⑤	4	4	6	2
④	⑤	0	6	10	4
⑤	⑥	3	10	10	0
⑥			13	13	0

也可用时间坐标法绘制工序流程,如图 5-8 所示。

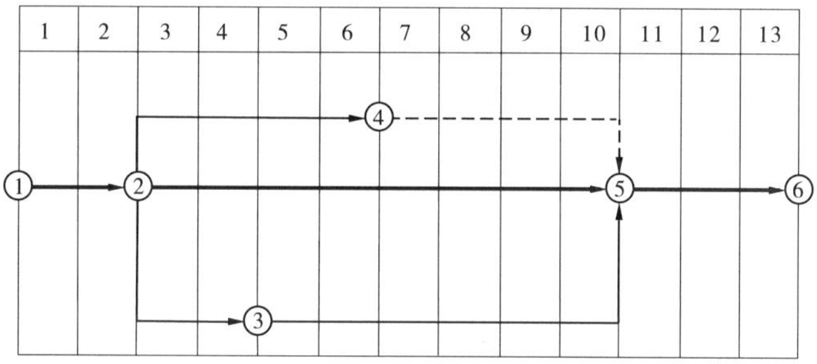

①~⑥—节点数;1~13—天数。

图 5-8　时间坐标法工序流程

2. 关键路径的确定

通过网络图时差计算可以发现网络图中必有一条或若干条(一般占全部作业项目的10%~20%)的连续回路成为主要矛盾线。在这条线上的工作必须按时完成,无回旋余地。构成主要矛盾线要同时具备如下三个条件:

(1) $TE_i = TL_i$,即项目最早开工时间=项目最迟开工时间。

(2) $TE_j = TL_j$,即项目最早完工时间=项目最迟完工时间。

(3) $TE_j - TE_i = TL_j - TL_i = te$,即开工与完工项目的时间之差等于该项目所需的时间,用 te 表示。

图 5-8 中的①→②→⑤→⑥符合上述条件,即为该工程的主要矛盾线。

3. 平衡施工高峰

利用非主要矛盾线中的项目间时差,就可以平衡施工高峰。

总时差=项目最迟完工时间-项目最早开工时间-项目所需时间,即 $FT = TL_j - TE_i - te$。

例5-3中③点的FT=10-4-4=2(d),即③和⑤之间有2 d总时差。

单时差=项目最早完工时间-项目最早开工时间-项目所需时间。即 $FF = TE_j - TE_i - te$。例5-3中④点的FF=10-6-0=4(d),即④和⑤之间有4 d时差。该项目推迟4 d开工并不影响总工期,这4 d可用于平衡施工高峰。

六、施工进度计划的检查方法

在工程项目的实施过程中,为了进行进度控制,进度控制人员应经常地、定期地跟踪检查施工实际进度情况,主要是收集工程项目进度材料,进行统计整理和对比分析,确定实际进度与计划进度之间的关系,其主要工作包括以下内容。

(一)跟踪检查工程实际进度

跟踪检查工程实际进度是项目进度控制的关键措施,其目的是收集实际施工进度的有关数据。跟踪检查的时间和收集数据的质量,直接影响控制工作的质量和效果。一般检查的时间间隔与工程项目的类型、规模、施工条件和对进度执行要求程度有关。通常可以确定每月、半月、旬或周进行一次。若在施工中遇到天气、资源供应等不利因素的严重影响,检查的时间间隔可临时缩短,次数应频繁,甚至可以每日进行检查,或派人员驻现场督阵。检查和收集资料的方式一般采用进度报表方式或定期召开进度工作汇报会。根据不同需要,检查的内容包括:

(1)检查期内实际完成和累计完成的工程量。

(2)实际参加施工的劳动力、机械数量和生产效率。

(3)窝工人数、窝工机械台班数及其原因分析。

(4)进度管理情况。

(5)进度偏差情况。

(6)影响进度的特殊原因及分析。

(二)整理统计跟踪检查数据

收集到的工程项目实际进度数据,要进行必要的整理、按计划控制的工作项目进行统计,形成与计划进度具有可比性的数据、相同的量纲和形象进度。一般可以按实物工程量、工作量和劳动消耗量,以及累计百分比整理和统计实际检查的数据,以便与相应的计划完成量相对比。

(三)对比实际进度与计划进度

将收集的资料整理和统计成具有与计划进度可比性的数据后,用工程项目实际进度与计划进度的比较方法进行比较。通过比较得出实际进度与计划进度一致、超前、拖后三种情况。

(四)工程项目进度检查结果的处理

按照检查报告制度的规定,将工程项目进度检查的结果,形成进度控制报告向有关主管人员和部门汇报。

进度控制报告是把检查比较的结果、有关施工进度现状和发展趋势,提供给项目经理及各级业务职能负责人的最简单的书面形式报告。进度控制报告是根据报告的对象不同,确定不同的编制范围和内容而分别编写的。一般分为项目概要级进度控制报告、项目管理级进度控制报告和业务管理级进度控制报告。

项目概要级进度控制报告是报给项目经理、企业经理或业务部门及建设单位或业主的,它是以整个工程项目为对象说明进度计划执行情况的报告。项目管理级进度控制报告是报给项目经理及企业业务部门的,它是以单位工程或项目分区为对象说明进度计划执行情况的报告。业务管理级进度控制报告是就某个重点部位或重点问题为对象编写的报告,供项目管理者及各业务部门为其采取应急措施而使用的。

进度报告由计划负责人或进度管理人员与其他项目管理人员协作编写。报告时间一般与进度检查时间相协调,也可按月、旬、周等间隔时间进行编写上报。

通过检查应向企业提供月度进度报告的内容主要包括:

(1)项目实施概况、管理概况、进度概要的总说明。

(2)项目施工进度、形象进度及简要说明。

(3)施工图纸提供进度,材料、物资、构配件供应进度,劳务记录及预测,日历计划。

(4)对建设单位、业主和施工者的工程变更指令、价格调整、索赔及工程款收支情况。

(5)进度偏差的状况和导致偏差的原因分析,解决问题的措施,计划调整意见等。

七、施工进度计划偏差的纠正方法

(一)施工进度计划偏差的原因分析

由于工程项目的工程特点,尤其是较大和复杂的工程项目,工期较长,影响进度因素较多。编制计划、执行和控制工程进度计划时,必须充分认识和估计这些因素,才能克服其影响使工程进度尽可能按计划进行,当出现偏差时,应考虑有关影响因素,分析产生的原因。其主要影响因素如下。

1. 工期及相关计划的失误

(1)计划时遗漏部分必需的功能或工作。

(2)计划值(如计划工作量、持续时间)不足,相关的实际工作量增加。

(3)资源或能力不足,例如计划时没考虑到资源的限制或缺陷,没有考虑如何完成。

(4)出现了计划中未能考虑到的风险或状况,未能使工程实施达到预定的效率。

(5)在现代工程中,上级(业主、投资者、企业主管)常常在一开始就提出很紧迫的工期要求,使承包商或其他设计人、供应商的工期太紧。而且许多业主为了缩短工期,常压缩承包商做标期、前期准备的时间。

2. 工程条件的变化

(1)工程量的变化。可能是由于设计的修改、设计的错误、业主新的要求、修改项目的目标及系统范围的扩展造成的。

(2)外界(如政府、上层系统)对项目新的要求或限制,设计标准的提高可能造成项目资源的缺乏,使得工程无法及时完成。

(3)环境条件的变化。工程地质条件和水文地质条件与勘察设计不符,如地质断层、地下障碍物、软弱地基、溶洞,以及恶劣的气候条件等,都对工程进度产生影响,造成临时停工或破坏。

(4)发生不可抗力事件。实施中如果出现意外的事件,如战争、内乱、拒付债务、工人罢工等政治事件;地震、洪水等严重的自然灾害;重大工程事故、试验失败、标准变化等技术事件;通货膨胀、分包单位违约等经济事件都会影响工程进度计划。

3. 管理过程中的失误

(1)计划部门与实施者之间、总分包商之间、业主与承包商之间缺少沟通。

(2)工程实施者缺乏工期意识,例如管理者拖延了图纸的供应和批准,任务下达时缺少必要的工期说明和责任落实,拖延了工程活动。

(3)项目参加单位对各个活动(各专业工程和供应)之间的逻辑关系(活动链)没有清楚的了解,下达任务时也没有做详细的解释,同时对活动的必要的前提条件准备不足,各单位之间缺少协调和信息沟通,许多工作脱节,资源供应出现问题。

(4)由于其他方面未完成项目计划规定的任务造成拖延,例如设计单位拖延设计、运输不及时、上级机关拖延批准手续、质量检查拖延、业主不果断处理问题等。

(5)承包商没有集中力量施工,材料供应拖延,资金缺乏,工期控制不紧。这可能是由于承包商同期工程太多、力量不足造成的。

(6)业主没有集中资金的供应,拖欠工程款,或业主的材料、设备供应不及时。

4. 其他原因

由于采取其他调整措施造成工期的拖延,如设计的变更、质量问题的返工、实施方案的修改。

(二)分析进度计划偏差的影响

通过进度比较方法,如果判断出现进度偏差,应当分析偏差对后续工作和对总工期的影响。进度控制人员由此可以确认应该调整产生进度偏差的工作和调整偏差值的大小,以便确定采取调整措施,获得符合实际进度情况和计划目标的新进度计划。

(1)若出现偏差的工作为关键工作,则无论偏差大小,都对后续工作及总工期产生影响,必须采取相应的调整措施,若出现偏差的工作不是关键工作,需要根据偏差值与总时差和自由时差的大小关系,确定对后续工作和总工期的影响程度。

(2)分析进度偏差是否大于总时差。若工作的进度偏差大于该工作的总时差,说明此偏差必将影响后续工作和总工期,必须采取相应的调整措施;若工作的进度偏差小于或等于该工作的总时差,说明此偏差对总工期无影响,但它对后续工作的影响程度,需要根据比较偏差与自由时差的情况来确定。

(3)分析进度偏差是否大于自由时差。若工作的进度偏差大于该工作的自由时差,说明此偏差对后续工作产生影响。应该如何调整,应根据后续工作允许影响的程度而定;若工作的进度偏差小于或等于该工作的自由时差,则说明此偏差对后续工作无影响,因此原进度计划可以不作调整。

(三)施工进度计划的调整方法

1. 增加资源投入

通过增加资源投入,缩短某些工作的持续时间,使工程进度加快,并保证实现计划工期。这些被压缩持续时间的工作是由于实际进度的拖延而引起总工期增长的关键线路和某些非关键线路上的工作,同时这些工作又是可压缩持续时间的工作。它会带来如下问题:

(1)造成费用的增加,如增加人员的调遣费用、周转材料一次性费用、设备的进出场费用。

(2)由于增加资源造成资源使用效率的降低。

(3)加剧资源供应的困难。如有些资源没有增加的可能性,加剧项目之间或工序之间对资源激烈的竞争。

2. 改变某些工作间的逻辑关系

在工作之间的逻辑关系允许改变的条件下,可改变逻辑关系,达到缩短工期的目的。例如,可以把依次进行的有关工作改成平行的或互相搭接的,以及分成几个施工段进行流水施工的等,都可以达到缩短工期的目的。这可能产生如下问题:

(1)工作逻辑上的矛盾性;

(2)资源的限制,平行施工要增加资源的投入强度;

(3)工作面限制及由此产生的现场混乱和低效率问题。

3. 资源供应的调整

如果资源供应发生异常,应采用资源优化方法对计划进行调整,或采取应急措施,使其对工期影响最小。例如,将服务部门的人员投入到生产中去,投入风险准备资源,采用加班或多班制工作。

4. 增减工作范围

增减工作范围包括增减工作量或增减一些工作包(或分项工程)。增减工作内容应做到不打乱原计划的逻辑关系,只对局部逻辑关系进行调整。在增减工作内容以后,应重新计算时间参数,分析对原网络计划的影响。当对工期有影响时,应采取调整措施,保证计划工期不变。但这可能产生如下影响:

(1)损害工程的完整性、经济性、安全性、运行效率,或提高项目运行费用。

(2)必须经过上层管理者,如投资者、业主的批准。

5. 提高劳动生产率

改善工具器具以提高劳动效率;通过辅助措施和合理的工作过程,提高劳动生产率。要注意如下问题:

(1)加强培训,且应尽可能地提前;

(2)注意工人级别与工人技能的协调;

(3)工作中的激励机制,例如奖金、小组精神发扬、个人负责制、目标明确;

(4)改善工作环境及项目的公用设施;

(5)项目小组时间上和空间上合理地组合和搭接;

(6)多沟通,避免项目组织中的矛盾。

6. 将部分任务转移

分包、委托给另外的单位,将原计划由自己生产的结构构件改为外购等。当然这不仅有风险,还会产生新的费用,而且需要增加控制和协调工作。

7. 将一些工作包合并

主要是在关键线路上按先后顺序实施的工作包合并,与实施者一道研究,通过局部地调整实施过程和人力、物力的分配,达到缩短工期的目的。

任务三　编制施工组织设计和专项施工方案的典型案例

【例 5-4】 能够进行线路的选线定位测量。

背景:

某配网工程新建 10 kV 线路 10 条,线路总长度 12 km,0.4 kV/0.22 V 线路全长 30 km,变电台区 10 个。导线型号:LGJ-35/6。共组立 10 m 混凝土拔梢杆 120 基。组立 12 m 混凝土拔梢杆 55 基,其中耐张(转角)杆 15 基,安装接线 30 组。

问题:

根据以上背景资料,简要说明该线路工程的选线定位测量方案内容。

分析与解答:

选线定位测量方案内容包括:

(1)线路复测。施工测量时,应根据杆塔位的中心桩位置钉出必要的辅助桩,作为施工及质量检查的依据,应尽量保留杆塔位的中心桩,施工时留不住的杆塔位中心桩,必须对其定点的辅助桩位置做记录,以便恢复该中心桩。

(2)杆坑定位与分坑。

①根据设计单位提供的线路平面图、断面图和杆塔明细表,核对现场导线桩,从始端杆桩位开始安置经纬仪,向前方逐基定位。

②经纬仪安置时要以桩顶圆钉中心对中,然后选择距离 500 m 左右的方向桩上的圆钉,以后视或前视进行瞄准,再倒转镜筒 180°复核前、后视方向桩有无偏差,无误后即可定位。仪器偏差不应超过 3′。如果偏差过大,应检查原因,是否认错桩位或其他原因。

应注意安置仪器对中或前、后视竖立标杆,都必须以桩顶圆钉中心为准,不允许任意以一般导线桩的中心为准,不允许瞄准最近的桩位去测远方杆塔,否则必有较大误差。

③根据杆塔明细表上注明的每基杆塔的导线桩号,到达现场先进行核对,再用皮尺量出应加减的尺寸(向前方为加,向后为减),即为该杆塔的中心桩位置。若现场导线桩遗失,可参考平面图、断面图上的距离复测。

④直线杆塔定位时,安放一次仪器,可以前、后视连续定位,待前方已看不清或地形有障碍时,再依上法向前移动仪器。

⑤每基杆塔除钉立主中心桩外,还必须同时钉必要的副桩,副桩距主桩的距离一般取 3~5 m。在主桩的顶端两边用红漆注明杆号,在副桩顶端两边注上“副”字,表示与主桩区别,以免认错。

⑥直线杆塔定位主、副桩之间距离数字为参考数据,施工图另有规定时,应参照施工定位图的规定。

⑦转角杆塔定位时,将仪器安放在中心桩位置,瞄准转角前后两方向,依次钉好前后顺线路方向的副桩(通称顺线桩)。再根据转角度数,钉内侧角的二等分线分角桩。转角内侧合力方向的副桩,通称下风桩,外侧反向的副桩,通称上风桩。

⑧转角杆塔应复测转角度数是否与原设计相同,若不符合,应再复测前、后视桩位。如确非前、后视桩位所造成的偏差,并已超过30′,可根据前、后各两个以上直线桩重新交角,重钉中心桩,并将新转角度记录上报相关单位。

⑨转角杆塔的中心位置,不允许有任何移动。直线杆塔定位时,如发现地形不利于立杆必须移位,一般允许在顺线方向前后移动不超过2 m(110 kV线路为5 m)范围内。若超过,应得到有关单位的同意。

⑩每基杆塔定位以后,为了避免农作物等遮没木桩,以致无法寻认,有条件时可在主桩(中心桩)旁边插一面小旗,小旗上标明杆号与杆塔代号。

⑪杆塔代号的含义可参见表5-2。

表5-2　杆塔代号含义

杆塔名称	代号	杆塔名称	代号
直线杆塔	Z	分歧杆塔	F
耐张杆塔	N	钢筋混凝土杆	G
转角杆塔	J	铁塔	T
终端杆塔	D	双回路	S
换位杆塔	H	拉线式铁塔	X

⑫每日定位的情况,应由定位负责人填写记录表格上报监理。

【例5-5】 编制配电线路工程施工组织措施计划。

背景:

某配网工程新建10 kV线路5条,线路总长度5.819 km,0.4 kV/0.22 V线路全长22.99 km,变电台区7个。导线型号:LGJ-35/6。共组立10 m混凝土拔梢杆68基。组立12 m混凝土拔梢杆55基,其中耐张(转角)杆15基,安装接线30组。

问题:

(1)编制该工程施工组织设计的完整内容包括哪些?施工方案主要包括哪些内容?

(2)施工管理的目标是什么?其安全生产文明目标包括哪些内容?

(3)项目部应设立哪些铭牌及图表?

分析与解答:

(1)施工组织设计的内容可粗可细,其比较完整的内容包括封面、目录、工程概况及特点、施工现场组织机构、施工现场总平面布置、施工方案、施工进度计划、质量保证体系及技术组织措施、安全保证体系及技术措施、环境保护和文明施工、计划统计信息管理。其中施工方案主要包括线路复测、基础施工、防雷接地施工、立杆施工、变电台安装、架线施工等。

(2)施工管理目标是单位工程施工部署的重要内容,包括质量目标、工期目标、安全生产文明施工目标。而安全生产文明施工目标包括以下内容:

①不发生六级及以上人身事件;

②不发生因工程建设引起的六级及以上电网及设备事件;

③不发生六级及以上施工机械设备事件；

④不发生火灾事故；

⑤不发生环境污染事件；

⑥不发生负主要责任的一般交通事故；

⑦不发生基建信息安全事件；

⑧不发生对国家电网公司造成影响的安全稳定事件。

(3)施工项目部办公场所应设立项目部铭牌,办公室应将施工项目部组织机构牌、施工项目部职责牌、岗位职责牌设置上墙。办公场所明显位置应布置配电网工程现场安全风险防控措施宣传牌,主要包括生产现场作业“十不干”、配电网工程安全管理“十八项”禁令、应急联系牌等。除此还应设置施工平面布置图及施工进度计划表。

【例 5-6】 编制基础工程的专项施工方案。

背景:

某改造 10 kV 线路 106.9 km,其中主线长度为 67 km,立 15 m 水泥杆 50 基,组立 12 m 水泥杆 2 220 基,组立 10 m 水泥杆 3 251 基,新建变台 58 座,其中 S11-50kVA 变压器 13 台,S11-100kVA 变压器 42 台。

问题:

简述现场浇筑混凝土基础工程的专项施工方案的主要内容包括哪些?

分析与解答:

现场浇筑混凝土基础工程的专项施工方案主要包括:①作业布置原则及布置示意图;②资源配置:机械人员的配置;③作业程序:现场准备、操平、找正基坑、模板安装和支护施工作业、钢筋绑扎、安装作业、基坑上方应搭设稳定牢固的浇筑平台、现场浇筑混凝土作业、撤场、养护、拆模、回填、成品保护;④质量验收。

【例 5-7】 编制杆塔组立专项施工方案。

背景:

某线路工程,新建线路全长 4.572 km,电压等级为 110 kV,全线双回路架设,全部挂线。全线新建铁塔 18 基:其中双回线路直线铁塔 12 基、双回路转角/终端铁塔 6 基。

问题:

简述现场杆塔组立工程的专项施工方案主要包括哪些内容?

分析与解答:

杆塔组立工程的专项施工方案主要包括:①施工工艺流程;②工艺流程说明及主要质量控制要点:施工准备、现场平面布置、抱杆起立、杆塔底部吊装、抱杆提升、铁塔上部吊装、抱杆拆除、螺栓复紧与缺陷处理;③质量验收。

【例 5-8】 编制跨越铁路、高速公路、通航河道等特殊作业的专项施工方案。

背景:

某线路工程,新建线路全长 25 km,电压等级为 110 kV,全线双回路架设,全部挂线。全线新建铁塔 36 基:其中双回线路直线铁塔 25 基、双回路转角/终端铁塔 9 基。线路跨越铁路 1 处,跨越高速 1 处,跨越通航河道 1 处。

问题:

(1)本线路工程应编制哪些专项施工方案?

(2)本线路工程的跨越铁路、高速公路的专项方案应如何编制?包括哪些主要内容?

分析与解答:

(1)本线路工程应编制跨越铁路专项施工方案、跨越高速公路专项施工方案、跨越通航河道专项施工方案。如果基础开挖超过3 m的,应编制基坑开挖专项施工方案。

(2)本线路工程跨越铁路、公路专项施工方案主要内容包括:编制依据、工程概况、跨越方案概述、施工计划安排、钢管跨越架搭设、施工程序、安全校验计算、安全措施、主要工具器及材料、应急组织方案等。

【例5-9】 编制导线架设专项施工方案。

背景:

某线路工程,新建线路全长18 km,电压等级为35 kV,全线双回路架设,全部挂线。全线新建铁塔25基。

问题:

本线路工程导线架设施工方案的主要内容包括哪些?

分析与解答:

本线路工程导线架设施工方案的主要内容包括:牵张场的选择与布置、放线滑车悬挂、跨越设施安装与拆除、导引绳展放施工工艺、张力放线施工工艺、紧线施工工艺、导地线连接施工工艺、附件安装施工工艺等。

【例5-10】 编制柱上配电变压器安装专项施工方案。

背景:

某配网工程新建10 kV线路6条,线路总长度15 km,0.4 kV/0.22 V线路全长22 km,变电台区12个,共安装柱上配电变压器12台。

问题:

根据以上背景资料,简要说明本配网工程柱上配电变压器安装施工方案的主要内容有哪些?

分析与解答:

本配网工程柱上配电变压器安装施工方案的主要内容:准备工作、土建部分、电杆组立、基础回填、接地工程施工、安装部分、质量验收。

【例5-11】 编制电力电缆专项施工方案。

背景:

某农网工程新建10 kV线路1.36 km;0.4 kV/0.22 kV线路1.13 km;电缆0.1 km。新组立电杆27基(其中230×18 m电杆5基;230×12 m电杆1基;190×18 m电杆13基;250×18 m方杆5基;利旧迁移电杆3基)。安装配电变压器2台。该10 kV线路采用JKLGY-95/10 10 kV架空绝缘线;0.4 kV/0.22 kV线路采用JKLGYJ-150/25 1 kV架空绝缘线和VLV-1 kV-4×185电缆架设。

问题:

(1)以本工程的施工为例,简要说明电缆敷设的施工方案包括的内容。

(2)简述接地工程的施工方案。

分析与解答：

(1)电缆敷设的施工方案主要内容：①编制依据。②工程概况。③工艺流程。④工艺流程说明及主要质量控制要点：施工准备；高压电缆敷设；电缆头制作；高压电缆试验；高压电缆固定；质量验收。⑤电缆防火封堵。

(2)接地工程的施工方案：①施工工艺流程；②开挖接地沟；③接地体敷设、连接；④回填；⑤接地电阻测量。

【例 5-12】 分析确定危险性较大设备安装工程的防范要点，配合编制作业指导书。

1. 危险性较大的分部分项工程范围

1)基坑支护、降水工程

开挖深度超过 3 m(含 3 m)或虽未超过 3 m 但地质条件和周边环境复杂的基坑(槽)支护、降水工程。

2)土方开挖工程

开挖深度超过 3 m(含 3 m)的基坑(槽)的土方开挖工程。

3)模板工程及支撑体系

(1)各类工具式模板工程：包括大模板、滑模、爬模、飞模等工程。

(2)混凝土模板支撑工程：搭设高度 5 m 及以上；搭设跨度 10 m 及以上；施工总荷载 10 kN/m^2 及以上；集中线荷载 15 kN/m^2 及以上；高度大于支撑水平投影宽度且相对独立无联系构件的混凝土模板支撑工程。

(3)承重支撑体系：用于钢结构安装等满堂支撑体系。

4)起重吊装及安装拆卸工程

(1)采用非常规起重设备、方法，且单件起吊重量在 10 kN 及以上的起重吊装工程。

(2)采用起重机械进行安装的工程。

(3)起重机械设备自身的安装、拆卸。

5)脚手架工程

(1)搭设高度 24 m 及以上的落地式钢管脚手架工程。

(2)附着式整体和分片提升脚手架工程。

(3)悬挑式脚手架工程。

(4)吊篮脚手架工程。

(5)自制卸料平台、移动操作平台工程。

(6)新型及异型脚手架工程。

6)拆除、爆破工程

(1)建筑物、构筑物拆除工程。

(2)采用爆破拆除的工程。

7)其他

(1)建筑幕墙安装工程。

(2)钢结构、网架和索膜结构安装工程。

(3)人工挖扩孔桩工程。

(4)地下暗挖、顶管及水下作业工程。

(5)预应力工程。

(6)采用新技术、新工艺、新材料、新设备及尚无相关技术标准的危险性较大的分部分项工程。

2.超过一定规模的危险性较大的分部分项工程范围

1)深基坑工程

(1)开挖深度超过 5 m(含 5 m)的基坑(槽)的土方开挖、支护、降水工程。

(2)开挖深度虽未超过 5 m,但地质条件、周围环境和地下管线复杂,或影响毗邻建(构)物安全的基坑(槽)的土方开挖、支护、降水工程。

2)模板工程及支撑体系

(1)工具式模板工程:包括滑模、爬模、飞模工程。

(2)混凝土模板支撑工程:搭设高度 8 m 及以上;搭设跨度 18 m 及以上;施工总荷载 15 kN/m^2 及以上;集中线荷载 20 kN/m^2 及以上。

(3)承重支撑体系:用于钢结构安装等满堂支撑体系,承受单点集中荷载 700 kg 以上。

3)起重吊装及安装拆卸工程

(1)采用非常规起重设备、方法,且单件起吊重量在 100 kN 及以上的起重吊装工程。

(2)起重量 300 kN 及以上的起重设备安装工程;高度 200 m 及以上内爬起重设备的拆除工程。

4)脚手架工程

(1)搭设高度 50 m 及以上落地式钢管脚手架工程。

(2)提升高度 150 m 及以上附着式整体和分片提升脚手架工程。

(3)架体高度 20 m 及以上悬挑式脚手架工程。

5)拆除、爆破工程

(1)采用爆破拆除的工程。

(2)码头、桥梁、高架、烟囱、水塔或拆除中容易引起有毒有害气(液)体或粉尘扩散、易燃易爆事故发生的特殊建(构)筑物的拆除工程。

(3)可能影响行人、交通、电力设施、通信设施或其他建(构)筑物安全的拆除工程。

(4)文物保护建筑、优秀历史建筑或历史文化风貌区控制范围的拆除工程。

6)其他

(1)施工高度 50 m 及以上的建筑幕墙安装工程。

(2)跨度大于 36 m 及以上的钢结构安装工程;跨度大于 60 m 及以上的网架和索膜结构安装工程。

(3)开挖深度超过 16 m 的人工挖孔桩工程。

(4)地下暗挖工程、顶管工程、水下作业工程。

(5)采用新技术、新工艺、新材料、新设备及尚无相关技术标准的危险性较大的分部分项工程。

任务四　配电线路工程施工技术要求

一、土石方工程施工技术要求

(一)施工工艺流程

施工工艺流程如图 5-9 所示。

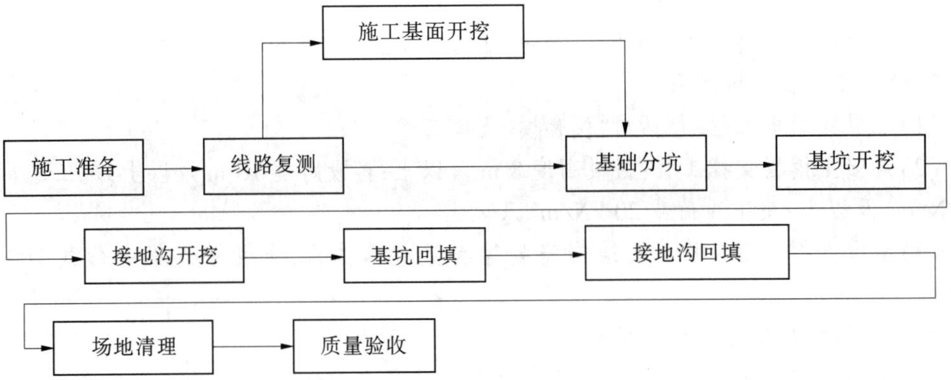

图 5-9　土石方工程施工工艺流程

(二)施工准备

(1)测量仪器和量具应在检测有效期内,使用前必须进行检查。经纬仪最小角度读数不应大于 1′。

(2)测量人员应经培训合格后,持证上岗。

(3)爆破施工时,爆破人员必须持证上岗,爆炸物品使用的审批手续必须齐全。

(三)线路复测

(1)线路测量前必须依据设计提供的数据复核设计给定的杆塔位中心桩,并以此作为测量基准。复测时有下列情况之一时,应查明原因并予以纠正:

①以相邻直线桩为基准,其横线路方向偏差大于 50 mm。

②用经纬仪视距法复测时,顺线路方向两相邻杆塔位中心桩间的距离与设计值的偏差大于设计档距的 1%。

③转角桩的角度值,用方向法复测时对设计值的偏差大于 1′30″。

(2)如下特殊地点应重点复核:

①导线对地距离有可能不够的地形凸起点的标高。

②杆塔位间被跨越物的标高。

③相邻杆塔位的相对标高。

实测值与设计值的偏差不应大于 0.5 mm,超过时应由设计方查明原因并予以纠正。

(3)设计交桩后个别丢失的杆塔中心桩,应按设计数据予以补钉,其测量精度应符合下列要求:

①桩之间的距离和高程测量,可采用视距法同向两测回或往返各一测回测定,其视距

长度不宜大于 400 m,当受地形限制时,可适当放长。

②测距相对误差,同向不应大于 1/200,对向不应大于 1/150。

③当距离大于 600 m 时,宜采用电磁波测距仪或全站仪测量。

④因地形或障碍物等原因需改变杆塔位或拉线坑位置时,应会同设计处理。

⑤对设计平(断)面图中未标识的新增障碍物应重点予以复核。

(四)施工基面开挖

施工基面的开挖应以施工图为准,基面开挖后应平整,不应积水,边坡不应坍塌,及时清除周边的浮石、悬石。如需爆破施工,施工过程必须按照国家相关规定进行。

(五)基础分坑

(1)分坑前,应复核该塔邻档的档距或角度,如有问题应查明原因并予以纠正。

(2)分坑应在复测结束后进行,特殊情况下必须在一个耐张段复测无误后进行。

(3)分坑时应复核基础边坡距离是否满足设计要求。

(4)杆塔位中心桩移桩的测量精度应符合下列规定:

①当采用钢卷尺直线量距时,两次测值之差不得超过量距的 1‰。

②当采用视距法测距时,两次测值之差不得超过测距的 5‰。

③当采用方向法测定角度时,两测回测角值之差不应超过 1′30″。

(5)分坑时,应根据杆塔位中心桩的位置钉出必要的、作为施工及质量控制的辅助桩,其测量精度应能满足施工精度的要求。对施工中无法保留的杆塔位中心桩,必须钉立可靠的辅助桩,并对其位置做记录,以便恢复该中心桩。

(6)分坑过程中除应做分坑记录外,遇有下列情况应绘制塔基平面草图,并会同设计处理:

①基础保护范围不够。

②拉线坑基面与主基础杆位基面有较大高差。

③位于上下坡度较陡或坎边的拉线坑。

④基础处于上、下梯田或高低坎时。

(7)拉线基础沿上山坡或下山坡地形放坡确定拉线坑中心时,测量应准确。

(8)对转角塔位的复测分坑,宜采用双测工互相校核。

(六)基坑开挖

(1)杆塔基础的坑深应以设计施工基面为基准。当设计施工基面为零时,杆塔基础坑深应以设计中心桩处自然地面标高为基准。拉线基础坑深以拉线基础中心的地面标高为基准。

(2)在有电缆、光缆及管道等地下设施的地方开挖时,应事先取得有关管理部门的同意,制订安全措施并设专人监护;严禁用冲击工具或机械挖掘。

(3)对土质较差且基础四个腿坑深不同时,应先开挖深的基坑,待土回填后再开挖浅的基坑。

(4)基坑开挖时,如发现地基土质与设计不符或发现天然孔洞、文物等,应及时通知设计及有关单位研究处理。

(5)人工开挖基坑时,坑壁宜留有适当坡度,坡度的大小应视土质特性、地下水位和挖掘深度等确定，预留坡度参照表 5-3。

表 5-3　各类土质的坡度

土质类别	砂土、砾土、淤泥	砂质黏土	黏土、黄土	硬黏土
坡度(深:宽)	1:0.75	1:0.5	1:0.3	1:0.15

(6)坑口边沿 0.8 m 范围内，不得堆放余土、材料、工器具等。易积水或冲刷的杆塔基础，应在基坑的外围修筑排水沟。

(7)杆塔基础坑深允许偏差为 50~100 mm，坑底应平整。同基基础坑在允许偏差范围内按最深基坑操平。

(8)当坑深接近标准值时，要严格控制尺寸，防止扰动原状土。坑底应平整，其凸起点应不影响地面钢筋的保护层。

(9)基坑开挖完毕后，按设计要求及时浇筑垫层。

(10)杆塔基础坑深与设计坑深偏差大于+100 mm 时，应按以下规定处理：

①铁塔现浇基础坑：其超深部分应铺石灌浆；

②混凝土电杆基础、铁塔预制基础等：其超深在 100~300 mm 时，应采用填土或砂、石夯实处理，每层厚度不宜超过 100 mm；遇到泥水坑时，应先清除坑内泥水再铺石灌浆。当不能以填土或砂、石夯实处理时，其超深部分按设计要求处理，设计无具体要求时，按铺石灌浆处理。坑深超过 300 mm 时应采用铺石灌浆处理。

(11)各种地质基坑开挖方式及注意事项：

①一般土坑基础开挖：按照分坑时划定的基坑开挖界线和安全开挖坡度进行，挖掘应自上而下进行，不得采用掏洞法挖坑，如坑底面积超过 2 m^2 时，可由 2 人同时挖掘，但不得面对面或相互靠近工作，弃土应堆放在距坑口 2 m 以外以防止坑边石块回落伤人或压塌基坑，坑下作业应戴安全帽，不得在坑内休息。

②湿地基坑(泥水坑或流砂坑)开挖：一般泥水坑开挖，主要视水坑的渗水量和土质的黏结度而定，渗水速度比较慢和坑壁能成型且不易坍塌的泥水坑，采用人工淘水或抽水机抽水，边挖边淘(抽)水的方法开挖。若渗水速度较快，一个坑必须配备一台或多台抽水机抽水，开始开挖的同时坑壁应提前采用挡土板保护坑壁不使其坍塌。

③流砂坑的开挖：基坑开挖遇到流砂时，会出现流砂不断涌出的现象，解决的办法是如果流砂不很严重可以采用抽水和大开挖的方法，扩大基础开挖面直至能够施工为止；如果流砂因地下水位较高等原因造成基坑开挖困难，可以采用四周打工字钢排桩配合挡土板和在基坑周围采取沉井降水的开挖方法，也可采取如排桩、地下连续墙、水泥土墙及土钉墙等支护措施，确保无水施工，确保坑壁不坍塌。

(七)接地沟开挖

接地沟开挖的长度和深度应符合设计要求并不得有负偏差，沟中影响接地体与土壤接触的杂物应清除。在山坡上挖接地沟时，宜沿等高线开挖。两接地沟间的平行距离不应小于 5 m。

(八)基坑回填

(1)现浇基础拆模后应及时回填，回填时应清除坑内冰雪、积水、杂物等，且应对称回填。

(2)预制拉线基础回填时,拉棒的方向、角度应正确,各部连接环与拉棒应挺直,不得横置或卡住。

(3)杆塔基础坑及拉线基础坑回填,应符合设计要求。一般应分层夯实,每回填 300 mm 厚度夯实一次。

坑口的地面上应筑防沉层,防沉层的上部边宽不得小于坑口边宽,其高度视土质夯实程度确定,基础验收时宜为 300~500 mm。基础顶面低于防沉层时,应设置临时排水沟,以防基础顶面积水。经过沉降后应及时补填夯实,工程移交时坑口回填土不应低于地面。

(4)石坑回填时大块石应破碎,石头与土按 3:1掺合后回填夯实。

(九)接地沟回填

(1)接地沟的回填宜选取未掺有石块及其他杂物的泥土并应夯实,回填后应筑有防沉层,其高度宜为 100~300 mm,工程移交时回填土不得低于地面。

(2)回填土不够时,不得在沟边取土。

(3)对易冲刷的接地沟表面应采取水泥砂浆护面或砌石灌浆等保护措施。

(十)场地清理

施工完毕应及时做好场地平整、余土处理工作,做到工完料尽场地清。

二、基础工程施工技术要求

(一)施工工艺流程

基础工程施工工艺流程如图 5-10 所示。

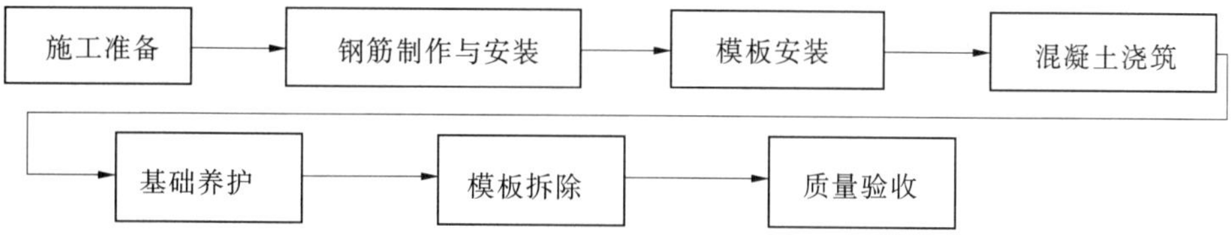

图 5-10　基础工程施工工艺流程

(二)施工准备

(1)按设计图要求对基坑尺寸进行验收。

(2)经检验合格的砂、石、水、水泥等原材料已运输到位,备料充足。混凝土配合比已确定。砂、石、水、水泥等应与地面隔离,水泥要采取防潮措施。

(3)施工用机具准备就绪。

(三)钢筋制作与安装

1. 一般规定

(1)钢筋的使用必须符合设计图要求,钢筋进场时,应检查该批钢筋的产品合格证和出场检验报告,并按现行有关国家标准的规定抽取试件做力学性能检验,其质量必须符合有关标准的规定。检查数量按进场的批次和产品的抽样检验方案确定。

(2)钢筋应平直、无损伤,表面不得有裂纹、油污、颗粒状或片状老锈。

(3)基础配筋按施工图要求布置排列。

2. 钢筋加工

(1)钢筋弯制前必须对照施工图对钢筋的级别进行核对,严禁混淆。

当设计钢筋末端应做180°弯钩时,其弯弧内直径不应小于钢筋直径的2.5倍,弯钩的弯后平直部分长度不应小于钢筋直径的3倍。

当设计要求钢筋末端需做135°弯钩时,HRB335级、HRB400级钢筋的弯弧内直径不应小于钢筋直径的4倍,弯钩的弯后平直部分长度应符合设计要求。

钢筋做不大于90°的弯折时,弯折处的弯弧内直径不应小于钢筋直径的5倍。

(2)钢筋加工的允许偏差见表5-4。

表5-4 钢筋加工的允许偏差

项目	允许偏差/mm
受力钢筋顺长度方向全长的净尺寸	±10
弯起钢筋的弯折位置	±20
箍筋内净尺寸	±5

3. 钢筋连接

钢筋连接应遵守的基本原则如下:

(1)钢筋的接头宜设置在受力较小处。同一纵向受力钢筋不宜设置2个或2个以上接头。接头末端至钢筋弯起点的距离不应小于钢筋直径的10倍。

(2)在受力钢筋焊接接头时,设置在同一构件内的接头宜相互错开。同一连接区段内,纵向受力钢筋的接头面积百分率应符合设计要求,当设计无具体要求时,不应超过50%。

(3)同一构件中相邻纵向受力钢筋的绑扎搭接接头宜相互错开。绑扎搭接接头中钢筋的横向净距不应小于钢筋直径,且不应小于25 mm。同一连接区段内,纵向受拉钢筋搭接接头面积百分率应符合设计要求,当设计无具体要求时,不应超过50%。

4. 钢筋焊接的要求

(1)钢筋焊接接头的两种常用形式:双面焊和单面焊。

(2)钢筋焊接宜采用双面焊;当不能进行双面焊时,方可采用单面焊。

(3)钢筋焊接所用焊条、焊剂等焊接材料的型号、属性应与所焊接金属相适宜。

(4)焊接工必须持证上岗。焊接的有关质量要求及焊接工艺,按国家相关标准执行。

5. 钢筋绑扎连接

(1)当纵向受拉钢筋的绑扎搭接接头面积百分率不大于25%时,其最小搭接长度应符合表5-5的规定。

(2)当纵向受拉钢筋搭接接头面积百分率大于25%,但不大于50%时,其最小搭接长度应按表5-5中的数值乘以系数1.2取用。

表 5-5　纵向受拉钢筋的最小搭接长度

钢筋类型	对应混凝土强度		
	C15	C20～C25	C30
HPB235	45*d*	35*d*	30*d*
HRB335	55*d*	45*d*	35*d*
HRB400、RRB400	—	55*d*	40*d*

注:2 根直径不同钢筋的搭接长度,以较细钢筋的直径计算。

6. 钢筋安装

钢筋安装时,受力钢筋的品种、级别、规格和数量必须符合设计要求。

立柱与地脚螺栓用的箍筋应与受力主筋垂直设置,箍筋弯钩叠合处应是主柱角上的主筋处并沿受力主筋方向错开设置,各交叉点必须全部扎牢。

立柱主筋上端四角应采用铁丝保持与模板间相对位置的固定,以确保主筋的保护层厚度。上下端的锚固弯钩必须按图纸要求设置,水平布置的钢筋弯钩,一般应向上,在保护层不能满足时可以平放。

绑扎的偏差要求应符合表 5-6 的规定。

表 5-6　绑扎的偏差要求

施工项目	允许偏差/mm
受力钢筋的排距	±5
钢筋弯起点的位置	20
绑扎箍筋、横向钢筋间距	±20

岩石基础锚筋安装:锚筋应正直,不得弯曲,浮锈应用钢刷清除;锚孔中的位置应居中,埋入深度不得小于设计值,安装后应有临时固定措施以防止松动。

(四)模板安装

(1)模板及其支撑应具有足够的承载能力、刚度和稳定性,能承受浇筑混凝土的重量、侧压力及施工荷载。

(2)支模前应检查基坑的深度、大小、方位,清除杂物。

(3)地脚螺栓应安装牢固,尺寸校核准确,安装前应除去浮锈,螺纹部分应予以保护。

(4)插入式角钢一般采用单腿定位施工,各腿单独支模与找正。立柱模板应牢固支撑,并在四周打设水平拉线,用于稳定立柱筒体,防止水平位移,钢模位置采用花篮螺栓调节,对于不落地的插入式角钢,应有防止角钢下沉的措施。

(5)配置模板应使其接缝相互错开,合缝严密,各部位的尺寸、形状及相互位置符合图纸要求。

(6)模板表面应采取有效脱模措施,以保证混凝土表面质量。

(7)基础有预高要求时,应按施工图要求设置预高值。

(五)混凝土浇筑

(1)浇筑前复核支模后地脚螺栓的规格、间距,基础根开、标高,钢筋的规格、布置及保护层厚度,并做好签证。插入式基础施工应采用双测工制。

(2)坑内积水、杂物、塌土应清理干净。钢筋上泥土及浮锈应清除干净。

(3)基础混凝土严禁掺入氯盐。

(4)严格按照混凝土设计配合比配料,对砂、石、散装水泥、水用秤或量桶计量,需防止泥土等杂物混入混凝土中。混凝土配合比材料用量每班日或每基基础应至少检查2次。

(5)混凝土浇筑过程中应严格控制水灰比。每班日或每个基础腿应检查2次及以上坍落度。

(6)浇筑混凝土应采用机械搅拌,机械捣固,特殊地形无法机械搅拌时,采用“三干四湿”人工搅拌方法,混凝土配合比须重新设计。

(7)混凝土运至浇筑地点后,应不离析、不分层、成分不发生变化,并能保证施工所必需的稠度。

(8)试块应在现场从浇筑中的混凝土取样制作,其养护条件应与基础基本相同。试块制作数量应符合下列规定:

①转角、耐张、终端、换位塔及直线转角塔基础每基应取一组。

②一般直线塔基础,同一施工队(班、组)每5基或不满5基应取一组,单基或连续浇筑混凝土量超过100 m^3 时亦应取一组。

③按大跨越设计的直线塔基础及拉线基础,每腿应取一组,但当基础混凝土量不超过同工程中大转角或终端塔基础时,则应每基取一组。

④当原材料变化,配合比变更时应另外制作。

(9)下料时,混凝土自由倾落高度超过2 m时应采取溜槽等措施。

(10)在浇筑过程中,应随时检查地脚螺栓或插入式角钢位置的准确性。混凝土表面在终凝前进行收光。

(11)岩石基础浇筑。

灌注用砂浆或混凝土强度等级按设计要求执行。砂浆或混凝土水灰比应由试验确定;拌制时原材料要计量,严格控制水灰比和坍落度。

灌注前,孔洞岩石壁应用水湿润,孔内不得积水,以保证砂浆(混凝土)与孔壁的黏结力。

灌注时要分层捣固密实,一次不应灌注得太多,以防石子卡住形成空隙;捣固时应防止钢筋或地脚螺栓的位置移动。

孔洞中灌注混凝土或砂浆的数量不得少于施工图的规定值。

(12)基础尺寸允许误差见表5-7。

(六)基础养护

(1)浇筑后应在12 h内开始浇水养护,当天气炎热、干燥有风时,应在3 h内进行浇水养护,养护时应在基础模板外加遮盖物,浇水次数应能保持混凝土表面始终湿润。

(2)对普通硅酸盐水泥和矿渣硅酸盐水泥拌制的混凝土浇水养护,不得少于7昼夜;当使用其他品种水泥和大体积基础时按有关规定处理。

表 5-7　基础尺寸允许误差

检查项目		允许误差
保护层厚度/mm		−5
立柱断面尺寸/%		−1
同组地脚螺栓中心对立柱中心的偏移/mm		10
整基基础中心位移/mm	横线路	30
	顺线路	30
整基基础扭转/(′)	一般塔	10
	高塔	5
基础根开及对角线尺寸/%	地脚螺栓式	±0.2
	主角钢插入式	±0.1
	高塔	±0.07
基础顶面间高差/mm		5
地脚螺栓露出混凝土面高度/mm		+10～−5

(3)基础拆模经表面质量检查合格后应及时回填,对基础外露部分加遮盖物,按规定期限继续浇水养护,养护时应使遮盖物和基础周围的土始终保持湿润。

(4)采用养护剂养护时,应在拆模并经表面检查合格后立即涂刷,涂刷后不再浇水。

(5)日平均温度低于 5 ℃时,不得浇水养护。

(七)模板拆除

(1)混凝土达到规定强度要求后方可拆模。

(2)拆模时应保证其表面及棱角不损坏,避免碰撞地脚螺栓及插入式角钢,防止松动。

(3)拆模后应清除地脚螺栓或角钢上的混凝土残渣,地脚螺栓丝扣部分涂裹黄油。回收后的地脚螺帽应妥善保管并做好标识。

(4)对于斜柱式基础拆模后应有防内倾措施。

三、杆塔组立工程施工技术要求

(1)横担组装。

将电杆、金具等分散运到杆位,并对照图纸核查电杆、金具等的规格和质量情况。

用支架垫起杆身的上部,量出横担安装位置,套上抱箍,穿好垫铁及横担,垫好平光垫圈、弹簧垫圈,用螺母紧固。紧固时,注意找平、找正。然后,安装连板、杆顶支座抱箍,拉线等。

横担组装应符合下列要求:

①同杆架设的双回路或多回路线路,横担间的垂直距离应不小于表 5-8 的规定。

表 5-8　同杆架设线路横担间的最小垂直距离　　单位:mm

架设方式	直线杆	分支或转角杆
1~10 kV 与 1~10 kV	800	500
1~10 kV 与 1 kV 以下	1 200	1 000
1 kV 以下与 1 kV 以下	600	300

②1 kV 以下线路的导线排列方式可采用水平排列;当最大档距不大于 50 m 时,导线的水平距离为 400 mm,但靠近电杆的两导线间的水平距离不应小于 500 mm。10 kV 及以下线路的导线排列方式及线间距离应符合设计要求。

③横担的安装:当线路为多层排列时,自上而下的顺序为:高压、动力、照明、路灯;当线路为水平排列时,上层横担距杆顶不宜小于 200 mm;直线杆的单横担应装于受电侧,90°转角杆及终端杆应装于拉线侧。

④横担端部上下歪斜及左右扭斜不应大于 20 mm。双杆横担:横担与电杆连接处的高差不应大于连接距离的 5/1 000;左右扭斜不应大于横担总长度的 1/100。

⑤螺栓的穿入方向:水平顺线路方向,由送电侧穿入;垂直方向,由下向上穿入,开口销钉应从上向下穿。

⑥使用螺栓紧固时,均应装垫圈、弹簧垫圈,且每端的垫圈不应多于 2 个;螺母紧固后,螺杆外露不应少于 2 扣,但最长不应大于 30 mm,双螺母可平扣。

(2)用水泥砂浆将杆顶端严密封堵。

(3)安装针式绝缘子,并清除表面灰垢、附着物及不应有的涂料。

(4)立杆。

①机械立杆。

用汽车吊就位。在电杆的适当部位挂上钢丝绳(有防滑措施),吊索拴好缆风绳,挂好吊钩,在专人指挥下起吊就位。

当电杆顶部离地面 1 m 左右时,应停止起吊,检查各部件、绳扣等是否安全,确认无误后再继续起吊。

电杆起立后,调整好杆位,回填一步土,架上叉木,撤去吊钩及钢丝绳。校正好杆身垂直度及横担方向(纵向可用经纬仪,横向可用线坠),再回填土。回填土时应将土块打碎,每回填 300 mm 应夯实一次,填到卡盘安装部位为止。最后除去缆风绳及叉木。

电杆位置、杆身垂直度应符合下列要求:

a. 直线杆的横向位移不应大于 50 mm。直线杆的倾斜、杆梢的位移不应大于杆梢直径的 1/2。

b. 转角杆的横向位移不应大于 50 mm。转角杆应向外角预偏,紧线后不应向内角倾斜,应向外角倾斜,其杆梢位移不应大于杆梢直径。

c. 终端杆应向拉线侧预偏,其预偏值不应大于杆梢直径。紧线后不应向受力侧倾斜。

d. 双杆立好后应正直,双杆中心与中心桩之间的横向位移不应大于 50 mm;迈步不应大于 30 mm;根开不应超过±30 mm。

②人力立杆。

绞磨就位。根据需要,首先打好地锚钎子,用钢丝绳将地锚钎子与绞磨连接好。然后装滑轮组,穿钢丝绳,立人字抱杆(抱杆角度要适当)。在电杆的适当部位挂上钢丝绳,拴好缆风绳及前后横绳,挂好吊钩,在专人指挥下,起吊就位。

当电杆顶部离地面 1 m 左右时,应停止起吊,检查地锚钎子、人字抱杆、绳扣等是否安全有效,确认无误后,再继续起吊。

电杆起立后,调整好杆位,回填一步土,架上叉木,撤去吊钩及钢丝绳(吊索)。然后,校正好杆身垂直度及横担方向(纵向可用经纬仪,横向可用线坠),再回填土。回填时应将土块打碎,每回填 300 mm 应夯实一次,填到卡盘安装位置为止。最后,撤去缆风绳、前后横绳及叉木。

电杆位置、杆身垂直度的要求同机械立杆。

③卡盘安装。

将卡盘分散运至杆位,核实卡盘埋设位置及坑深,将坑底找平,并夯实。

卡盘安装要求如下:

a. 卡盘上口距地面不应小于 350 mm。

b. 直线杆卡盘应与线路平行,并应在电杆左右侧交替埋设;终端杆卡盘应埋设在受力侧;转角杆应分上下二层埋设在受力侧。

将卡盘放入坑内穿上抱箍,垫好垫圈,用螺母紧固。检查无误后再填土。回填土时应将土块打碎,每回填 300 mm 应夯实一次,并设高出地面 300 mm 的沉降土台。

(5)拉线组合制作、安装。

①拉线组合制作。

根据规范和设计要求,拉线的组合方式确定拉线上、中、底把的长度及股数。每把铅丝合成的股数应不少于 3 股,底把股数应比上、中把多 2 股。

使用铅丝时,应将铅丝绞成合股。绞合时,应使每股铅丝受力一致,绞合均匀。

上、中、底把连接处煨扣鼻圈,安装拉线绝缘子,缠绕制作。一般混凝土电杆的拉线可不装设拉线绝缘子,但穿越导线的拉线及水平拉线应设绝缘子。在断线情况下,拉线绝缘子距地面不应小于 2.5 m。

拉线的连接缠绕,固定应符合下列要求:

a. 铅线拉线可自身缠绕固定,中把与底把连接处可另敷铅丝缠绕,缠绕应整齐、紧密,缠绕顺序、圈数及长度见表 5-9。

表 5-9 缠绕顺序、圈数及长度

股数	自身缠绕顺序、圈数	中把与底把连接处缠绕长度最小值/mm		
		下端	花缠	上端
3	9,8,7	150	250	100
5	9,9,8,8,7	150	250	100
7	9,9,8,8,7,7,6	200	300	100

b. 钢绞线拉线可使用钢线卡或铅丝缠绕固定。使用钢线卡固定时,每个连接端不得少于 2 个钢线卡。中把的下端不应单独使用钢线卡固定,还应用铅丝缠绕固定。使用铅丝缠绕时,应缠绕整齐、紧密,缠绕长度见表 5-10。

表 5-10 缠绕长度最小值

<table>
<tr><th rowspan="3">钢绞线截面面积/mm²</th><th colspan="5">缠绕长度/mm</th></tr>
<tr><th rowspan="2">上端</th><th rowspan="2">中端有绝缘子的两端</th><th colspan="3">中把与底把连接处</th></tr>
<tr><th>下端</th><th>花缠</th><th>上端</th></tr>
<tr><td>25</td><td>200</td><td>200</td><td>150</td><td>250</td><td>80</td></tr>
<tr><td>35</td><td>250</td><td>250</td><td>200</td><td>300</td><td>80</td></tr>
<tr><td>50</td><td>300</td><td>300</td><td>250</td><td>250</td><td>80</td></tr>
</table>

c. 使用 UT 形线夹、楔形线夹时,线夹舌板与拉线接触应紧密,受力后应无滑动现象。拉线断头处与拉线主线应可靠固定(可使用铅丝缠绕)。

d. UT 形线夹或花篮螺栓的螺杆应外露扣,并应有不小于 1/2 螺栓丝扣长度可供调紧,调整后 UT 形线夹的双螺母应并紧,花篮螺栓应封固(可使用铅丝缠绕)。

e. 拉线棒与拉线盘连接后,其圆环开口处应用铅丝缠绕或焊接;当拉线棒与拉线盘的连接使用螺杆时,应垫方形垫圈,并用双螺母固定。拉线棒露出地面长度为 500~700 mm。

f. 拉线两端的扣鼻圈内应垫好心形环。

②拉线安装。

将已安装好底把的拉线滑入坑内,找正后,分层填土夯实。用拉线抱箍将拉线上端固定在电杆上。拉线安装应符合下列要求:

a. 拉线与电杆的夹角不宜小于 45°。受到环境限制时,不宜小于 30°。水平拉线的拉桩坠线与拉桩杆夹角不应小于 30°。

b. 终端杆及耐张杆承力拉线应与线路方向对正;转角拉线应与线路转角方向对正;防风拉线应与线路方向垂直。

c. 拉线盘的埋设深度最低不应低于 1. 3 m,且应符合设计要求。

d. 水平拉线的拉桩杆的埋设深度不应小于杆长的 1/6,拉线距路面中心的垂直距离不应小于 6 m,拉线杆应向张力反方向倾斜 10°~20°,坠线上端距杆顶应为 250 mm;水平拉线对通车路面边缘的垂直距离不应小于 5 m。

e. 当水平拉线位于交通要道或人易接触的地方,须加装竹套管保护。竹套管上端垂直距地面不应小于 1. 8 m,并涂有明显标志(红、白相间的油漆)。

③撑杆的安装,撑杆埋深不宜小于 0. 5 m,并设有防沉降措施。撑杆与主杆之间夹角应为 30°,允许偏差为±5°。

④进行拉线中、底把连接。可使用紧线器拉紧拉线,并使终端杆及转角杆向拉线侧倾斜,应保证紧线后的终端杆及转角杆向拉线侧的倾斜不大于一个电杆的梢径;水平拉线的拉桩杆向张力反方向倾斜 15°~20°。

四、架线工程施工技术要求

架设导线施工人员较多，一般在一个较长距离的施工现场同时作业，有时还要通过一些交叉跨越物，因此在施工中要听从统一指挥，应采取必要的安全措施，以免影响车辆人员通行及沿线行人的安全。导线架设可分为放线、接线、紧线、弛度（弧垂）观测及导线在绝缘子上固定绑扎等作业。

（一）放线

1. 放线准备工作

将线轴运送到各放线段的耐张杆处，尽量把长度相同的线轴放在一起。放线前要明确人员分工，专人看护线轴（盘）是否平衡稳定，专人护线防止导线发生磨伤、断股、背花等损伤，并防止行人、车辆横跨或碾压导线。清除放线通道上可能损伤导线的障碍物，装设临时拉线或锚固，线路跨越铁路、公路、通信线时要与产权单位联系配合，跨越带电线路无法停电时要有专门的措施（如搭设跨越架或使用高车跨越，如图 5-11 所示），同时设专人监护。跨越停电线路时，应在跨越点两侧验电、挂地线，如无地线保护，则应视为带电线路，要采取可靠、有效的安全措施，防止放线过程中导线弹跳碰及有电线路。绝缘线放线宜在干燥天气进行，气温不宜低于−10 ℃。

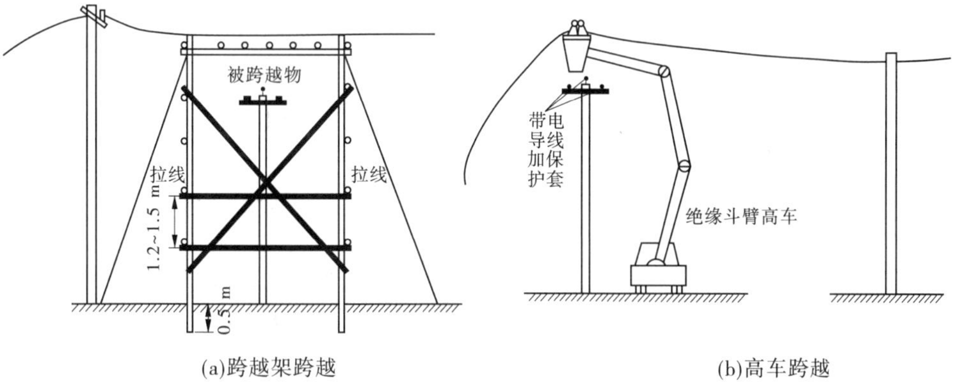

图 5-11　跨越线路放线作业示意图

2. 放线方法

放线按牵引动力可分为人力放线和机械放线，按放线方式可分为地面放线、旧线带新线和张力放线等。配电线路放线多采用前两种方式，为避免磨伤导线，有条件时应使导线承受张力，悬空放线。整个放线过程要设专人指挥，统一信号（如使用对讲机、旗语等），如果导线被物体挂、卡住，清除人员一定要站在被挂、卡导线角度的外侧，防止脱挂、脱卡导线时伤人。线轴安放在放线架上，放线架应有刹车装置或措施，用汽车、拖拉机、畜力或人力等作为牵引力进行放线。牵引时应匀速前进，同时注意联络信号，有不正常现象及牵引吃力时应停止牵引，以免损伤导线及伤人。

新架线路采用地面放线法，用白棕绳与导线绑扎连接，绑扎端应平滑，避免通过滑轮时卡阻或脱落，导线经过岩石等坚硬地面处可铺设稻草、高粱秆等或在放线架与第一基电杆间设置木叉架等使导线悬空。当导线放到下一基电杆时，则由登杆人员将导线挂入装在横担上的滑轮槽内(滑轮均应用铝质或塑料或木质制成,滑轮直径应大于导线直径 10 倍以上),然后继续牵引,直到本耐张段终端。

在原有线路上更换导线时,可用旧线牵引新线方式。线路停电后,做好安全措施,在每个电杆上挂好滑轮,松开需要更换的旧导线,将其放置于滑轮内,然后在末端耐张杆处将新旧导线绑扎,注意接头滑顺不卡滑轮,在首端耐张杆处用钢丝绳与旧导线连接好,全部旧导线放入滑轮并检查无卡阻后,即可牵引导线放线。放线过程中,应将导线放在铝制滑轮或塑料滑轮槽内,导线不得在地面、杆塔、横担、架构、瓷瓶及其他物体上拖拉,避免损伤导线或绝缘层。对牵引线头应设专人看护,防止卡阻过力损伤横担、电杆。

放线完成后应及时适度收紧导线,避免影响交通。在一端耐张杆固定好导线,看弧垂人员登杆做好准备,在另一端耐张杆处准备紧线。

(二)承力导线连接

1. 承力导线连接的一般规定

(1)不同金属、不同规格、不同绞向的导线严禁在档距内承力连接。

(2)新建线路在一个档距内,每根导线只允许有一个接头。

(3)导线接头距导线固定点不应小于 0.5 m。

(4)铝绞线及钢芯铝绞线在档距内承力连接一般采用钳压接续管或采用预绞式接续条。

(5)10 kV 绝缘线、低压绝缘线在档距内承力连接一般采用液压对接接续管,因为是紧压线芯。

(6)铜绞线在档距内承力连接可采用液压对接接续管或插接缠绕法,见表 5-11。

表 5-11 导线插接缠绕法

步骤	说明	图解
1	量出接头长度,将接头的一半顺序拆开做成伞状,其余一半为被缠绕的部分	
2	将拆开的每股线拉直抛光,与另一根连接导线每隔一股交叉到底后合拢并用电工钳拍紧,中间一段绑缠	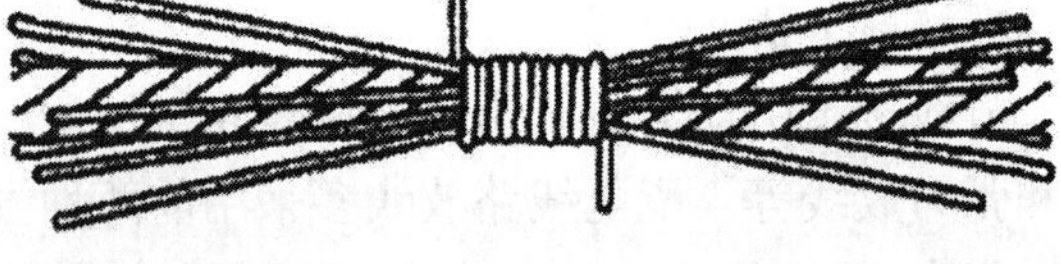
3	用本身各单股线依次缠绕,圈数视导线股数的多少决定,每股圈数向两边逐渐减少,每缠完一段将剩余线头压在下边,最后拧成小辫收尾	 例如截面面积 50 mm^2 的铜线,中间缠绕长度为 80 mm,全部接头长度为 400 mm

2. 铝绞线及钢芯铝绞线的预绞式接续条连接

(1)导线剪断前,端部包缠一圈胶带(带宽不大于 5 mm),锯断口平齐。

(2)用细钢丝刷清除导线表面氧化膜,涂覆电力脂。

(3)将一根导线的端头置于一组接续条的中心标识处,将接续条缠绕在导线上(注:如果一套接续条中每组的根数不同,应从组成根数最多的一组开始)。

(4)使另一根导线的端头与上一根导线的端头相距 2 mm,继续缠绕接续条。

(5)对照第一组接续条的中心标识,将全部各组接续条均预装 2 个节距占位之后,按次序安装接续条,直至均各剩 2 个节距(注:一套预绞式接续条一般由 2 组、3 组或 4 组预绞丝组成,因导线截面大小而异)。

(6)将各组剩余 2 个节距末端各股散开,把每一股缠绕在导线上并扣紧。

3. 铝绞线及钢芯铝绞线的钳压接续管连接

(1)导线的绞向、型号必须相同,连接部分不得有断股、绞绕不良等缺陷。

(2)将导线的连接部分用细钢丝刷清除表面氧化膜,立即涂电力脂。

(3)将导线从接续管的两端穿入,线头须露出管外 20~30 mm,导线端头绑线应保留。

(4)钳压钢芯铝绞线时,两线之间应加垫片。

(5)钳压铝绞线时,应从接续管的一端导线短头侧开始压第一个坑,然后上下交错地压向另一端;钳压钢芯铝绞线时,应从接续管的中间开始,先上下交错地压向一端,然后再上下交错地压向另一端。压口位置操作顺序按图 5-12 所示进行。

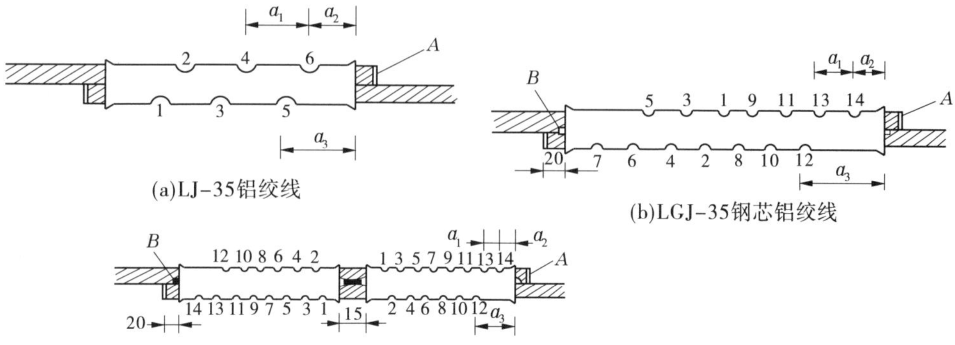

1、2、3、…、14—压接操作顺序;A—绑线;B—垫片。

图 5-12　钳压管连接图　(单位:mm)

(6)接续管两端的第一个坑必须压在导线的短头侧,钢芯铝绞线短头侧应压两个坑。

(7)钳压压口数及压后尺寸见表 5-12。

(8)压接后管身应平直,管两端附近的导线不应出现灯笼和抽筋等现象,一旦出现应剪断重接。

(9)压接后的接续管弯曲度不应大于管长的 2%,有明显弯曲时应校直。

(10)压接后或校直后的接续管不应有裂纹。

(11)压接后尺寸的允许误差:铝绞线接续管为 ±1.0 mm;钢芯铝绞线接续管为 ±0.5mm。

(12)压接后连续管两端出口处、合缝处及外露短头部分,应涂刷电力脂。

表 5-12　LJ 型、LGJ 型导线钳压压口数及压后尺寸

导线型号		压口数	压后尺寸 D/mm	钳压部位尺寸/mm		
				a_1	a_2	a_3
铝绞线	LJ-16	6	10.5	28	20	34
	LJ-25	6	12.5	32	20	36
	LJ-35	6	14.0	36	25	43
	LJ-50	8	16.5	40	25	45
	LJ-70	8	19.5	44	28	50
	LJ-95	10	23.0	48	32	56
	LJ-120	10	26.0	52	33	59
	LJ-150	10	30.0	56	34	62
	LJ-185	10	33.5	60	35	65
钢芯铝绞线	LGJ-16/3	12	12.5	28	14	28
	LGJ-25/4	14	14.5	32	15	31
	LGJ-35/6	14	17.5	34	42.5	93.5
	LGJ-50/8	16	20.5	38	48.5	105.5
	LGJ-70/10	16	25.0	46	54.5	123.5
	LGJ-95/20	20	29.0	54	61.5	142.5
	LGJ-120/20	24	33.0	62	67.5	160.5
	LGJ-150/20	24	36.0	64	70	166
	LGJ-185/25	26	39.0	66	74.5	173.5
	LGJ-240/30	2×14	43.0	62	68.5	161.5

4. 10 kV 铝芯绝缘线

10 kV 铝芯绝缘线采用液压对接接续管连接。

(1)对称剥除绝缘线端部的绝缘层、半导体层,各端剥离应长出接续管 20~30 mm。

(2)线芯端头用绑线扎紧,断口锯平齐,锉倒角。

(3)将导线的连接部分用细钢丝刷清除表面氧化膜。

(4)将线头与接续管的中心线对齐,做标记,拆除线头绑线,线头对称插入接续管(接续管出厂已涂电力脂)。

(5)采用环压,从接续管中间开始,先压向一端,然后由中间再压向另一端,施压完毕后,接续管弯曲度不应超过压接长度的 2%。(注:中间有油孔的接续管,可按生产厂规定从两侧向中间压接)

(6)液压的压痕应为六边形,对边尺寸应为接续管外径的 0.866 倍,对边尺寸最大允许值 S 为:0.993D×0.866+0.2 mm(其中 D 为接续管施压前外径),且 3 个对边中只允许有 1 个达到最大值,最大允许值详见表 5-13。

(7)应锉掉飞边、毛刺,检查被压缩部位是否有裂纹,如有裂纹,应切除后重新进行接续。

表 5-13　液压压痕为六边形对边尺寸最大允许值

接续管型号	适用导线	接续管施压前外径/m	对边尺寸最大允许值/mm
JY-70LY	JKLYJ-70	22	19.12
JY-95LY	JKLYJ-95	24	20.84
JY-120LY	JKLYJ-120	26	22.56
JY-150LY	JKLYJ-150	28	24.28
JY-185LY	JKLYJ-185	32	27.72
JY-240LY	JKLYJ-240	34	29.44

(8)进行绝缘处理。

5. 导线压接操作的注意要点

(1)钳压后导线端头露出长度,不应小于 20 mm,导线端头绑线应保留。

(2)压接后的接续管弯曲度不应大于管长的 2%,有明显弯曲时应校直。

(3)压接后或校直后的接续管不应有裂纹。

(4)压接后接续管两端附近的导线不应有灯笼、抽筋等现象。

(5)压接后接续管两端出口处、合缝处及外露部分,应涂刷电力复合脂。

(6)压后尺寸的允许误差,铝绞线钳接管为±1.0 mm;钢芯铝绞线钳接管为±0.5 mm。

(三)紧线

架空配电线路紧线方法一般采用单线紧线法、双线紧线法。单线紧线法先紧中相线,后紧两边相线;两边线紧线时任一边相紧线不能过紧,以免拉斜横担,待另一边相紧好后,再逐相调节。双线紧线法是先将两边相导线挂在一起同时收紧后,再紧中相,待三相全部紧起后逐相调节。

紧线前,应检查有无障碍物卡住或钩住导线等情况,两端耐张的临时拉线或永久拉线是否可靠,牵引设备是否准备就绪,紧线操作人员及紧线所需工具是否齐全。

紧线通常在一个耐张段内进行,先将导线的一端挂在耐张杆的耐张线夹或耐张串(蝶式绝缘子)上并固定好,并检查导线是否放置在滑轮中,另一端用人力或牵引机械将导线缓慢收紧,再用紧线器(固定在横担上)夹住导线。紧线器夹线钳口尽可能延长一些,紧线时,应防止紧线器卡伤裸绞线或绝缘线的绝缘层。通知沿线各杆位人员做好准备,准备就绪后发令紧线,紧到一定程度,杆上人员进行弛度观测。

1. 弛度观测档选择原则

(1)当紧线段在 5 档及以下时,靠近中间选择 1 档。

(2)当紧线段在 6~12 档时,靠近两端各选择 1 档。(不含内张档)

(3)当紧线段在 12 档以上时,靠近两端及中间各选择 1 档。(不含内张档)

2. 观测档弛度计算

(1)导线悬点等高或悬点高差与档距比值小于 10%($h/l < 10\%$)时,按下式计算:

$$f = f_D\left(\frac{l}{l_D}\right)^2$$

式中　l_D、f_D——耐张段代表档距和用 l_D 从安装曲线表上查得对应安装气温下的弧垂（应考虑初伸长）；

l、f——观测档档距和对应的观测弧垂。

（2）导线悬点不等高且悬点高差与档距比值大于或等于 10%（ $h/l \geqslant 10\%$ ）时，按下式计算：

$$f = f_D\left(\frac{l}{l_D}\right)^2 \Big/ \cos\varphi$$

式中　φ——悬点高差角；

其他符号含义同前。

3. 观测弛度的方法

（1）等长法（常用）。原理见表 5-14。测量时要根据导线型号、档距、气温等因素修正弛度值。其过程是：根据计算观测档的弛度 f 在观测档的导线悬挂点 A、B 的下方 A_0 及 B_0 处装置弛度板，调整紧线器使导线与视线 A_0B_0 相切，则 $AA_0 = BB_0 = f$，此时该档的中点弛度就是所求的 f 值，当弛度符合要求后，绑好耐张串或紧固耐张线夹。

表 5-14　等长法原理及精度分析

<table>
<tr><th>项目</th><th>示意图及说明</th></tr>
<tr><td>等长法原理</td><td>等长法观测弛度的精度将随着架空线悬挂点高差的增大而降低，为提高观测弛度精度，应利用其他方法进行观测
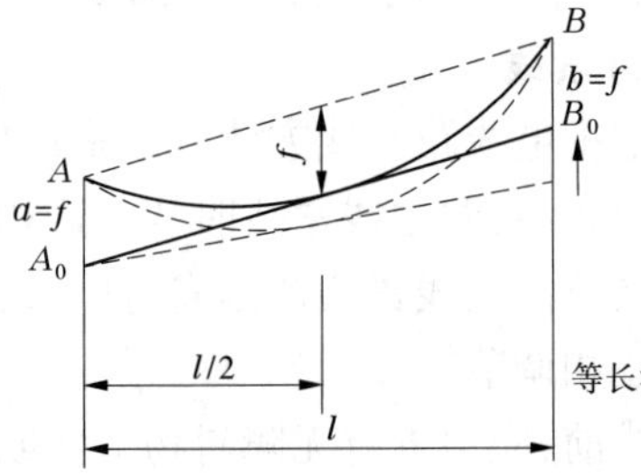

等长法原理
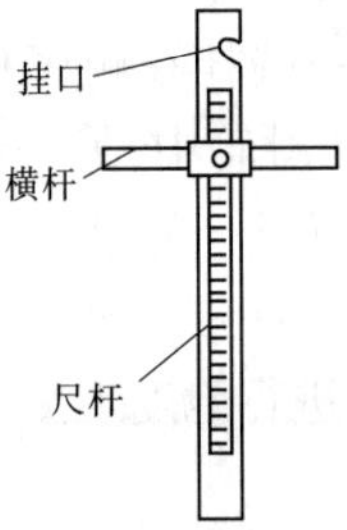

弛度(弧垂)测量标尺
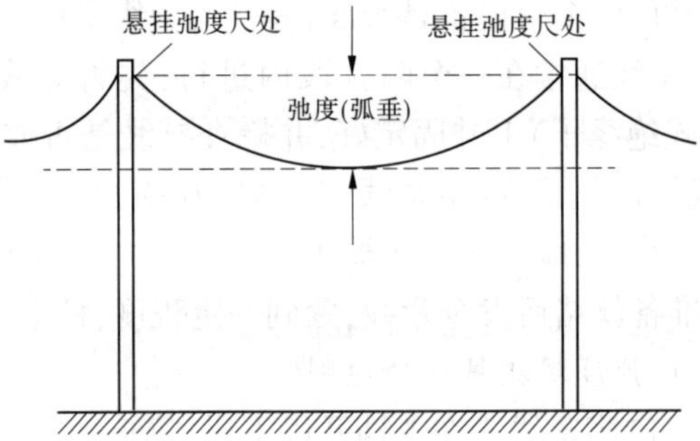

</td></tr>
</table>

续表 5-14

项目	示意图及说明
测弛度精度分析	紧线时由于拉力的变化，架空线从 APB 变化到 AP_1B 的位置，设 X 处的弛度变化为 Δf_x。Δf_x 随着 X 的变化而变化，从图中看出：当 $X=0$ 时，$\Delta f_x=0$；当 X 增大时，Δf_x 随着增大，X 增加到架空线最低点时，Δf_x 增加到最大值；当 X 再增大时，Δf_x 随着减小，$X=l$ 时，$\Delta f_x=0$。即紧线时由于拉力的变化架空线弛度也随着变化，但是架空线最低点的弛度变化最大。所以观测弛度时，使视线与架空线最低点相切，即利用水平视线观测弛度的精度最高 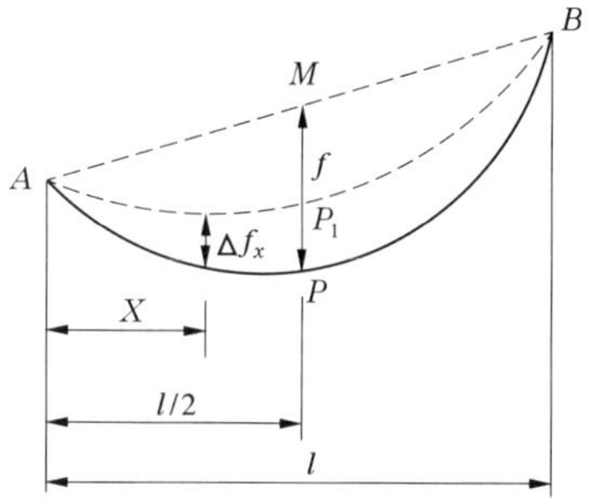 拉力变化引起 Δf_x 的变化规律

(2)异长法采用下列方法：

$$\sqrt{a}+\sqrt{b}=2\sqrt{f}$$

实际往往假定一个合适的 a 值，反求 b 值。

$$b=(2\sqrt{f}-\sqrt{a})^2$$

注意：异长法观测时应将高悬点设置为大值，低悬点设置为小值，目的是使视线尽量接近水平。

(3)档距较大(弛度较大)也可用经纬仪观测。

4. 弛度容许偏差

(1)35 kV：+5%，-2.5%，且正误差最大值不应超过 500 mm。最大相间误差<200 mm。

(2)10 kV：±5%，最大相间误差<50 mm。

观测弛度(弧垂)时应待导线处于稳定后进行，配电线路施工常用等长法(平行四边形法)观测。架设新导线时，应考虑导线塑性伸长对弧垂的影响，一般采用减小弧垂法补偿，弧垂减小的百分数为：铝绞线、铝芯绝缘线为 20%；钢芯铝绞线为 12%。

导线紧好后，弧垂的误差不应超过设计弧垂的±5%。在一个耐张段内各相导线的弧垂宜一致；水平排列的导线弧垂相差不应大于 50 mm。

(四)导线固定

1. 导线在终端、耐张杆处固定

(1)采用耐张线夹固定导线时，宜选用节能型铝合金耐张线夹。导线穿入线夹前，铝绞线或钢芯铝绞线应缠铝包带，铝包带缠绕方向应与导线外层绞向一致，缠绕长度应超出线夹端头 30 mm；绝缘线可不剥绝缘层，亦可不缠绝缘自粘带。线夹螺母必须拧紧、牢固。

(2)采用蝶式绝缘子固定导线时，当导线为铝绞线或钢芯铝绞线时，导线应缠铝包带，铝包带缠绕方式应与导线外层绕向一致，缠绕长度应超出蝶式绝缘子最大伞裙外 30 mm；绝缘线可不缠铝包带。蝶式绝缘子处导线回头套的尺寸应便于更换绝缘子，导线回头的绑缠应紧密、平顺,见图 5-13,所用绑线直径不得小于 2.0 mm,绑扎长度见表 5-15。

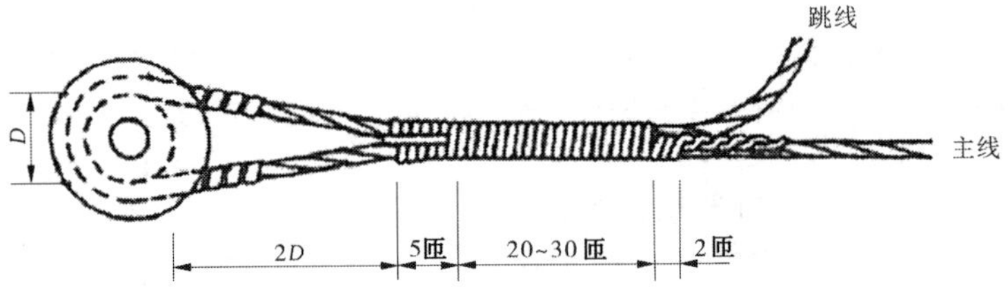

图 5-13 蝶式绝缘子处导线回头套绑扎图

表 5-15 蝶式绝缘子导线回头套绑扎长度

导线型号	绑扎长度/mm
LJ-50、LGJ-50 及以下	≥150
LJ-70、LGJ-70	≥200
低压绝缘线 50 mm² 及以下	≥150

2. 导线在针式绝缘子上固定

(1)导线固定部位。

①直线杆:10 kV 导线绑在瓶顶线槽内。低压线路采用裸绞线时,导线绑在瓶脖电杆侧;采用绝缘线时,导线绑在瓶顶线槽内。

②直线转角杆:30°及以下角度杆,导线绑在转角外侧的瓶脖上。

③直线跨越杆(轻型承力杆):主导线在固定处不应出现角度,弓子线截面及材质应与主导线相同,长度为 2 m。弓子线与主导线连接,裸绞线时用跨径并沟线夹每侧 2 个;绝缘线时用弹射楔形线夹每侧 1 个,并进行绝缘处理。

(2)导线固定采用绑扎法,10 kV 线路采用双十字绑扎法,见图 5-14,低压线路采用单十字绑扎法,绑扎线应顺序排开,不允许交绕纠结。

(3)裸绞线及中低压绝缘线、绑扎用绑线应选用与导线同金属的单股线,直径不应小于 2.5 mm,绑线不得有接头,最后绑小辫 5 圈,压平。不允许用钳口硬勒、硌伤绑线。

(4)铝绞线或钢芯铝绞线在绝缘子上固定应缠绕铝包带,铝包带的绕向应与导线外层绞向一致,且缠绕长度应超出绑扎部分 30 mm;10 kV 绝缘线在绝缘子上固定可不缠绕铝包带。

(5)绑缠方法正确,导线固定牢固,不应弯曲变形。

3. 10 kV 绝缘线在放电箝位绝缘子上固定

剥除绝缘层宽 100 mm,顺导线绞向绑缠铝包带,扣合铝压板,紧固螺栓,扣牢绝缘护罩(边相绝缘罩喷弧口向外侧),引弧板垂直线路安装。

(五)非承力导线连接

1. 一般规定

(1)10 kV 铝绞线、钢芯铝绞线可采用跨径并沟线夹连接。

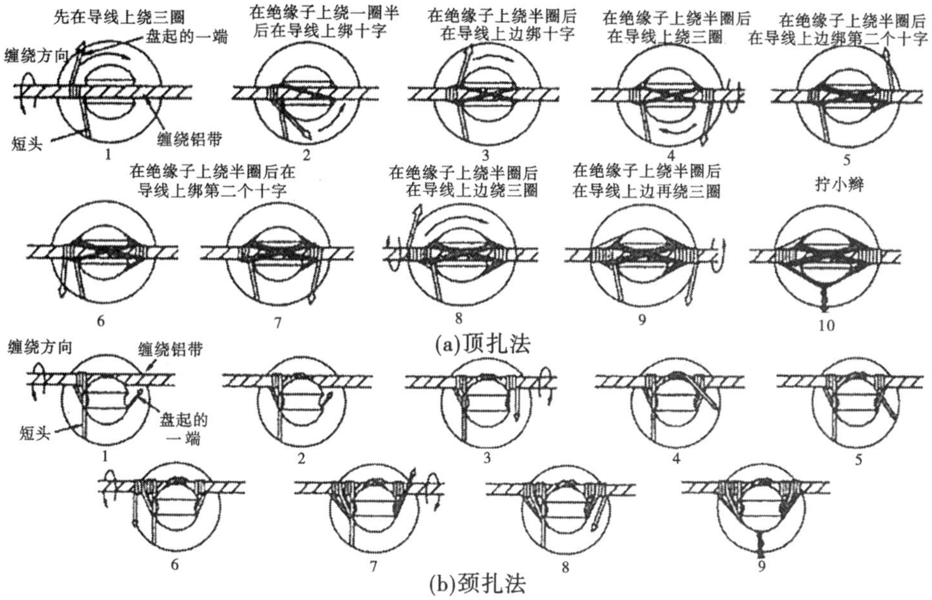

图 5-14　10 kV 线路绝缘子双十字绑扎法

(2)10 kV 铝芯绝缘线一般采用弹射楔形线夹连接。

(3)低压线路 50 mm^2 及以上铝绞线宜采用 H 形接续液压线夹或跨径并沟线夹连接。引下 25 mm^2 及以上铜芯接户线,宜采用 H 形接续液压线夹(在铝导线截面大于铜导线下)或采用摩擦焊接工艺制成的跨径并沟铜铝过渡线夹。

(4)低压线路 35 mm^2 及以下铝绞线与铜绞线可采用搭接绑缠。

(5)低压线路 25 mm^2 及以上铜芯接户线与铜芯进户线连接可采用液压 C 形铜接续线夹。

2. 并沟线夹连接

并沟线夹连接适用于临时接用。

(1)10 kV 线路导线连接使用两个线夹。

(2)低压线路 50~70 mm^2 导线连接使用一个线夹,95 mm^2 及以上使用 2 个线夹。

(3)导线的短头侧露出线夹 20 mm^2,螺母要拧紧,尽可能在弓子线处连接。

3. 弹射楔形线夹连接

弹射楔形线夹连接适用于永久接用。

(1)选择与绝缘导线相匹配的线夹,以及颜色标记一致的子弹及弹射工具,如图 5-15 所示。

(2)剥除与线夹相应宽度的绝缘层、半导体层,误差不大于+10 mm,用细钢丝刷清除表面氧化膜。

(3)将主线及分支线置于线夹槽内,然后将楔块推入楔形线夹(出厂已涂电力脂)框内,轻敲预塞紧。

(4)将击发工具排气旋钮取下,装入子弹,旋紧后盖及排气旋钮(切勿将手或其他物

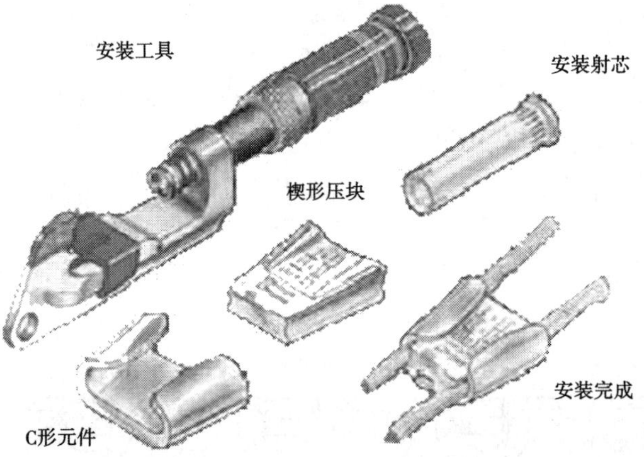

图 5-15 弹射楔形线夹安装工具

体放置在击杆前端)。

(5)将楔形线夹窄端顶住击发工具头台阶,击杆顶住楔块尾端,旋紧动力单元,使楔形线夹固定在击发工具头上。

(6)在确保击发工具前方无人的情况下,用锤子重击击发工具尾部,激发子弹,使楔块高速楔入楔形线夹,如图 5-16 所示;黄色标记线夹(适合主导线截面面积为 185 mm^2 及以上)使用大号工具头;蓝色、红色标记线夹(适合主导线截面面积 150 mm^2 及以下)使用小号工具头。

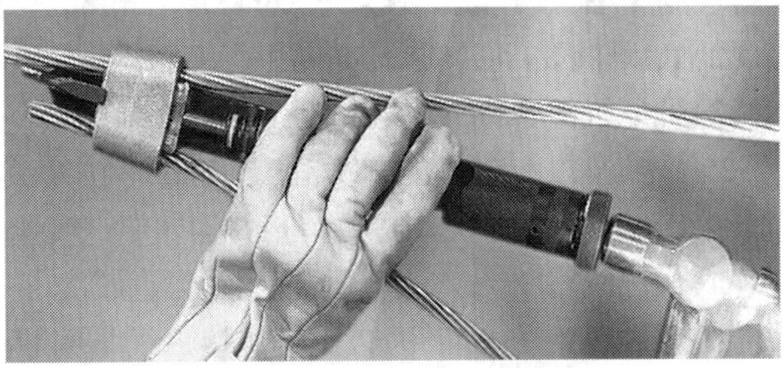

图 5-16 弹射楔形线夹安装

(7)完成击发后,先旋松排气旋钮,释放气体,再旋松动力单元,退下击发工具。

(8)检查在楔块上产生的锁扣,固定楔块应牢固,不合格者应拆除楔块,重新安装。

(9)进行绝缘处理。

4. H 形接续液压线夹连接(适用于永久接用)

(1)选择与导线相匹配的 H 形线夹及液压模,一般采用 12 t 液压钳、配套压模型号及压坑,见表 5-16。导线截面面积 120 mm^2 以下亦可采用机械压钳。

(2)将导线端头绑扎,接续部位整理平直,用细钢丝刷清除表面氧化膜。

(3)将导线放入 H 形线夹(出厂已涂电力脂)线槽内,掰平 H 形线夹两端的压边握持导线,分支线一般在主导线下方,导线短头侧露出线夹 30 mm。

(4)将液压钳嘴套住线夹,对准标识压接部位,自中央分别向两侧完成压接次数。

(5)检查压接效果,如有歪曲、破裂、导线露出,应剪断重新压接。

5. C 形铜接续液压线夹连接

C 形铜接续液压线夹连接工艺与 H 形接续液压线夹同(适用于永久接用)。

表 5-16 H 形接续液压线夹连接

H 形线夹型号	导线直径/mm		JKLYJ 型绝缘线		LJ 型铝绞线		12 t C 形开口液压钳	
	主导线	分支线	主导线	分支线	主导线	分支线	压模型号	液压次数
YH0-150	6.61~10.64	4.12~8.43	35~70	16~50	35~50	16~35	U-0	2
YHD-200	10.10~11.93	4.12~8.43	95	16~50	70	16~35	UD3	2
YHD-250	12.07~13.61	1.12~8.43	120	16~50	95	16~35	UD3	2
YHD-300	8.54~11.93	8.54~11.93	70~95	70~95	50~70	50~70	UD3	2
YHD-350	11.71~14.30	8.54~11.93	120	70~95	95~120	50~70	UD3	3
YHD-400	11.71~19.05	11.71~14.30	120	120	95~120	95~120	UD3	3
YHN-450	13.26~19.05	13.26~19.05	150~240	150~240	120~210	120~210	UN	3
YHN-500	13.26~20.71	4.07~11.43	150~240	16~70	120~240	16~70	UN	2
YHN-525	13.26~20.71	10.41~14.35	150~240	95~120	120~240	70~120	UN	2
YFN-565	13.26~20.71	13.26~20.71	—	—	120~240	120~240	UN	3

注:本表摘自中铁兴业公司样本。

6. 搭接绑缠(适用于临时接用)

(1)搭接用的绑线材质应与主导线相同,其直径不应小于 2 mm。

(2)绑线必须用钳子带紧,密实、平顺,其绑缠长度见图 5-17。

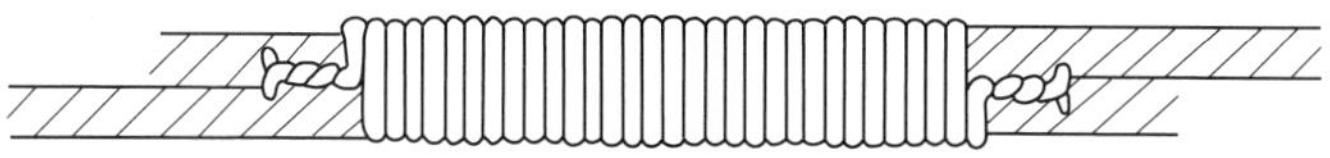

导线截面面积/mm²	绑缠长度/mm
35及以下	150及以下
50	200及以上
70及以上	250及以上

图 5-17 非承力导线

7. 10 kV 绝缘线绝缘层剥离和绝缘处理

(1)剥离绝缘层、半导体层应使用专用切削工具,不得损伤导线,绝缘层剥离长度应与连接金具长度相同,误差不应大于+10 mm,绝缘层切口处应有45°倒角。

(2)10 kV 绝缘线连接处应进行绝缘处理。将需要进行绝缘处理的部位清扫干净,然后用绝缘自粘带采用重叠压半边的方法缠绕两层,缠绕应超出接续管两端各 30 mm,严密封护,防止线芯进水、进潮。其外表层再用压半边方法缠绕一层具有憎水性能的自粘带。

8. 10 kV 绝缘线路预留挂接地线口

(1)下列部位应预留挂接地线口(参见图 5-18)。

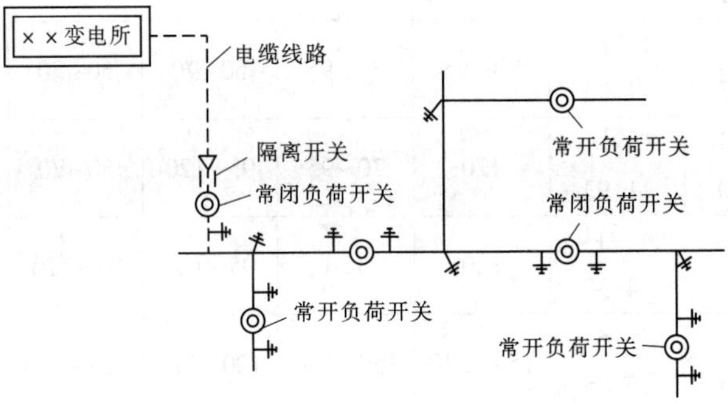

图 5-18 接地环安装位置

①各种刀开关(出站刀开关、柱上开关一侧或两侧刀开关、用户进线刀开关)的负荷侧。

②柱上开关前、后一基电杆处。

③丁字杆、十字杆、断连杆、终端杆的弓子线处的一侧或两侧。

④变台母线上。

⑤必要时,在线路主导线上安装专用地线环(分线环),铜地线环截面面积应不小于 50 mm^2。

(2)挂接地线口施工工艺。

①弓子线处的挂接地线口应设在紧靠线夹处;

②刀闸处的地线挂接口应设在引线弧垂最低点处;

③分支 T 接杆的挂接地线口应设在分支引线弧垂最低点处;

④断连杆,当中相为上翻弓子线时,应将其一端弓子线延长,使弓子线的线夹及挂接地线口处于线路主导线的下方;

⑤地线挂接口宽度均为 80 mm,导线绝缘层的剥离端口处应包缠两层绝缘自粘带,防止导线进水、进潮;

⑥相邻地线挂接口应错开 200 mm 及以上。

(3)线路主导线专用地线环的安装,一般中相距横担 800 mm,边相距横担 500 mm。地线环除下端环裸露外,其余部分均应用绝缘自粘带包缠两层,其表层再缠绕一层具有憎水性能的自粘带。

五、接地装置工程施工技术要求

(一)接地引下线安装

(1)架空线路杆塔的每一腿都应与接地体线连接。

(2)接地引下线材料、规格及连接方式要符合规定,并进行热镀锌处理。

(3)接地引下线连板与杆塔的连接应接触良好,接地引下线应平敷于基础及保护帽表面。

(4)接地引下线引出方位与杆塔接地孔位置相对应。接地引下线应平直、美观。

(5)接地引下线与杆塔的连接应接触良好,顺畅、美观,便于运行测量检修。

(6)接地螺栓安装应设放松螺母或放松垫片,宜采用可拆卸的防盗螺栓。

(7)铁塔审图时注意接地孔位置,确保接地引下线安装顺利。

(8)接地引下线的规格、焊接长度应符合设计要求。

(9)接地引下线要紧贴塔材和基础及保护帽表面引下,应顺畅、美观。接地板与塔材应接触紧密。

(10)引下线煨弯宜采用煨弯工具,应避免在煨弯过程中引下线与基础及保护帽磕碰造成边角破损影响美观。

(11)接地引下线与铁塔的连接螺栓应符合设计要求。

(二)接地体制作

(1)接地体连接前应清除连接部位的浮锈,接地体间连接必须可靠。

(2)水平接地体埋设应符合下列规定:①遇倾斜地形宜等高线埋设。②两接地体间的平行距离不应小于 5 m。③接地体敷设应平直。④对无法按照上述要求埋设的特殊地形,应与设计单位协商解决。

(3)垂直接地体深度应满足设计要求。垂直接地体的间距不宜小于其长度的 2 倍。

(4)接地体的连接部分应采取防腐处理。

(5)接地体的规格、埋深不应小于设计规定。

(6)接地体应采用搭接施焊,圆钢的搭接长度不应少于其直径的 6 倍并应双面施焊;扁钢的搭接长度不应少于其宽度的 2 倍并应四面施焊。焊缝要平滑饱满。

(7)圆钢采用液压连接时,其接续管的型号与规格应与所连接的圆钢相匹配。接续管的壁厚不得小于 3 mm;对接长度应为圆钢直径的 20 倍,搭接长度应为圆钢直径的 10 倍。

(8)接地体敷设前应矫正,不应出现明显弯曲。

(9)现场焊接点应进行防腐处理,防腐范围不应少于连接部位两端各 100 mm。

六、电力电缆线路工程施工技术要求

(一)高压电缆敷设及电缆头制作安装施工工艺

1. 适用范围

适用于 6~35 kV 交联聚乙烯绝缘高压电缆敷设和电缆头制作。

2. 施工流程

施工流程如图 5-19 所示。

3. 工艺流程说明及主要质量控制要点

1)施工准备

(1)材料准备:测量电缆实际长度,在留有一定裕度的情况下进行提料,同时考虑电缆的长度是否超过生产厂家单根最长生产长度。

高压电缆提料时,要求对电缆的规格、型号及技术参数等要说明详细,且符合设计要求。

电缆终端和电缆中间接头的选用相同,要求提供型号、适用的电缆规格等详细的参数,目前对于35 kV及以下的电力电缆终端一般有热缩型、预制型和冷缩型三种。

选用的电缆终端和电缆接头应包括线鼻子(对接管)、接地材料、绝缘材料、填充用料等各类附件。

材料到达现场后应具有合格证、说明书等资料,同时检查外观良好、附件齐全,且符合设计和提料的要求。

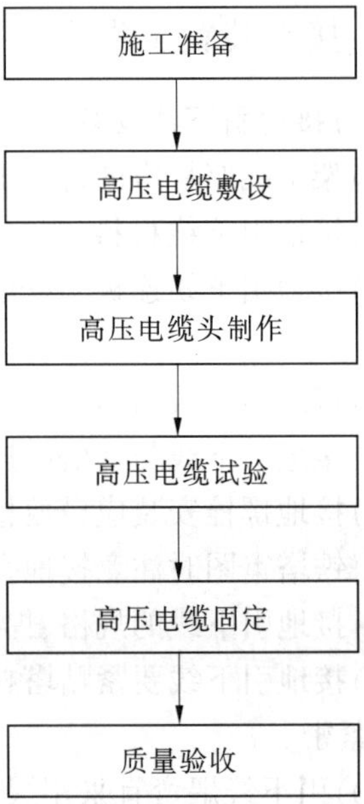

图 5-19 电力电缆线路工程施工流程

电缆的端部应有可靠的防潮措施。

(2)技术准备:核对施工图,确认电缆沟支架、电缆管等敷设通道符合电缆敷设的要求,熟悉电缆终端的安装说明书。

(3)人员组织:技术人员,安全、质量负责人,电缆头制作专业工种人员和安装人员。

(4)机具准备:压接钳,电缆外护套、绝缘层剥切工具,半导体层剥切工具,电烙铁,加热设备,电缆敷设用放线滑车、卷扬机、吊车等。

2)高压电缆敷设

电缆敷设前检查电缆敷设通道是否符合设计及规范要求,电缆支架的间距、电缆管的管径、电缆管的弯曲半径、电缆管长度、接地等是否符合设计及规范要求,清除电缆管内异物。

电缆长度较短时可以直接采用人工敷设;当电缆长度较长需采用机械敷设时,应将电缆放在滑车上拖曳,牵引端应采用专用的拉线网套或牵引头,牵引强度不得大于规范要求,必要时应在牵引端设置防捻器。

图 5-20 电缆钢带接地引接

电缆敷设时,电缆盘处、滑车之间等各个部位应尽可能减少电缆碰地的机会,以免损伤电缆外护套。电缆上不得有铠装压扁、电缆绞拧等永久性机械损伤。电缆钢带接地引接如图5-20所示。

电缆在拐弯处的最小弯曲半径应按规范要求。对于交联聚乙烯绝缘电力电缆,其最小弯曲半径单芯为直径的20倍、多芯为直径的15倍。

当电缆采用直埋敷设时，电缆表面距地面的距离不应小于 0.7 m，所外区域不得小于 1 m，且电缆的上下部应铺以不小于 100 mm 厚的软土或沙层（软土或沙层中不能有石块或其他硬质杂物），并加盖保护板，其覆盖宽度应超过电缆两侧各 50 mm。保护板可采用混凝土盖板或砖块。

电缆终端和接头处应留有一定的备用长度；电缆接头处应相互错开，电缆敷设整齐不宜交叉，单芯的三相电缆宜放置成“品”字形。

在电缆终端头、接头、拐弯处、竖井口等地方，应挂电缆标牌；直埋电缆每隔 50~100 m 处、电缆接头、转弯处等部位应设置明显的标志。

电缆的固定间距应符合规范要求，单芯电缆或分相后的各相终端的固定不应形成闭合的铁磁回路。固定处应加装符合规范要求的衬垫。

电缆敷设后，电缆头应悬空放置，并应及时制作电缆终端，如不能及时制作电缆终端，电缆头必须采取措施进行密封，防止受潮。

3）电缆头制作

交联聚乙烯电力电缆的终端有三种形式：预制、热缩、冷缩。不论采用何种终端方式，施工时应严格按照电缆附件厂家的要求制作电缆终端。

根据电缆终端和电缆的固定方式，确定电缆头的制作位置，剖开电缆外护套。破除过程中用力适当，不得损伤内层屏蔽和绝缘层。对于多芯的电力电缆，应能使电缆头固定后，其各相弧度保持一致，过渡自然；单芯电缆头高度一致，弧度一致。

在制作电缆头时，应将钢带和铜带屏蔽层分开接地，并有标识，接地线与钢带和铜带采用焊接或电缆终端附件中自带的弹簧卡圈进行连接；接地线应采用镀锡编织带，压接编织带的铜鼻子应搪锡。

图 5-21　电缆分支护套制作

多芯电缆的电缆头采用分支护套，分支护套内应衬一些填充料（软质材料可以利用电缆内的填充料），确保电缆头的分支护套密实，如图 5-21 所示。分支护套应尽可能向电缆头根部拉近，方可进行热缩（或冷缩）。钢带在电缆头处切断，接地线从分支护套下部引出。屏蔽层视接线位置至电缆头之间的长度而定，对于三芯电缆一般均在分支护套上部。

为了保证多芯电缆的三相过渡自然、弧度一致，需增加延长护管，如图 5-22 所示。

分支护套、延长护管及电缆终端等在热缩（或冷缩）后应与电缆接触紧密，不能有褶皱和破损现象。

多段护套搭接时，上部的绝缘管应套在下部绝缘管的外部，搭接长度符合厂家说明书的要求。

根据接线端子的位置和应力管的长度，确定延长护管的长度，在延长护管上部，根据说明书的要求剥除屏蔽层，剩余的长度符合说明书的要求，然后制作铜带接地。

利用剥刀或玻璃等将铜带上部的外半导体层剥除，铜带上部的半导体层按照说明书要求留有一定长度，且切断处应平整。半导体层剥除后用细砂纸打磨，磨去绝缘层上半导体残留物，但不得损坏绝缘层，或是绝缘层出现毛刺，凹凸不平现象，最后用酒精清洗。

根据应力管(热缩)或电缆终端(预制和冷缩)的长度和接线鼻子长度，将多余的电缆切除，同时将压接接线鼻子处的绝缘层剥除，剥除时不得损伤芯线。对露出的芯线表面的半导体层进行清除、绝缘层的切断面和边角进行打磨处理，使芯线表面清洁、绝缘层切断面光滑、无毛刺，如图 5-23 所示。

图 5-22　柜内电缆示意图

图 5-23　电缆芯线剥制

选用浇铸式接线鼻子，用压接钳进行压接，压接工艺符合规范要求；铜线鼻子应镀锡。在接线鼻子和绝缘层切断面的交界处用厂家提供的填充胶带进行填充，使之过渡自然，同时确保电缆终端制作后顶部密实，密封良好。

冷缩电缆终端和预制电缆终端是一种组合型电缆终端，在接线鼻子压接后就可直接安装电缆终端，安装过程时参照厂家说明书的要求进行。对于预制式电缆终端，安装时在应力锥内涂厂家自备的硅脂润滑，以便于预制电缆终端的安装。

热缩的电缆终端安装时应先安装应力管，应力管和外半导体层的搭接应满足厂家的规定要求，然后安装外部绝缘护管和雨裙。外部绝缘护管和雨裙的安装位置及雨裙间间距应满足厂家的规定要求。

最后用相应颜色的胶布进行相位标识。

电缆终端安装时应避开潮湿的天气，且尽可能缩短绝缘暴露的时间。如在安装过程中遇雨雾等潮湿天气应及时停止作业，并做好可靠的防潮措施。

4）高压电缆试验

应按照《电气装置安装工程　电气设备交接试验标准》(GB 50150)中的规定和要求进行试验。

5）高压电缆固定

电缆终端与设备搭接自然，不应有扭劲。搭接后应对电缆采取固定措施，不得使搭接处设备端子和电缆受力，固定点应设在应力锥下和三芯电缆的电缆头下部等部位。

电缆终端搭接和固定时应确保带电体与钢带及铜带接地之间的距离，同时确保不同相雨裙之间的距离，必要时加装过渡排。搭接面要符合规范要求。

单芯电缆或分相后的各相终端的固定不应形成闭合的铁磁回路。固定处加装符合规范要求的衬垫。

对于多芯电缆,钢带和屏蔽均应采用两端接地的方式;当电缆穿过零序电流互感器时,屏蔽接地不应穿过零序电流互感器。

单芯电缆长度很短时屏蔽可采用两端接地方式;长度较长时屏蔽应采取一端接地,另一端不接地方式;当采用一端接地方式,不接地端过电压水平不满足要求时,可采用一端接地,另一端加装护层保护器的接地等方式。

(二)电缆防火封堵施工方案

1. 适用范围

适用于电缆进出构筑物、穿越隔墙、楼板的孔洞处及隧道、竖井、大型排管或重要回路的电缆沟等有特殊防火要求的地域进行的封堵施工。

2. 施工流程

电缆防火封堵施工流程如图 5-24 所示。

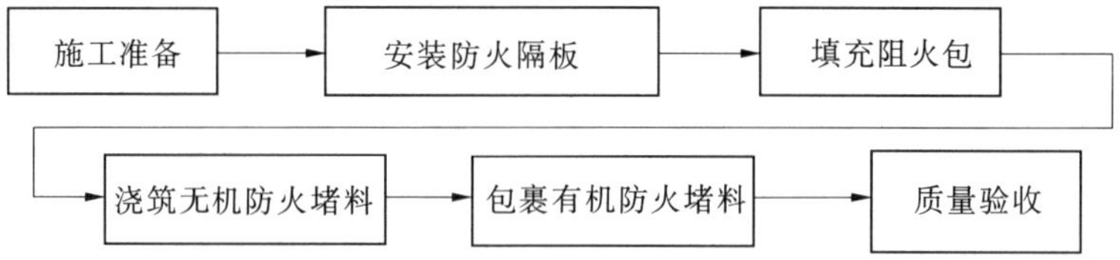

图 5-24　电缆防火封堵施工流程

3. 主要施工控制要点

1)电缆防火封堵施工准备

勘查防火封堵现场,选择最优的封堵方式,准备好充足的防火材料。施工前,清洁封堵孔洞及该处电缆表面,做好相应的施工安全工作。

2)安装防火隔板

安装前检查隔板外观质量情况,检查产品合格证书。

在每档支架托臂上设置两副专用挂钩螺栓使隔板与电缆支(托)架固定牢固,并使隔板垂直或平行于支架,整体应确保在同一平面上。螺栓头外露不宜过长,采用专用垫片。如遇桥架或支架不平整,安装时应校正。

隔板间连接处应有 50 mm 左右搭接,用螺栓固定,并采用专用垫片。安装的工艺缺口及缝隙较大部位用有机防火堵料封堵严实。

用隔板封堵孔洞时应固定牢固,固定方法应符合设计要求。

3)填充阻火包

安装前,将电缆做必要的整理,检查阻火包有无破损,不得使用破损的阻火包。

在电缆周围裹一层有机防火堵料,将阻火包平整地嵌入电缆空隙中,阻火包应交叉堆砌。

当用阻火包构筑阻火墙时,阻火墙底部用砖砌筑支墩,并设有排水孔,还应采取固定措施以防止阻火墙坍塌。

4)浇筑无机防火堵料

施工前整理电缆,根据需封堵孔洞的大小,严格按产品说明的要求进行施工。当孔洞面积大于0.2 m^2,且可能行人的地方应采取加固措施。

用无机防火堵料构筑阻火墙时,根据阻火墙的设计厚度,采用预制或现浇,自下而上地砌筑或浇制;预制型阻火墙的表面用无机防火堵料进行粉刷。

阻火墙应设置在电缆支(托)架处,构筑牢固,并应设电缆预留孔,底部设排水孔洞。

5)包裹有机防火堵料

施工时将有机防火堵料密实嵌于需封堵的孔隙中。

按设计要求需在电缆周围包裹一层有机防火堵料时,包裹应均匀密实。

用隔板与有机防火堵料配合封堵时,有时防火堵料应略高于隔板,高出部分宜形状规则。

在阻火墙两侧电缆处,有机防火堵料与无机防火堵料封堵应平整。

电缆预留孔和电缆保护管两端口用有机堵料封堵严实。填料嵌入管口的深度不小于50 mm。预留孔封堵应平整。

6)质量验收

应按照设计要求及有关施工验收标准执行。

任务五　环境与职业健康安全管理的要求和方法

一、工程文明施工标准化管理的规定

(一)现场道路的设置

(1)场区道路设置人行通道,且有标识。

(2)施工现场的主要道路应进行硬化处理,主干道应有排水措施,主干道宽度单行不小于4 m,消防通道形成环形。

(3)临街处设立围挡。

(4)所有临时楼梯应有扶手和安全护栏。

(5)所有设备吊装区设立警戒线,且标识清晰。

(二)材料管理

(1)库房内材料要分类码放整齐,限宽限高,上架入箱,标识齐全。

(2)库房应保持干燥清洁、通风良好。

(3)易燃易爆及有毒有害物品仓库按规定距离单独设立,且远离生活区和施工区,有专人保管运输。

(4)材料堆场场地平整,尽可能做硬化处理,排水通畅,堆场清洁卫生,方便车辆运输。

(5)配有消防器材。

(三)施工机具管理

(1)手动施工机具(如手拉导链、千斤顶等)和较大的施工机械(如卷扬机、电焊机等）出库前应保养完好并分类整齐排放在室内。

（2）机动车辆（如吊车、叉车、汽车等）应停放在规划的停车场内，不应挤占施工通道。

（3）所有施工机械要按规定定期维护保养，保持性能处于完好状态，且外观整洁。

（四）场容管理

（1）建立文明施工责任制，划分区域，明确管理负责人。

（2）施工地点和周围清洁整齐，做到随时清理、工完场清。

（3）严格执行成品保护措施。

（4）施工现场不随意堆垃圾，要按规划地点分类堆放，定期清理，并按规定分类处理。

（五）规范施工人员行为

主要是制订措施、规范施工人员的语言及行为、提高自身素质、构建内部和谐气氛、提高对外沟通水平和质量，以达到提升施工单位外在形象的目的。

二、文明施工的一般管理措施

（1）严格区域划分，所有进入现场的专业施工队伍必须按照总平面布置及工地形象策划标准建造办公和施工设施，包括临时位置、外形、建筑标准及管路、管线等内容，根据现场的各个阶段进行文明施工责任区的划分和责任区域挂牌，明确责任区域界限，为施工人员提供良好的作业环境。

（2）施工现场用电线路、用电设施的安装必须严格按照施工组织设计进行架设，现场沟道、孔洞、平台、楼梯处要有可靠的安全防护装置、设立明显的标志和安全警示牌。

（3）施工单位要对所占用的施工场地范围内的防火、防洪、管路和排水系统的畅通及良好的施工环境负责。对建筑垃圾、生活垃圾及各种污水排放都要进行妥善处理；施工时需要开挖已有的道路，中断交通或需要中断水源、电源时，必须提前提出申请，经过工程管理部门批准后才能实施，完成任务后及时恢复。

（4）施工机械和设备的摆放应当按照施工总平面布置规定的位置和线路设置，各类履带式起重机及超重件运输机械等进入厂区和施工现场必须按照批准的、指定的线路通行，以防止压坏道路。

（5）按照土方平衡原则安排施工单位在厂区内取土和弃土，施工现场不要出现尘土飞扬。

（6）按照程序领料、用料，不乱摆、丢弃废料。

（7）施工单位对所承担的工程项目已经施工完成并经过验收合格后，应立即撤离现场，其临时设施一律撤除。

（8）对分包单位的文明施工严格管理，对不遵守文明施工制度的分包单位应当进行严肃处理。

（9）人员着装整齐，并符合作业要求（包括分包单位和临时外用工）。

（10）各种车辆排列整齐，材料、工具管理有序，不乱堆乱放。

（11）临时办公地点整洁，办公用具定置管理。

（12）施工现场的文明施工应当由工长指派专人管理，定期进行文明施工检查、评比，并进行奖惩。

三、现场文明施工布置

在临时建筑的办公场区应设以下标识：

(1)施工总平面图。

(2)施工企业简介、工程简介。

(3)工程建设管理目标(安全、质量、工期、文明施工、环境保护控制目标)。

(4)参建单位的责任牌(项目法人、建设管理单位、工程建设单位、工程监理单位等)。

(5)安全警示牌：自觉遵章守纪，预防事故发生；进入施工现场必须戴安全帽；进入施工现场严禁流动吸烟等有关警示内容。

(6)友情提示牌："施工给您带来不便，请谅解和支持"等友情提示内容。

(7)在施工工棚和施工现场设置垃圾箱、垃圾袋。

(8)室外等中式垃圾池设置上盖。

(9)地下管网、电缆、穿管处地面要有提示标志。

(10)工程竣工后，在建筑物醒目位置镶嵌纪念标牌注明建设单位、设计单位、施工单位、监理单位及开竣工日期。

四、环境保护方针、目标

(1)环境保护方针：遵守环境法规，持续改进，预防污染，减少环境负荷，与地区环境共生。

(2)环境保护目标：保护资源，减少污染。

五、保护环境具体措施

(1)对确定的重要环境因素制订目标、指标及管理方案。

(2)明确相关岗位人员和管理人员的职责。

(3)建立对施工现场环境保护的制度。

(4)按照有关标准要求实施对重要环境因素的预防和控制。

(5)建立应急准备与相应的管理制度。

(6)对分包方及其他相关方提出保护环境的要求及控制措施。

(7)实行施工中环境保护要求的交底，可以与技术交底同时进行。

(8)建立环境保护信息沟通渠道，实施有效监督，做到施工全过程监控，鼓励社会监督。

六、施工现场环境事故的处理

(1)环境事故的形成是指非预期的因施工发生事故或者其他突发事件，造成或者可能造成污染的事故，如给水管道消毒中发生消毒水大量泄漏或使用的氯气钢瓶氯气外溢等。

(2)发生事故后的处置措施如下：

①按应急预案立即采取措施处理，防止事故扩大或发生次生灾害。

②及时通报可能受到污染危害的单位和居民。

③向企业或工程所在地环境保护行政主管部门或建设行政主管部门报告。

④暂停相关施工作业，保护好事故现场。

⑤积极接受事故调查处理。

七、施工安全危险源分类

（一）施工现场危险源的范围

（1）工作场所（包括临时的和永久性两类）。

（2）所进入施工现场人员（包括外来人员）的活动。

（3）项目部使用的和相关方使用的施工机械设备。

（4）临时用电设施和消防设施等。

（5）作业环境。

（6）作业人员的劳动强度。

（7）其他特殊的作业状况。

（二）危险源的种类

第一类，是指施工过程中存在的可能发生意外能量释放（如爆炸、火灾、触电、辐射）而造成伤亡事故的能量和危险物质，包括机械伤害、电能伤害、热能伤害、光能伤害、化学物质伤害、放射和生物伤害等。

第二类，是指导致能量或危险物质的约束或限制措施被破坏或失效的各种因素，其中包括机械设备、装置、原件、部件等性能退化而低下不能实现预定功能，既发生物的不安全状态；也包括人的偏离标准要求的不安全行为；还包括由于环境问题促使人的失误或物的故障发生。设备安装工程的施工工地绝大部分危险和有害因素属第二类危险源。

八、施工安全危险源的防范重点的确定

防范重点的确定，即通过对危险源识别后，采取不同对策，如停工、立即整改、整改、引起注意、可以接受等，依据对策的不同迫切程度，可以确定防范的重点。

危险源识别的方法如下：

（1）直观经验法识别危险源，凭人的经验和判断力对施工环境、施工工艺、施工机械、作业人员和安全管理状况等进行识别和判断，从而作出评价。施工现场经常使用该方法。

（2）安全检查表（SCL）法。

（3）作业条件危险性评价法。

根据经验，危险等级划分见表 5-17。

表 5-17 危险等级划分

分值	危险程度	分值	危险程度
>320	极其危险，不可能继续作业	20～70	一般危险，需要注意
160～320	高度危险，要立即整改	<20	稍有危险，可以接受
70～160	显著危险，需要整改		

九、配电线路工程施工安全事故的分类

职工因伤亡的事故类别是根据导致事故发生的物体、物质，即起因物来确定的。按照《企业职工伤亡事故分类》(GB 6441)规定，因工伤亡事故可分为20类：

(1)物体打击指物体在外力或重力作用下运动，打击人体造成的伤害。

(2)车辆伤害指企业机动车辆引起的伤害。

(3)机械伤害指机械设备、工具、工件直接与人体接触造成的伤害。起重机械、车辆引起的伤害除外。

(4)起重伤害指各种起重作业发生的伤害。

(5)灼烫指火烧伤、高温烫伤、光灼伤及化学物质作用于体表的急性损伤，包括酸、碱及其他化学品烧伤。

(6)火灾指企业发生的造成职工伤亡的火灾事故。

(7)触电伤害指电流通过人体或带电体与人体间发生放电造成的伤害。

(8)淹溺指各种作业中落水及透水引起的溺水伤害。矿山井下透水除外。

(9)高处坠落指高处作业中发生坠落造成的伤害。

(10)坍塌指物体在外力或重力作用下，超过自身稳定极限，或因结构稳定性破坏造成的伤害。

(11)冒顶片帮指矿井中由于支护不当或地压作用造成的坍塌伤害。侧壁塌落为片帮，顶板垮落为冒顶，两者同时发生为冒顶片帮。

(12)透水指采矿中地表水或地下水突然涌入矿井、坑道造成的伤害。

(13)放炮指爆破过程中发生的伤亡事故及由此而引起的急性中毒事故。

(14)火药爆炸指火药、炸药及其制品在生产、加工、运输、储存、使用、销毁过程中引起的爆炸伤害事故，爆破工程除外。

(15)瓦斯煤尘爆炸指矿山井下瓦斯(主要成分为沼气)遇火引起的爆炸及悬浮于井下空气中一定浓度的煤尘遇火发生的爆炸伤害。

(16)锅炉爆炸。

(17)容器爆炸。

(18)煤与瓦斯突出指煤矿开采或坑道作业时，在短暂时间内，从煤体、围岩中突然放出大量瓦斯，或突然压出大量煤和(或)瓦斯的伤害事故。

(19)中毒和窒息指职工在劳动过程中职业性毒物进入人体导致急性中毒、窒息性中毒或缺氧窒息性伤害。

(20)其他伤害指上述19类中不包括的职业伤害，如冻伤、摔伤、扭伤、挫伤、动物咬伤、非机动车碰伤、中暑等。

起因物是指导致事故发生的物体和物质，施害物是指直接引起伤害及中毒的物体或物质。事故类别是根据导致事故发生的起因物来确定的，而不是依据施害物来确定的。例如，某企业储存氯气的容器爆炸，氯气外泄而导致一起中毒事故，在这起事故中，导致事故发生的起因物是容器爆炸，直接引起中毒的施害物是氯气，这起事故的事故类别应当统计为容器爆炸，而不能归于中毒。又如，某企业的一台砂轮机防护罩不全，砂轮破碎、砂轮

碎片将一人击死。这起事故之所以能死人，是由于砂轮飞出击中人体。但砂轮碎片只是施害物，而造成事故的主要原因是砂轮机护罩不全，砂轮破碎（均属机械范畴）。所以在统计时，这起事故的事故类别只能定为机械伤害，而不能定为物体打击。再如，某设备安装工程施工中，在主吊机提吊过程时，臂架系统发生斜向倾倒，吊臂及所吊塔体向一侧的钢结构和平台倾倒，这起事故的事故类别应当统计为起重伤害，而不是坍塌。

配电工程施工中常见的安全事故类别为物体打击、机械伤害、起重伤害、灼烫、触电伤害、高处坠落、中毒等。

十、配电线路工程施工安全事故报告和调查处理

（一）事故报告基本程序

在通常情况下，企业发生伤亡事故，负伤人员或最先发现者应立即报告班组长，班组长应立即报告项目经理或项目负责人，项目经理或项目负责人应立即报告上级和安全管理部门。

安全管理部门应立即报告企业负责人。在紧急情况下，为了不耽误抢救时机，应迅速报告企业负责人或有关部门，以便采取应急措施，减少伤亡事故的严重程度。

（二）按伤害程度报告的程序

1. 轻伤事故

在逐级报告（负伤人员或最先发现者—班组长—项目经理—企业安全管理部门—企业负责人）的同时，项目部填写伤亡事故登记表一式两份，报企业安全管理部门一份，项目部自存一份，填报时间最迟不能晚于事故发生后 24 h。

2. 重伤事故

发生事故的项目部应立即将事故概况（包括时间、地点、受伤者姓名、年龄、工种或职务职称、受伤程度、发生事故经过和发生事故的简要原因等）用快速办法（电话、传真和电子邮件等）分别报告企业安全管理部门和企业负责人。

3. 死亡事故

按照《生产安全事故报告和调查处理条例》（国务院令第 493 号）的规定，死亡事故发生后，事故现场有关人员应立即用快速办法向本单位负责人报告，单位负责人接到报告后，应当于 1 h 内向事故发生地县级以上人民政府安全生产监督管理部门和负有安全生产监督管理职责的有关部门报告。

情况紧急时，事故现场有关人员可以直接向事故发生地县级以上人民政府安全生产监督管理部门和负有安全生产监督管理职责的有关部门报告。

4. 报告事故的内容

（1）事故发生单位概况。

（2）事故发生的时间、地点及事故现场情况。

（3）事故的简要经过。

（4）事故已经造成或者可能造成的伤亡人数（包括下落不明的人数）和初步的直接经济损失。

（5）已采取的措施。

(6)其他应当报告的情况。

(7)事故报告后出现新情况的,应当及时补报。

(三)事故调查处理的阶段

(1)依照事故报告,按管辖权限组成事故调查组。

(2)事故调查组主要工作内容如下:

①事故现场处理。

②物证收集。

③事故事实材料收集。

④证人材料收集。

⑤形成事故调查记录,包括照相、录像。

⑥事故分析,包括有关材料分析、伤害分析、原因分析、责任分析等。

⑦形成事故调查报告,并提出处理建议。

(3)提出整改措施并落实到位。

(4)事故责任者处理。

(5)事故结案。

(6)事故结案材料归档。

【课程思政】 中国技术独步全球,特高压输电技术从落后到世界第一。

2022年6月16日,我国第一条自行设计、建造的超高压输电线路330 kV刘家峡—天水—关中输电线路(简称刘天关输电线路)迎来正式投运50周年。50年来,刘天关输电线路累计输送电量740亿kW·h,为促进西北地区经济发展、保障陇海铁路平稳运行、服务社会民生等做出重大贡献。

线路西起甘肃省永靖县刘家峡水电站升压开关站,经天水330 kV秦安变电站,至陕西省宝鸡市,横跨陕、甘2省14个县,全长533 km,设计输送容量42万kW。工程筹建于1969年,1972年6月16日投入运行。

习　题

扫以下二维码,做相关习题。

第三部分　专业技能

项目六　配电线路工程施工工艺和方法

任务一　基坑挖掘和杆塔工程

一、线路复测

(一)直线杆塔复测

复测是以直线桩为基准,校核直线杆塔桩是否在两个相邻转角桩的直线上,其偏移值不应大于 50 m。顺线路位移不超过设计档距的 3%。

(二)转角杆塔复测

复测的目的是检查线路转角的角度是否与设计的角度相同,以判定角度是否正确。转角杆分支杆的横线路顺线路方向位移不得超过 50 mm。

(三)档距及标高复测

校核相邻杆塔间的档距和地形凸起点的标高是线路复测的主要工作内容,其方法采用视距法。根据复测后各杆塔的档距和标高与原设计相比较,档距误差不超过设计档距的 1%,标高误差不超过±0.5 m。

(四)交叉跨越物复测

线路电力线、弱电线、铁路、公路等交叉跨越时,为复核线路与跨越物的安全净空距离,在线路施工前应复测被跨物的标高,以便从断面图上计算净空距离。

二、杆坑定位施工工艺

施工要点如下:

(1)采用 GPS 设备、经纬仪、全站仪复测、定位。

(2)顺线位移,不超过设计档距的 3%。

(3)横向位移,不超过 50 mm。

(4)采用白石灰标线,分坑。

三、挖坑施工工艺

施工要点如下：

(1)坑口边沿 1 m 范围不得堆放余土。

(2)超过 1.5 m 深时,应有防回落措施。

(3)深度要求:一般为杆长的 1/6 加底盘高度。

(4)坑底找平要求:①允许偏差值为+100 mm、-50 mm。②坑底找平。

四、基础坑检查方法

(1)直线杆顺线路方向位移,10 kV 及以下架空电力线路不应超过设计档距的 3%。直线杆横线路方向位移不应超过 50 mm。转角杆的横向位移不应大于 50 mm。

(2)电杆基础坑深度,应符合设计规定(见表 6-1)或不小于电杆高度的 1/6。电杆基础坑深度的允许偏差值应为+100 mm、-50 mm。同基基础坑在允许偏差范围内应按最深一坑计算。

表 6-1　电杆最小埋设深度

杆高/m	8	10	12	15	18
埋深/m	1.5	1.7	1.9	2.3	2.6~3.0

(3)双杆基坑应符合:根开的中心偏差不应超过±30 mm。

五、杆塔基础工程现场浇筑基础施工工艺

(一)施工准备

(1)技术准备。根据现场调查及图纸会审的结果,选择施工方案,编写施工作业指导书,并及时进行技术交底,交底内容具体,有针对性,并形成书面记录。

(2)人员准备。施工现场明确施工负责人、技术负责人、质检员等及工作人员组织到位。施工人员必须经专业技术培训后持证上岗。

(3)材料及工器具准备。钢筋、水泥、外加剂和掺合料应符合设计要求,有出厂合格证明。混凝土搅拌、运输、振捣设备、钢筋加工和焊接机具应符合现行的标准要求。

(二)模板安装

(1)基础支模前,基坑验收手续已完备,并按设计图要求做好基坑垫层处理。

(2)模板拼装一般在坑外的地面进行,当基坑较大、吊装模板易引起变形时,可在坑外逐片组装,组装模板场地应平整、坚实。模板安装见图 6-1。

(三)钢筋焊接

(1)焊缝表面平整,无凹陷,无焊瘤,无裂纹。

(2)钢筋保护层要严格控制,钢筋排列间距必须认真,按设计图要求焊接。

(3)钢筋焊接的网格和骨架不得有变形、松脱。

(4)光身圆钢必须要两头弯钩。

(四)地脚螺栓安装

(1)地脚螺栓的安装必须有辅助件配合,如井字架、法兰盘及限位板等,地脚螺栓间距误差必须在设计要求之内。地脚螺栓安装见图6-2。

图6-1　模板安装

图6-2　地脚螺栓安装

(2)对地脚螺栓的控制内容包括地脚螺栓间距、外露高度、同组地脚螺栓对中心偏移。

(3)地脚螺栓保持垂直,并固定可靠,防止浇制时摆动。

(五)混凝土浇筑、振捣

(1)混凝土浇筑过程不得产生离析现象,自由下落高度不应超过2 m,浇筑高度超过2 m时,应采取安装溜槽、溜管等措施。

(2)对于同一杆脚,基础混凝土应连续浇筑,并应在下层混凝土初凝前使上一层混凝土浇筑完毕,不得留施工缝。

(3)混凝土浇筑过程中,应设专人监视模板、钢筋、地脚螺栓、插入角钢,保证其位置不移动。

(4)混凝土振捣宜采用插入式振捣器。

(5)使用振捣器时,应快插慢拔,插点均匀,逐点移动,移动间距不大于振捣器作用半径的1.5倍。

(6)振捣器应避免碰撞钢筋、模板、地脚螺栓。

(7)混凝土振捣应以混凝土表面呈现浮浆,不再出现气泡和显著沉降为宜。

(六)养护拆模

(1)浇筑后,应在12 h内开始浇水养护,当天气炎热、干燥有风时,应在3 h内进行浇水养护。

(2)拆模时,应认真注意地脚螺栓的保护。

(3)拆模后,应清除地脚螺栓上的残余混凝土并上油。

(4)模板拆除后,基础外观质量不宜有一般缺陷,对已经出现的一般缺陷,应由施工方按技术处理方案进行处理,以满足规范要求。

(5)模板拆除后,基础外观质量不应有严重缺陷,对已经出现的严重缺陷,应由施工方提出技术处理方案,并经监理及设计认可后进行处理以满足规范要求。

六、混凝土电杆预制基础施工工艺

(一)底盘和拉线盘的安装

(1)翻入法。人力可以移动的三盘可以采用此方法,采用此法向基坑推入时,必须有人统一指挥,一起用力。

(2)滑盘法。人力可以移动的三盘可以采用此方法,如图 6-3 所示。

(3)对很重的单块底盘、拉线盘的安装,可以采用固定人字抱杆吊装法(见图 6-4)、吊车直接吊装法。

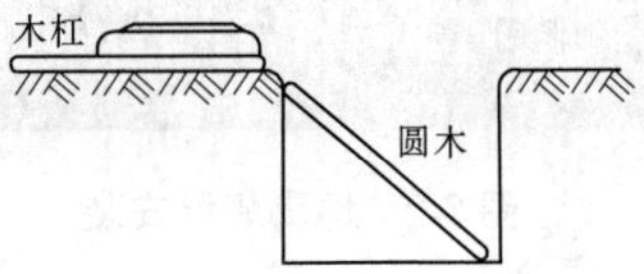

图 6-3　滑盘法安装底盘布置示意图

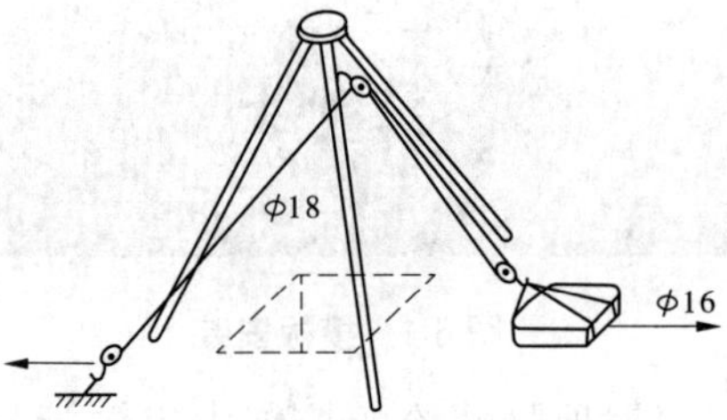

图 6-4　吊装法安装底盘布置示意图

(二)卡盘安装

电杆卡盘安装前,卡盘下部土应回填夯实,安装位置及方向应符合设计要求,误差为±50 mm,呈水平状态,与主杆贴紧,连接牢固,如图 6-5 所示。

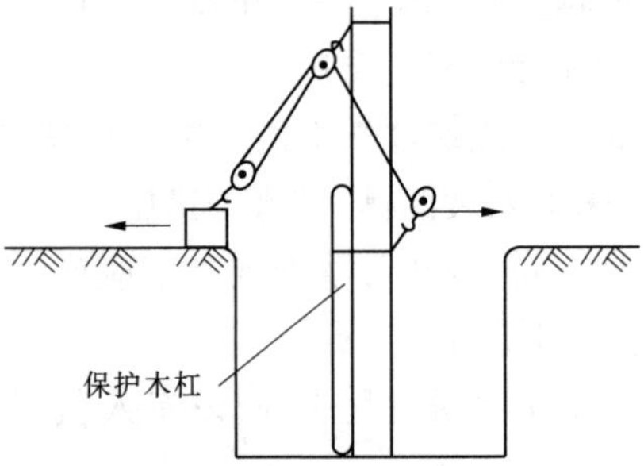

图 6-5　吊装法安装卡盘布置示意图

(三)底盘找正

利用弦线和铅坠找正,找正后,应在底盘的四周用泥土把周围的空隙填充、压实,使其不发生位移,如图 6-6、图 6-7 所示。

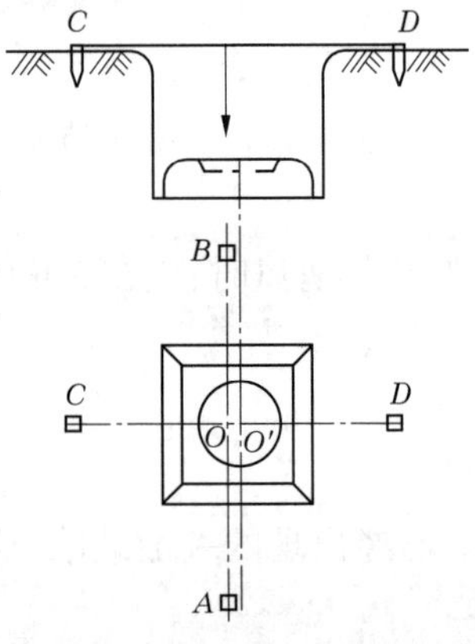

图 6-6　单杆底盘偏移的检查

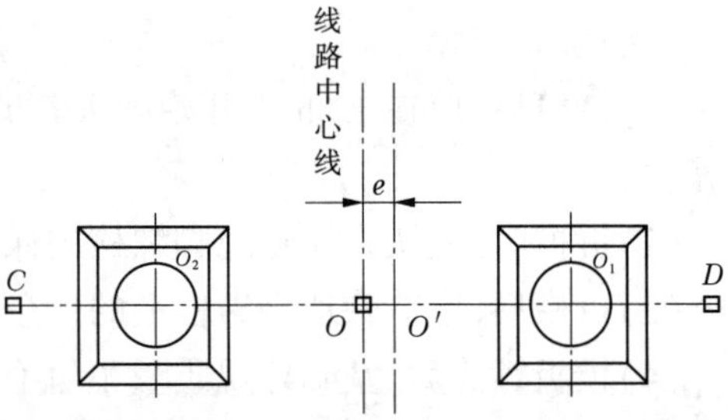

图 6-7　双杆底盘偏移的检查

（四）拉线盘的坑内找正

（1）拉线盘应当倾斜放置，使拉线棒与盘的平面垂直。

（2）拉线棒马道应开挖正确，使拉线棒受力时呈一直线。

七、基础检查方法

（1）复核地脚螺栓规格、间距、标高、钢筋规格及保护层厚度。

（2）浇筑前，对地脚螺栓外露部分采取防污措施。

（3）浇制成型后，保护好地脚螺栓，检查外观质量。

（4）一次浇筑成型的基础：①浇制套筒基础，预制内圈涵管。②涵管直径。Pϕ230 电杆涵管直径不小于 600 mm；Pϕ350 电杆涵管直径不小于 700 mm。

八、杆顶组装施工工艺

（一）横担及金具安装

（1）金具表面镀锌良好，光洁无锈蚀。

（2）线夹、螺栓转动灵活，接触面光洁，连接部分配合紧密。

（3）直线杆横担安装：10 kV 横担距杆顶 0.6 m。

（4）顶头抱箍安装：杆顶抱箍开口方向应垂直于线路方向，上层抱箍距杆顶 0.15 m。

（5）10 kV 绝缘线单横担：①横担装于受电侧，与线路方向垂直。②上下歪斜、左右扭斜不大于 20 mm。

（6）10 kV 裸线单横担：裸导线横担安装与绝缘线相同。

（7）低压绝缘线单横担：安装于距杆顶 0.2 m 处。

（8）高低压共杆横担：共杆低压横担距上端最下层高压横担不得小于 2 m。

（9）大梢径转角杆双横担：①采用双层十字横担结构，电源侧横担装于上层，负荷侧装于下层，横担方向与线路垂直。②上下层间距为 600 mm。

（10）0～15°转角双横担：双横担、双瓶结检，横担装设于转角的平分线上。

（11）15°～45°转角双横担：采用单层双横担水平耐张形式转角。在各受力侧与平分角上装设 3 处拉线。

（12）45°～90°转角双横担：采用双层十字横担装于上层，负荷侧装于下层，横担方向与线路垂直。上下层间距为 600 mm。在各受力侧装设 2 处拉线。

（13）大梢径终端杆双横担：①采用双横担结构。②悬式绝缘子，SL－15/30 型瓷拉棒。③连接金具，U－7 型 U 形挂环。④耐张线夹，NXL 型耐张线夹。

（14）普通终端杆双横担：①采用双横担结构，在受力侧装设拉线 1 处。②耐张串与大梢径终端杆双横担安装相同。

（15）裸导线耐张：①悬式绝缘子，XP－7 型盘式绝缘子。②连接金具，W－7 型碗头挂板；Q－7 型球头挂环；Z－7 型直角挂板。③耐张线夹，NLD 型耐张线夹。

（16）低压耐张：①悬式绝缘子，XP－40C－2 型悬式绝缘子。②连接金具，U－7 型 U 形挂环、平行挂板。③耐张线夹，NXL 型耐张线夹。

（二）绝缘子安装

(1)绝缘子检验。与铁件结合紧密、无歪斜，瓷釉光滑，无裂纹。

(2)直线杆绝缘子的安装。①底部紧固：采用平垫片、弹簧垫圈、单螺母。②不得有歪斜松动，顶槽与横担方向垂直。

(3)耐张杆绝缘子安装。①瓷瓶开口销：一律向下穿入。②悬式瓷瓶弹簧销：一律由上至下穿入。③绝缘子凹面朝导线方向。

（三）螺栓安装

(1)螺栓穿入方向：①螺栓的穿入方向，顺线路的从负荷侧穿入。②横线路的面向负荷侧由左向右穿入。③垂直地面的由下向上穿入。

(2)螺栓紧固：①螺栓底部装平垫片、弹簧垫圈。②露出不少于两个丝扣，同一平面丝扣长度应基本一致。

（四）分段及支线开关引线架安装

(1)各层横担、支架应平行，左右扭斜、上下扭斜不得大于横担总长度的1%。

(2)三相引线应排列整齐，弧度应平行一致，引线固定点之间距离不应超过1.5 m。

(3)各接点的电气连接应紧密，接线柱与引线的连接应采用设备线夹或接线端子，当引线为150 mm^2 及以上导线时，设备线夹或接线端子与接线柱应有2个螺栓固定。当采用设备线夹时，进入设备线夹导线应先用铝包带包扎。

(4)杆上设备引线均应采用10 kV的绝缘导线。

(5)开关与支撑的构架应至少有2个以上的固定点。

(6)开关应安装在人员易到达、易操作的一侧。

（五）带刀闸电缆引线架安装

(1)各层横担、支架应平行，左右扭斜、上下扭斜不得大于横担总长度的1%。

(2)三相引线应排列整齐，弧度应平行一致，引线固定点之间距离不应超过1.5 m。

(3)各接点的电气连接应紧密，接线柱与引线的连接应采用设备线夹或接线端子，当引线为150 mm^2 及以上导线时，设备线夹或接线端子与接线柱应有2个螺栓固定。当采用设备线夹时，进入设备线夹导线应先用铝包带包扎。

(4)杆上设备引线均应采用10 kV的绝缘导线。

(5)电缆保护管管口应用防火胶泥封堵。

(6)电缆应悬挂标识牌。

(7)电缆支架及保护管应与接地装置连接。

（六）直线杆T接分支线带隔离开关

(1)隔离开关与引线的连接应采用设备线夹或接线端子，当引线为150 mm^2 及以上导线时，设备线夹或接线端子与接线柱应有2个螺栓固定。当采用设备线夹时，进入设备线夹导线应先用铝包带包扎。

(2)T接横担应与线路方向平行，横担端部上下及左右歪斜不得超过20 mm。

(3)隔离开关安装牢固、排列整齐，倾斜30°为宜，相间距离应不小于500 mm。

(4)引线与电杆、拉线、横担的净空距离不应小于200 mm。

（七）公用变配变台架

(1)杆上变压器台架底部距地面高度应不小于2.5 m，在路边车辆可能碰撞的地方应不小于 4.5 m。水平倾斜不大于台架根开的 1/100。

(2)一、二次引线应排列整齐,绑扎牢固。

(3)变压器高压侧应设防雷装置、高压刀闸、高压跌落式开关;避雷器应装设在高压刀闸下端,跌落式开关距变压器台面的高度不小于 2.5 m。变压器低压侧应装设低压刀闸或低压熔断器。

(4)接地可靠,变压器中性点、外壳、避雷器引下线应相连接后接地。

(5)变压器高压侧套管必须加装高压绝缘护罩。

(6)配变台架上层高压刀闸动触头应朝向配变低压侧,隔离刀刃分闸时应使静触头带电,各相隔离刀闸之间相间距离不应小于 0.5 m。

(7)跌落式熔断器安装时与杆塔保持 10°~15°的倾斜度,公路边的配变台架高压侧跌落式开关应朝向公路一侧。

(8)综合配电箱安装在配变台架下方,底部距离地面高度应大于 1.8 m。配电箱出线电缆排列应整齐一致。

九、排杆施工工艺

(一)排杆布置的一般要求

(1)场地平整及支垫。电杆排杆前,应对施工场地进行平整,对松软土质的支点位置应夯实;每节电杆的支点位置垫以沙袋或方木等;对电杆各支点位置进行操平找正,保证电杆各支点位置在同一直线上。

(2)电杆检查及调整。电杆运到杆位后,作业人员核对杆型、杆段是否符合施工图及《电杆组立作业指导书》的要求。检查电杆质量是否满足规范要求。

(3)电杆布置及排放。电杆排放在有马道的一方;两下节电杆与坑口距离相等;两电杆中心线应与线路中心线或转角杆二等分线平行;根开、对角线尺寸符合设计要求;先排放下节,然后依次向上排列。

(二)施工要点

(1)平整夯实场地。平整电杆排放范围内场地,以利杆段滚动;夯实电杆支点附近松软土壤。

(2)核对电杆杆型、核查质量。重点检查杆段型号、预留孔尺寸及位置、杆段加工质量。

(3)电杆排放到位、支垫。

①用木杠、撬棍、绳索等将杆段排放到位,撬动或滚动杆段时,应有专人指挥,防止杆段滚动或杠棍滑脱伤人;禁止用铁撬棍插入预留孔转动杆段。

②用沙袋、方木等支垫每节电杆,一般杆段支垫两点,特殊杆段按要求支垫,如遇石质基面,支垫高度应满足焊接和组装的施工要求。

③操平找正、焊口对接。测工用经纬仪或目视法将下节电杆操平找正,测量根开及对角线尺寸符合要求;由下至上对接焊口将整根电杆调成一直线;调整各节电杆预留孔位置;对正焊口并按焊接要求留有缝隙。

④核对根开、对角线。核对整基电杆根开、对角线,无误后,各支垫两侧应用木楔等掩牢,必要时杆段用绳索锚固。

十、叉杆立杆施工工艺

叉杆是外线电工立杆时使用的专用工具,由U形铁叉和撑杆组成,其外形如图6-8所示。在立杆过程中,叉杆可作临时支撑电杆用,也可用来起立9 m以下的木杆。

在起立电杆时,应先用一根叉杆将电杆头部支起,再陆续增加到3根,并交替向电杆根部方向移动。当电杆将近垂直时,要将其中的1根转移到对面支撑,以防倾倒。电杆立直后,3根叉杆应互成三角,支住电杆。

架杆是由2根相同直径、相同长度的圆木组成的立杆工具,其外形如图6-9所示,圆杆顶(梢)径不应小于80 mm,根径不应小于120 mm,长度4~6 m。在距顶端300~350 mm处用铁线做长度为300~350 mm的链环,将2根圆杆连起来。在圆杆底部600 mm处安装把手(穿入300 mm长的螺栓)。其优点是2根杆根部叉开,底面积大,稳定性好,装置简单,竖立方便,因此应用较广。

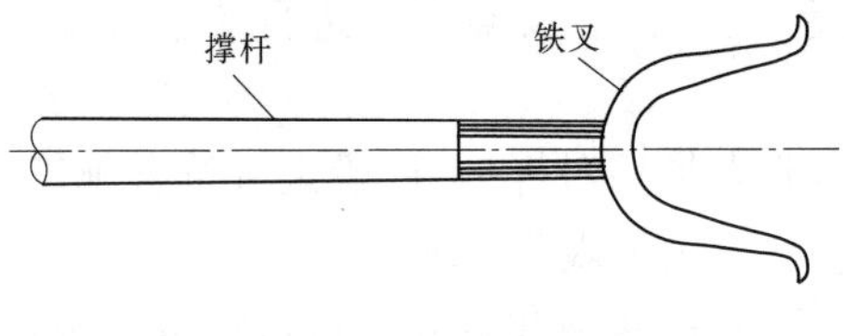

图6-8　叉杆外形

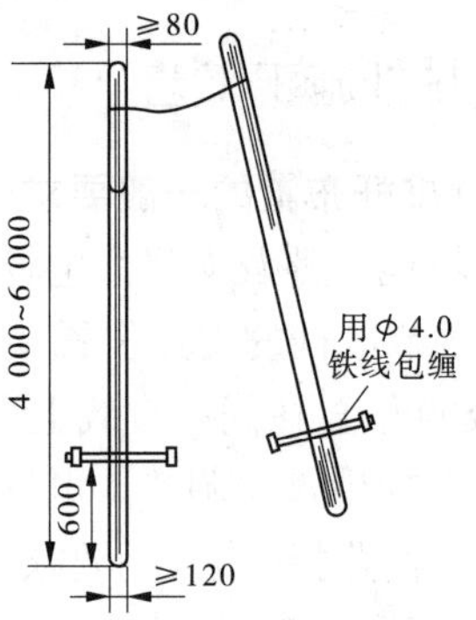

图6-9　架杆　(单位:mm)

使用时,要2副架杆交替向电杆根部移动,并注意配合拉绳的使用,确保施工安全。架杆的立杆方法见图6-10。

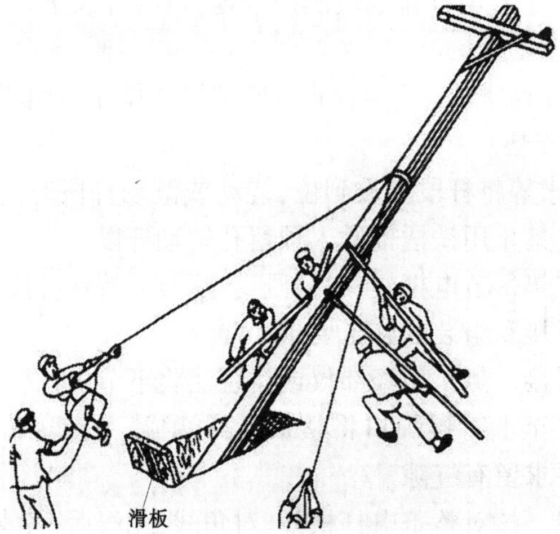

图6-10　架杆的立杆方法

十一、倒落式人字抱杆整体组立杆塔施工工艺

(一)工器具检查

(1)使用经检验合格的立杆工具,严禁使用不合格立杆工具。

(2)圆木抱杆:木质应无腐朽、无损伤严重或弯曲过大。

(3)金属抱杆:整体弯曲不超过杆长的1/600,表面无严重腐蚀、无局部严重弯曲、无磕瘪变形、无裂纹或脱焊,构件齐全。

(4)抱杆脱帽环表面无裂纹、无螺纹变形。

(5)抱杆长度不应小于电杆重心高度加2 m。

(二)抱杆组装

(1)抱杆各部件连接牢固可靠。

(2)抱杆各牵引绳连接有序,不得相互缠绕。

(3)连接抱杆头部并挂好滑轮组。

(4)抱杆两侧风绳及电杆基坑应在同一直线上,抱杆风绳桩锚安装距离为杆高的1.2倍以上,桩锚应向张力相反方向与地面呈70°~80°打入。

(三)绞磨安装

(1)绞磨桩锚定位正确。

(2)绞磨安装方位与抱杆平面基本垂直,摆放平正,如图6-11所示。

(3)绞磨安装位置距离杆高1.5倍以上。

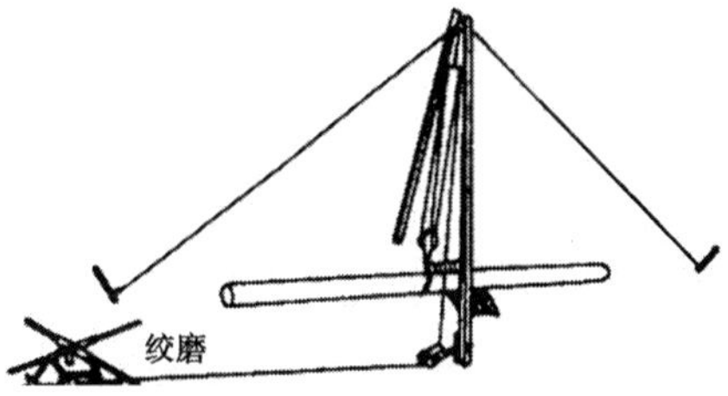

图6-11　绞磨安装方法示意

(四)抱杆起立

(1)抱杆起立时,由两人各执钢钎扎地抵住抱杆下端,若干人起抱杆上端,拉动牵引绳,使抱杆徐徐立起。

(2)两根抱杆的根部应保持在同一水平面上,采取措施确保抱杆根部牢固。

(3)抱杆支立在松软土质处时,其根部应有防沉措施。

(4)抱杆支立在坚硬或冰雪冻结的地面上时,其根部应有防滑措施。

(5)抱杆根开取抱杆长度的1/4~1/3,两抱杆形成的平面对地夹角以60°~ 70°为宜。

(6)人字抱杆的长度应不小于电杆重心高度加2 m,且不得小于杆高的1/2 。

(7)抱杆脚的钢丝绳应与电杆中心线垂直(两抱杆连线与电杆基坑中心保持400 mm距离)。

(8)采取措施固定人字抱杆底座。

(五)固定风绳

风绳应均匀调节并由有经验的人员控制。抱杆应受力均匀,两侧拉绳应拉好,不得左右倾斜。固定风绳时,不得固定在有可能移动的物体上或其他不可靠的物体上。

(六)人工起立杆

(1)在重心点往杆梢方向500 mm以上,根据人字抱杆有效高度留下500 mm以上的裕量,确定电杆的吊点位置。

(2)起吊物应绑牢,吊钩悬挂点应与吊物重心在同一垂线上,吊钩钢丝绳应垂直,正

确使用卸扣,禁止偏拉斜吊。

(3)起立前检查如下:

①抱杆立杆时,主牵引绳、风绳、杆塔中心及抱杆顶应在同一直线上。

②立杆前应进行全面检查,各受力点、连接部位全部检查合格后,方可继续起吊。

(4)起立电杆步骤如下:

①电杆顶离地面 0.8 m 左右时,应停止起立,做冲击试验,观察立杆工具和绳索受力情况,如无异常,可继续起立。随着电杆的起立,电杆两侧风绳应均匀地松出,使杆头始终处在要求的中线上。

②起吊电杆过程中,电杆两侧风绳和牵引应根据电杆起吊过程中的受力情况及时进行调整,起吊过程必须统一信号、统一指挥,认真配合与操作。

③电杆起立后,工作人员应观察电杆沿线路方向是否正、直,沿线路垂直方向是否正、直。

④埋土夯实。要求每埋 150 mm 夯实一次。坑内如有水,应将水排干;土块直径不大于 30 mm,如有大土块,应将土块打碎后再回填。回填土应高出地面 300 mm(马道部分也要高出地面 300 mm)。

(5)倒落式人字抱杆立杆法(搬立法),如图 6-12 所示。

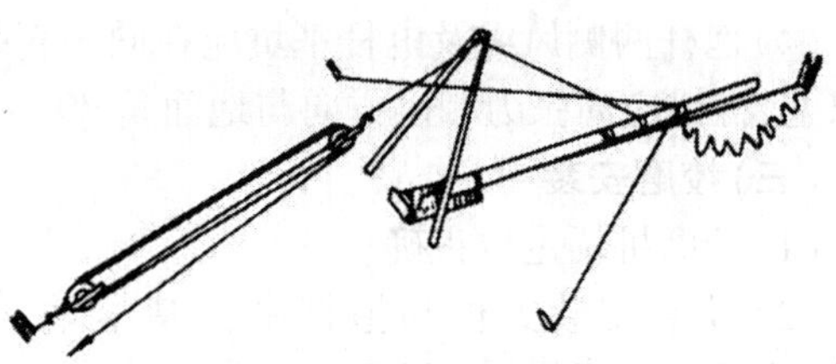

图 6-12 倒落式人字抱杆立杆法

十二、起重机(吊车)组立杆塔施工工艺

(一)吊车摆放

(1)吊车应置于平坦、坚实地面,机身倾斜不准超过制造厂规定。吊臂角度正确。

(2)不准在暗沟、地下管线等上面作业;不能避免时,应采取防护措施,不能超过暗沟、地下管线的允许承载力。

(3)吊车停放或行驶时,其车轮、支腿或履带的前端或外侧与内坑边缘的距离不准小于沟、坑深度的 1.2 倍;否则应采取防倾、防坍塌措施。

(二)电杆起立

(1)电杆吊点确定。找到电杆重心,在重心点以上确定吊点。

(2)套钢丝绳套。起吊物应绑牢,吊钩悬挂点应与吊物重心在同一垂线上,吊钩钢丝绳应垂直,严禁偏拉斜吊。

(3)控制绳固定。电杆的控制绳应缠绕牢固可靠。

(4)起立前检查。起立前应检查吊点钢丝绳套、控制绳是否牢固可靠。

(5)除指挥人员及制定人员外,其他人员应在杆塔高度的 1.2 倍距离以外。

(6)在起吊、牵引过程中,受力钢丝绳的周围、上下方、内角侧和起吊物的下面,严禁有人逗留和通过。

(7)杆顶起立离地约 0.8 m 时,应对杆塔进行一次冲击试验,对各受力点做一次全面检查,确无问题后,再继续起立。

(8)控制绳配合吊车将电杆插入杆坑,找准中心位置。

(9)埋土夯实。要求每埋 150 mm 夯实一次。坑内如有水,应将水排干;土块直径不大于 30 mm,如有大土块,应将土块打碎后再回填。回填土应高出地面 300 mm(马道部分也要高出地面 300 mm)。

十三、杆身调整施工工艺

(1)在相邻未立杆的杆坑线路方向上的辅助桩处,用经纬仪观测已立的电杆,指挥调整杆身使电杆与线路中心线重合;用线坠观测,调整杆身的垂直。

(2)杆位调整,一般可用杠子拔,或用杠杆与绳索联合拔杆根,使之移至规定位置。调直杆身时,可借助晃绳或架杆进行。

十四、杆坑回填施工工艺

杆身调整后,即进行填土夯实工作。每填 500 mm 厚,捣固夯实一次,捣固夯实应在电杆的两对侧交替进行,以防电杆位移。当填入坑深的 2/3,电杆用卡盘时,则要安装卡盘。直线杆的卡盘应与线路平行,并电杆左右侧交替埋设。承力杆的卡盘应埋设在承力侧。卡盘上口距地面 0.5 m;当卡盘安装后,继续填土夯实并填至高出地面 300 mm(冻土及其他不易夯实的土质为 500 mm),使电杆周围形成一个顶面直径为 500 mm、高 300 mm 并有一定坡度的圆土台,以备埋土下沉时充填用。在电杆距地面 1 m 处用红漆标注临时杆号。在斜坡处或土质松软的地方,电杆埋深应增加或设挡土装置。在有水流的地方,可设防水柱和砌石围子。在车马通行处所,为防止电杆不受损伤可装设车挡装置。

十五、电杆各部件质量检查方法

(1)电杆组立前检查方法如下:

①电杆应有埋深标识,电杆表面光洁平整,壁厚均匀,无偏心、露筋、跑浆、蜂窝等现象;平放地面检查时,电杆不得有纵向裂缝,横向裂缝宽度不应超过 0.1 mm、长度不超过 1/3 周长,电杆杆身弯曲不超过 1/1 000。

②对于电杆的钢圈焊接头,应将钢圈表面铁锈和焊缝的焊渣与氧化层除净,先涂刷一层红樟丹,干燥后再涂刷一层防锈漆。

③起立电杆前,顶端应封堵良好(如设计有特殊要求,杆根也应封堵良好)。

(2)人字抱杆检查方法如下:

①圆木抱杆。木质应无腐朽、无损严重或弯曲过大。

②金属抱杆。整体弯曲不超过杆长的 1/600。表面无严重腐蚀、无局部严重弯曲、无磕瘪变形、无裂纹或脱焊,构件齐全。

③抱杆脱帽环表面无裂纹、无螺纹变形。

④抱杆长度应不小于电杆重心高度加 2 m。

(3)对 U 形抱箍、M 垫铁、横担安装前应进行外观检查:表面光洁,无裂纹、毛刺、飞边、锌皮剥落及锈蚀等缺陷。

十六、拉线及安装施工工艺

(一)拉线材料检查

采用的器材、材料应符合国家现行技术标准的规定,并应有产品合格证。

1. 钢绞线

(1)不应有松股、交叉、折叠、断裂及破损等缺陷。

(2)镀锌良好,无锈蚀现象。

(3)最小截面面积不应小于25 mm^2。

2. 镀锌铁丝

(1)不应有死弯、断裂及破损等缺陷,镀锌良好。

(2)当拉线采用绑扎固定安装时,绑扎用的铁丝直径不大于3.2 mm。

(3)当拉线采用UT形线夹及模型线夹固定安装时,绑扎用的铁丝直径小于2.6 mm。

3. 拉线棒

(1)不应有弯曲、断裂、砂眼、气泡等缺陷。

(2)镀锌良好,不应锈蚀。

(3)最小直径不应小于16 mm。

4. 混凝土拉线盘

预制混凝土拉线盘表面光滑,不应有蜂窝、露筋、裂缝掉块等缺陷,外观、强度应满足设计要求。

5. 拉线绝缘子

(1)瓷釉光滑,无裂纹、缺釉、斑点、烧痕、气泡或瓷釉烧坏等缺陷。

(2)高压绝缘子的交流耐压试验结果必须符合施工规范规定。

6. 拉线抱箍、UT形线夹、楔形线夹、花篮螺栓、双拉线联板、平行挂板、U形挂板、心形环、钢线卡、钢套管等

(1)表面应光洁,无裂纹、毛刺、飞边、砂眼、气泡等缺陷。

(2)应热镀锌且镀锌良好,无镀锌层剥落锈蚀现象。

7. 螺栓

(1)螺栓表面不应有裂纹、砂眼、锌层剥落及锈蚀等现象。

(2)螺杆与螺母的配合应良好。

(3)螺栓宜有防松装置,防松装置弹力应适宜,厚度应符合规定。

8. 其他材料

竹形防护管或专用拉线反光护套应涂防锈油漆、润滑油等。

(二)拉线制作工艺

(1)使用UT形线夹、楔形线夹时,线夹舌板与拉线接触应紧密,其缝隙不应大于2 mm。拉线弯曲部分不应有明显松股。

(2)钢绞线拉线可使用钢索卡或镀锌铁丝缠绕固定方式。使用钢索卡固定时,每个连接端不得少于2个钢线卡。中把的下端不应单独使用钢线卡固定,还应用镀锌铁丝缠绕固定。

(3)拉线断头处与拉线主线应固定可靠。线夹处露出的尾线长度为300~500 mm;尾线回头后与本线扎牢;在钢绞线尾线处距尾线端头(25±5)mm采用不大于10号(3.5 mm)镀锌铁丝绑扎,应缠绕整齐、紧密,其长度不应小于100 mm,拉线截面、尾线长度及绑扎长度对应表6-2。

表6-2　拉线截面、尾线长度及绑扎长度

拉线截面面积/mm^2	≤35	50~70	≥95
尾线长度/mm	300+10	400+10	500+10
主、尾线绑扎长度/mm	≥100		

(4)制作拉线下把时,应将绑扎铁丝做封口处理:先顺钢绞线平压一段扎丝,再缠绕压紧该端头,紧密缠绕至长度符合表6-2要求后两端头绞紧(3个麻花小辫头不能超过尾线端头)并将其平整压置于拉线主、尾线缝隙之间。

(5)钢筋混凝土电杆,装设拉线绝缘子时,拉线绝缘子距离地面高度为2.5~3.0 m。

(6)UT形线夹的螺杆应露扣(外露大于200 mm),并应有不小于1/2螺杆丝扣长度可供调紧。调整后UT形线夹的双螺母并紧,螺帽防水面朝上。

(三)拉线安装要求

1.施工要求

(1)终端杆、"T"接杆及转角杆的承力拉线应与线路方向对正;分角拉线(转角合力拉线)应与线路分角线方向对正;防风拉线(人字拉线)应与线路方向垂直。

(2)拉线与电杆的夹角宜采用45°(经济夹角),当受环境限制时,可适当减小,但不应小于30°,拉线应正常受力,不得松弛。

(3)拉线坑应挖斜坡(马道),使拉线棒与拉线呈一直线。拉线棒与拉线盘应垂直,与拉线盘连接应加角铁背板并带双螺母。拉线棒外露地面长度一般为500~700 mm,回填土时应将土块打碎,每回填500 mm夯实一次,并应有防沉土台。沥青路面和砌有水泥花砖的路面可不留防沉土台。

(4)拉线穿越导线时距带电部位至少保持200 mm,并应采取以下之一的防护措施:

①采用黑色耐候聚乙烯绝缘钢绞线。

②穿越低压线路时,在线路下方加拉线绝缘子;穿越高压线路时,在线路上下两侧加拉线绝缘子。承断拉线的情况下,绝缘子对地距离不得小于2.5 m,不应以悬式绝缘子代替拉线绝缘子。

(5)对人口稠密地区人行道、交通路口、停车场等车辆人员通行场所的拉线应加防护管。

(6)当同杆架设多层导线时,原则上应分层设置拉线,各条拉线的松紧程度应一致。当采用V形拉线时,设计人员应进行基础稳定计算。

(7)跨越道路的水平拉线与拉桩杆的安装(见图6-13)要求如下:

①拉桩杆埋深为杆长的1/6;

②拉桩杆应向受力反方向倾斜20°;

③拉桩杆与附线夹角约为30°~40°;

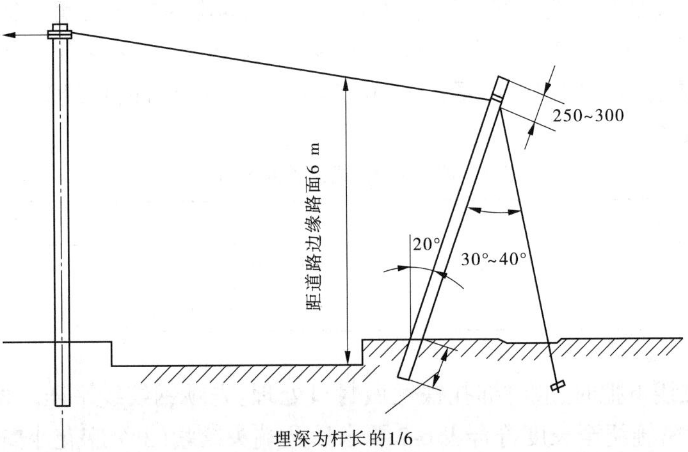

图 6-13　跨越道路的水平拉线与拉桩杆　（单位:mm）

④拉线抱箍距拉桩杆顶端为 250~300 mm,拉桩杆的拉线抱箍距地距离不少于 4.5 m;

⑤水平拉线距通车道路边缘路面的垂直距离不少于 6 m。

(8)拉线抱箍一般安装在横担下方,紧靠横担。

2. 工艺要求

(1)拉线棒及拉线盘安装利用 U 形环将拉线棒安装在拉线盘上。

(2)使用吊车将拉线盘放于拉线坑内,将拉线棒置于滑坡内,校正拉线盘方向,使拉线盘表面与拉线棒垂直。

(3)回填土并夯实,应有防沉土台,培土高度应超出地面 300 mm。

(4)拉线棒露出地面长度应控制在 500~700 mm。

(5)拉线采用钢绞线、拉线绝缘子、楔形线夹、UT 形线夹和钢线卡子制作。

(6)制作拉线时不能破坏楔形线夹及钢绞线的镀锌层,拉线弯曲部分不应有明显松股。

(7)楔形线夹舌板与拉线接触应吻合紧密。钢绞线的尾线应在线夹舌板的凸肚侧,方向应统一。

(8)尾线留取长度应为 300~500 mm。

(9)尾线在距线头 50 mm 处绑扎,绑扎长度应为 50~80 mm。

(10)拉线上段端头弯回后应用钢线卡子紧固。

(11)安装拉线时,拉线抱箍一般装设在相对应的横担下方,距横担中心线 100 mm 处。

(12)使用紧线器收紧拉线。

(13)收紧拉线后,UT 形线夹螺杆丝扣应有 1/2 以上长度可供调紧。UT 形线夹的双螺母应拧紧并牢靠。外露螺栓长度一般为 20~50 mm。

(14)安装后的拉线绝缘子,应与上段拉线抱箍保持 3 m 距离。安装后的拉线松紧程度应合适。

(15)转角杆应向外角预偏,紧线后不应向内角倾斜。向外角倾斜时,其杆梢位移不应大于杆梢直径。

(16)终端杆应向拉线侧预偏,其预偏值不应大于杆梢直径。

(17)拉线安装完毕后,宜安装拉线反光警示标识。顶部距地面的垂直距离不得小于2 m。

(18)拉线对地面夹角宜为45°,若受地形限制,不应大于60°、小于30°。

任务二　导线架设工程和接地工程

一、导线搭设跨越架施工工艺

(一)作业原则

(1)跨越架中心应在线路中心线上,跨越架搭设位置,跨越架的形式、外形尺寸、所用材料应根据方案满足规程要求。

(2)跨越架与被跨越物的距离严格执行安全规程和相关单位的要求。

(3)特殊、重要跨越架的搭设,技术部门应制订专门的跨越方案,且经过有关部门审批。作业人员应严格按照批准的方案搭设跨越架。

(4)跨越架长度较大时,宜分相搭设。

(二)劳动组织原则

跨越架搭设用工应根据每个跨越架的具体情况确定。每个跨越架的搭设都应有专人安全监护。

(三)搭设跨越架施工要点

1. 一般跨越架搭设

(1)作业人员先立竖杆。竖杆为竹、木时,大头朝下;地面为土质时,挖坑、埋设、回填夯实;地面不宜挖坑时,应绑扎扫地杆;竖杆为钢管时,底部应设置防沉底座并绑扫地杆;竖杆为金属格构时,下部也应有防沉措施。然后,自下而上绑扎横杆。横杆、竖杆的间距按规程要求或经计算确定。

(2)按规程要求绑扎剪刀撑、支杆或设置拉线。

(3)横杆、竖杆长度不够时,应错开搭接,搭接长度、绑扎等按规程要求进行。

(4)双排架应设封顶杆或设置封顶绳,按方案要求的间距封顶;如不能封顶,应增加架顶高度,且补强架顶横杆;若被跨越物为35 kV及以上带电线路和电气化铁路,应使用尼龙绳、绝缘网封顶,并满足规程要求。金属格构的架顶必须设置挂胶滚筒或挂胶滚动横梁。

(5)在带电体附近搭设跨越架严禁用金属线绑扎,10 kV以上被跨越电力线靠近带电体部分宜采用竹、木架杆。

(6)跨越架搭设过程中,应遵守高处作业的相关规定,材料应用绳索传递,不得抛扔;在带电体附近,作业人员应在架体外侧攀登或作业。

(7)停电搭设跨越架时,确认已经停电,按规定验电、挂好接地线后,方可进行搭设作业。作业完成后,拆除接地,按规定程序恢复送电。

(8)跨越架通过验收后,应设醒目的警示标识。

2. 特殊跨越架搭设

特殊跨越架的搭设,作业人员应严格按照批准的方案搭设。

(四)拆除跨越架施工要点

(1)拆除跨越架必须由上而下逐层拆除。拆除时两人一组在架上作业,必须相互配合,拆除后的材料必须用绳索放下,不得抛掷。

(2)在拆除支撑及拉线时要考虑架子有无倾倒的可能,必要时在下层做临时支撑或拉线。

(3)需停电拆除时,严格执行停、送电程序并按规定做好安全措施。

(4)在带电体附近拆除时,作业人员应站在跨越架的外侧。

二、放线及滑车悬挂施工工艺

(一)施工要求

(1)绝缘线放线宜在干燥天气进行,气温不宜低于-10 ℃。

(2)放、紧线过程中,应将导线放在铝制滑轮或塑料滑轮槽内,导线不得在地面、杆塔、横担、架构、绝缘子及其他物体上拖拉,避免损伤导线或绝缘层。对牵引线头应设专人看护,防止卡阻损伤横担、电杆。

(3)对已展放的导线应进行外观检查,导线不应有磨伤、断股、扭曲等缺陷。

(二)工艺要求

(1)放线时,应有专人统一指挥,统一信号。用机械卷回牵引绳,拖动架空导线展放。

(2)牵引钢绳与导线连接的接头通过滑车时,牵引速度不宜超过 20 m/min。

(3)牵引时应在首、末、中间派人观察,发现异常情况后及时用对讲机联系。

(4)对于直线杆塔和直线转角杆塔,可将放线滑车直接挂在悬式绝缘子串下方的碗头挂板上,滑车口应用销子封好或用螺栓固定在横担上。

(5)对于耐张杆塔,可将放线滑车用钢丝绳套悬挂在横担上,绳套不宜太长,以放线过程中滑车不与横担相碰撞为宜。

(6)放线滑车应与绝缘子连接可靠,以防在放线过程中因受振动而掉落。

三、导线连接施工工艺

(一)承力导线连接的一般规定

(1)不同金属、不同规格、不同绞向的导线严禁在档距内承力连接。

(2)新建线路在一个档距内后,每根导线只允许有一个接头。

(3)导线接头距导线固定点不应小于 0.5 m。

(4)铝绞线及钢芯铝绞线在档距内承力连接一般采用钳压接续管或采用预绞式接续条。

(5)10 kV 绝缘线、低压绝缘线在档距内承力连接一般采用液压对接接续管,因为是紧压线芯。

(6)铜绞线在档距内承力连接可采用液压对接接续管或插接缠绕法,见表 6-3。

表 6-3　导线插接缠绕法

步骤	说明	图解
1	量出接头长度,将接头的一半顺序拆开做成伞状,其余一半为被缠绕的部分	
2	将拆开的每股线拉直抛光,与另一根连接导线每隔一股交叉到底后合拢并用电工钳拍紧,中间一段绑缠	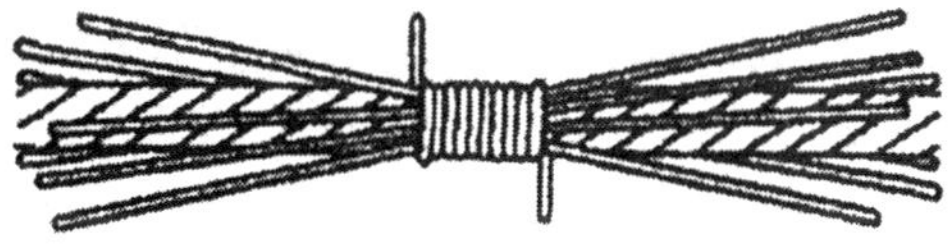
3	用本身各单股线依次缠绕,圈数视导线股数的多少决定,每股圈数向两边逐渐减少,每缠完一段将剩余线头压在下边,最后拧成小辫收尾	 例如截面面积 50 mm^2 的铜线,中间缠绕长度为 80 mm,全部接头长度为 400 mm

(二)铝绞线及钢芯铝绞线的预绞式接续条连接

(1)导线剪断前,端部包缠一圈胶带(带宽不大于 5 mm),锯断口平齐。

(2)用细钢丝刷清除导线表面氧化膜,涂覆电力脂。

(3)将一根导线的端头置于一组接续条的中心标识处,将接续条缠绕在导线上(注:如果一套接续条中每组的根数不同,应从组成根数最多的一组开始)。

(4)使另一根导线的端头与上一根导线的端头相距 2 mm,继续缠绕接续条。

(5)对照第一组接续条的中心标识,将全部各组接续条均预装 2 个节距占位,之后,按次序安装接续条,直至均各剩 2 个节距(注:一套预绞式接续条一般由 2 组、3 组或 4 组预绞丝组成,因导线截面大小而异)。

(6)将各组剩余 2 个节距末端各股散开,把每一股缠绕在导线上,扣紧。

(三)铝绞线及钢芯铝绞线的钳压接续管连接

(1)导线的绞向、型号必须相同,连接部分不得有断股、绞绕不良等缺陷。

(2)将导线的连接部分用细钢丝刷清除表面氧化膜,立即涂电力脂。

(3)将导线从接续管的两端穿入,线头须露出管外 20~30 mm,导线端头绑线应保留。

(4)钳压钢芯铝绞线时,两线之间应加垫片。

(5)钳压铝绞线时,应从接续管的一端导线短头侧开始压第一个坑,然后上下交错地压向另一端;钳压钢芯铝绞线时,应从接续管的中间开始,先上下交错地压向一端,然后再上下交错地压向另一端。压口位置操作顺序按图 6-14 所示进行。

(6)接续管两端的第一个坑必须压在导线的短头侧,钢芯铝绞线短头侧应压两个坑。

(7)钳压压口数及压后尺寸见表 6-4。

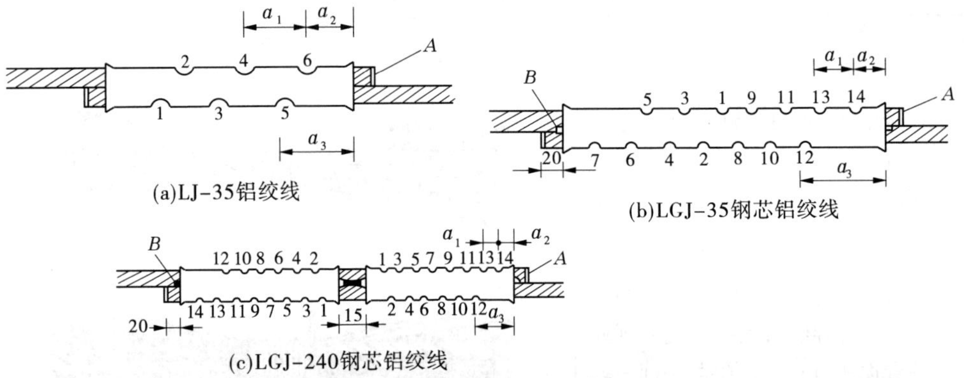

(a)LJ-35铝绞线

(b)LGJ-35钢芯铝绞线

(c)LGJ-240钢芯铝绞线

1、2、3、…、14—压接操作顺序;A—绑线;B—垫片。

图 6-14　钳压管连接图　(单位:mm)

表 6-4　LJ 型、LGJ 型导线钳压压口数及压后尺寸

导线型号		压口数	压后尺寸 D/mm	钳压部位尺寸/mm		
				a_1	a_2	a_3
铝绞线	LJ-16	6	10.5	28	20	34
	LJ-25	6	12.5	32	20	36
	LJ-35	6	14.0	36	25	43
	LJ-50	8	16.5	40	25	45
	LJ-70	8	19.5	44	28	50
	LJ-95	10	23.0	48	32	56
	LJ-120	10	26.0	52	33	59
	LJ-150	10	30.0	56	34	62
	LJ-185	10	33.5	60	35	65
钢芯铝绞线	LGJ-16/3	12	12.5	28	14.0	28.0
	LGJ-25/4	14	14.5	32	15.0	31.0
	LGJ-35/6	14	17.5	34	42.5	93.5
	LGJ-50/8	16	20.5	38	48.5	105.5
	LGJ-70/10	16	25.0	46	54.5	123.5
	LGJ-95/20	20	29.0	54	61.5	142.5
	LGJ-120/20	24	33.0	62	67.5	160.5
	LGJ-150/20	24	36.0	64	70.0	166.0
	LGJ-185/25	26	39.0	66	74.5	173.5
	LGJ-240/30	2×14	43.0	62	68.5	161.5

(8)压接后管身应平直,管两端附近的导线不应出现灯笼和抽筋等现象,一旦出现应剪断重接。

(9)压接后的接续管弯曲度不应大于管长的 2%,有明显弯曲时应校直。

(10)压接后或校直后的接续管不应有裂纹。

(11)压接后尺寸的允许误差:铝绞线接续管为±1.0 mm;钢芯铝绞线接续管为±0.5 mm。

(12)压接后连续管两端出口处、合缝处及外露短头部分,应涂刷电力脂。

(四)10 kV 铝芯绝缘线的连接

10 kV 铝芯绝缘线采用液压对接接续管连接。

(1)对称剥除绝缘线端部的绝缘层、半导体层,各端剥离应长出接续管 20~30 mm。

(2)线芯端头用绑线扎紧,断口锯平齐,锉倒角。

(3)将导线的连接部分用细钢丝刷清除表面氧化膜。

(4)将线头与接续管的中心线对齐,做标记,拆除线头绑线,线头对称插入接续管(接续管出厂已涂电力脂)。

(5)采用环压,从接续管中间开始,先压向一端,然后由中间再压向另一端,施压完毕后,接续管弯曲度不应超过压接长度的 2%。(注:中间有油孔的接续管,可按生产厂规定从两侧向中间压接)。

(6)液压的压痕应为六边形,对边尺寸应为接续管外径的 0.866 倍,对边尺寸最大允许值 S 为 0.993D×0.866+0.2 mm(其中 D 为接续管施压前外径),且 3 个对边中只允许有 1 个达到最大值,最大允许值详见表 6-5。

表 6-5　液压压痕为六边形对边尺寸最大允许值

接续管型号	适用导线	接续管施压前外径/m	对边尺寸最大允许值/mm
JY-70LY	JKLYJ-70	22	19.12
JY-95LY	JKLYJ-95	24	20.84
JY-120LY	JKLYJ-120	26	22.56
JY-150LY	JKLYJ-150	28	24.28
JY-185LY	JKLYJ-185	32	27.72
JY-240LY	JKLYJ-240	34	29.44

(7)应锉掉飞边、毛刺,检查被压缩部位是否有裂纹,如有裂纹,应切除后重新进行接续。

(8)进行绝缘处理。

(五)导线压接操作的注意要点

(1)钳压后导线端头露出长度,不应小于 20 mm,导线端头绑线应保留。

(2)压接后的接续管弯曲度不应大于管长的 2%;有明显弯曲时应校直。

(3)压接后或校直后的接续管不应有裂纹。

(4)压接后接续管两端附近的导线不应有灯笼、抽筋等现象。

(5)压接后接续管两端出口处、合缝处及外露部分,应涂刷电力复合脂。

(6)压后尺寸的允许误差,铝绞线钳接管为±1.0 mm;钢芯铝绞线钳接管为±0.5 mm。

四、紧线施工工艺

(一)施工要求

(1)紧线时,应防止紧线器卡伤裸绞线或绝缘线的绝缘层。

(2)紧线时应根据环境温度、档距、导线材质、导线截面、导线设计安全系数查阅弧垂表,确定观测档导线弧垂值。架设新导线时,应考虑导线塑性伸长对弧垂的影响,一般采用减小弧垂法补偿。弧垂减小的百分数为:铝绞线、铝芯绝缘线为20%;钢芯铝绞线为12%。

(3)导线紧好后,弧垂的误差不应超过设计弧垂的±5%。在一个耐张段内各相导线的弧垂宜一致;水平排列的导线弧垂相差不应大于50 mm。

(4)导线紧好后,导线上不允许有树枝等杂物。

(二)工艺要求

(1)对于导线三角形排列,宜先紧两边相,后紧中间相。结合架线时气象条件和档距,导线的弧垂值应符合典型设计导线应力弧垂要求。

(2)三相导线弛度误差不得超过-5%或+10%,一般同档距内弛度相差不宜超过50 mm。

五、弧垂观测施工工艺

紧线通常是在一个耐张段内进行的,先将导线的一端挂在耐张杆的耐张线夹或耐张串(蝶式绝缘子)上并固定好,并检查导线是否放置在滑轮中,另一端用人力或牵引机械将导线缓慢收紧,再用紧线器(固定在横担上)夹住导线。紧线器夹线钳口尽可能延长一些,紧线时,应防止紧线器卡伤裸绞线或绝缘线的绝缘层。通知沿线各杆位人员做好准备,准备就绪后发令紧线,紧到一定程度,杆上人员进行弛度观测。

(一)弛度观测档选择原则

(1)当紧线段在5档及以下时,靠近中间选择1档。

(2)当紧线段在6~12档时,靠近两端各选择1档。(不含内张档)

(3)当紧线段在12档以上时,靠近两端及中间各选择1档。(不含内张档)

(二)观测档弛度计算

(1)导线悬点等高或悬点高差与档距比值小于10%($h/l<10\%$)时,用下式计算:

$$f=f_D\left(\frac{l}{l_D}\right)^2$$

式中 l_D、f_D——耐张段代表档距和用 l_D 从安装曲线表上查得对应安装气温下的弧垂(应考虑初伸长);

l、f——观测档档距和对应的观测弧垂。

(2)导线悬点不等高且悬点高差与档距比值大于或等于10%($h/l\geq10\%$)时,用下式计算:

$$f = f_D\left(\frac{l}{l_D}\right)^2 \Big/ \cos\varphi$$

式中　φ——悬点高差角；

其他符号含义同前。

（三）观测弛度的方法

（1）等长法（常用）。原理见表 6-6。测量时要根据导线型号、档距、气温等因素修正弛度值。其过程是：根据计算观测档的弛度 f 在观测档的导线悬挂点 A、B 的下方 A_0 及 B_0 处装置弛度板，调整紧线器使导线与视线 A_0B_0 相切，则 $AA_0 = BB_0 = f$，此时该档的中点弛度就是所求的 f 值，当弛度符合要求后，绑好耐张串或紧固耐张线夹。

表 6-6　等长法原理及精度分析

项目	示意图及说明
等长法原理	等长法观测弛度的精度会随着架空线悬挂点高差的增大而降低，为提高观测弛度精度，应利用其他方法进行观测 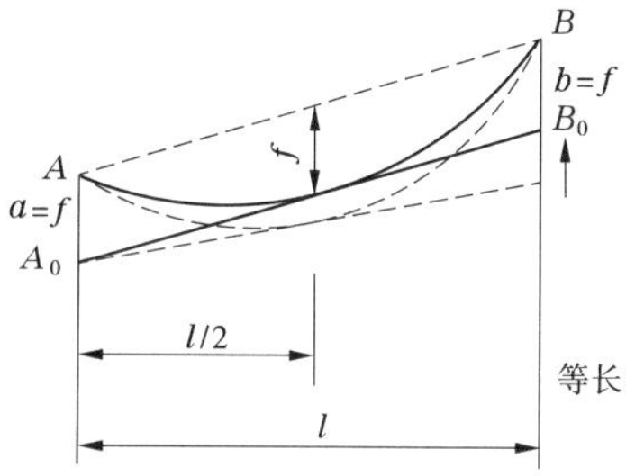 等长法原理 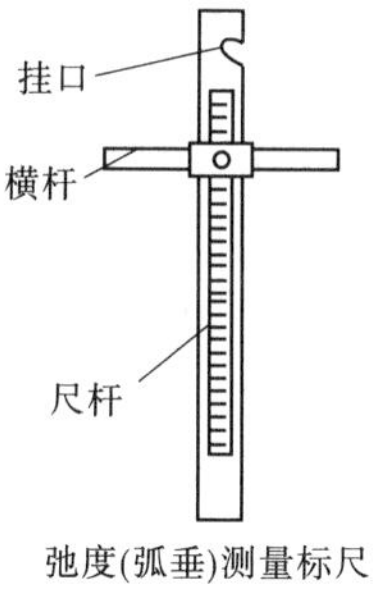 弛度(弧垂)测量标尺 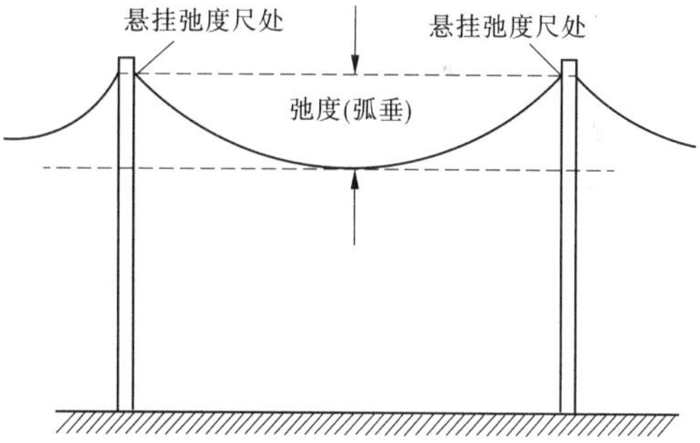
测弛度精度分析	紧线时由于拉力的变化，架空线从 APB 变化到 AP_1B 的位置，设 X 处的弛度变化为Δf_x。Δf_x 随着 X 的变化而变化，从图中看出：当 $X=0$ 时，$\Delta f_x = 0$；当 X 增大时，Δf_x 随着增大，X 增加到架空线最低点时，Δf_x 增加到最大值；当 X 再增大时，Δf_x 随着减小，$X = l$ 时，$\Delta f_x = 0$。即紧线时由于拉力的变化架空线弛度也随着变化，但是架空线最低点的弛度变化最大。所以观测弛度时，使视线与架空线最低点相切，即利用水平视线观测弛度的精度最高 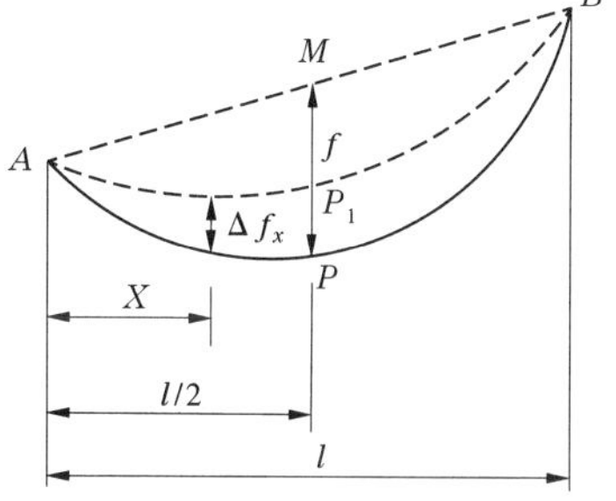 拉力变化引起 Δf_x 的变化规律

(2)异长法采用下列方法：

$$\sqrt{a}+\sqrt{b}=2\sqrt{f}$$

实际往往假定一个合适的 a 值，反求 b 值。

$$b=(2\sqrt{f}-\sqrt{a})^2$$

注意：异长法观测时应将高悬点设置为大值，低悬点设置为小值，目的是使视线尽量接近水平。

(3)档距较大(弛度较大)也可用经纬仪观测。

(四)弛度容许偏差

(1)35 kV：+5%，-2.5%，且正误差最大值不应超过 500 mm。最大相间误差<200 mm。

(2)10 kV：±5%，最大相间误差<50 mm。

观测弛度(弧垂)时应待导线处于稳定后进行，配电线路施工常用等长法(平行四边形法)观测。架设新导线时，应考虑导线塑性伸长对弧垂的影响，一般采用减小弧垂法补偿，弧垂减小的百分数为：铝绞线、铝芯绝缘线为 20%；钢芯铝绞线为 12%。

导线紧好后，弧垂的误差不应超过设计弧垂的±5%。在一个耐张段内各相导线的弧垂宜一致；水平排列的导线弧垂相差不应大于 50 mm。

六、导线在绝缘子上的固定施工工艺

(一)施工要求

1. 导线在终端、耐张杆处固定

(1)采用耐张线夹固定导线时，宜选用节能型铝合金耐张线夹。导线穿入线夹前，铝绞线或钢芯铝绞线应缠铝包带，铝包带缠绕方向应与导线外层绞向一致，缠绕长度应超出线夹端头 30 mm；绝缘线可不剥绝缘层，亦可不缠绝缘自粘带。线夹螺母必须拧紧、牢固。

(2)采用蝶式绝缘子固定导线时，当导线为铝绞线或钢芯铝绞线时，导线应缠铝包带，铝包带缠绕方式应与导线外层绕向一致，缠绕长度应超出蝶式绝缘子最大伞裙外 30 mm；绝缘线可不缠铝包带。蝶式绝缘子处导线回头套的尺寸应便于更换绝缘子，导线回头的绑缠应紧密、平顺，见图 6-15。所用绑线直径不得小于 2.0 mm，绑扎长度见表 6-7。

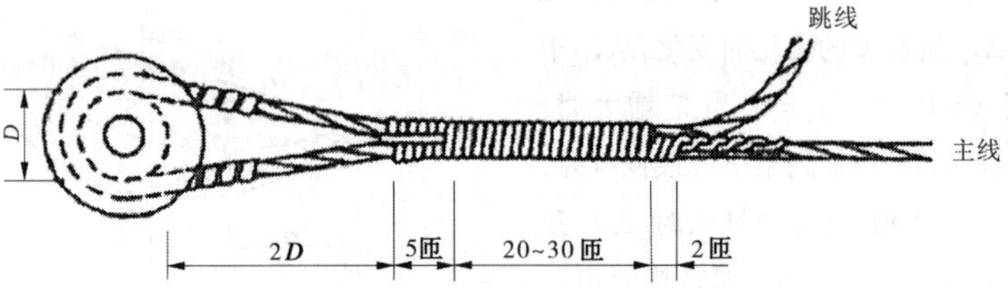

图 6-15 蝶式绝缘子处导线回头套绑扎图

2. 导线在针式绝缘子上固定

(1)导线固定部位。

表 6-7　蝶式绝缘子导线回头套绑扎长度

导线型号	绑扎长度/mm
LJ50、LGJ-50 及以下	≥150
LJ-70、LGJ-70	≥200
低压绝缘线 50 mm^2 及以下	≥150

①直线杆：导线绑在瓶顶线槽内。

②直线转角杆：30°及以下角度杆，导线绑在转角外侧的瓶脖上。

③直线跨越杆（轻型承力杆）：主导线在固定处不应出现角度，副弓子线截面及材质应与主导线相同，长度为 2 m。副弓子线与主导线连接，裸绞线时用跨径并沟线夹每侧 2 个；绝缘线时用弹射楔形线夹每侧 1 个，并进行绝缘处理，见图 6-16。

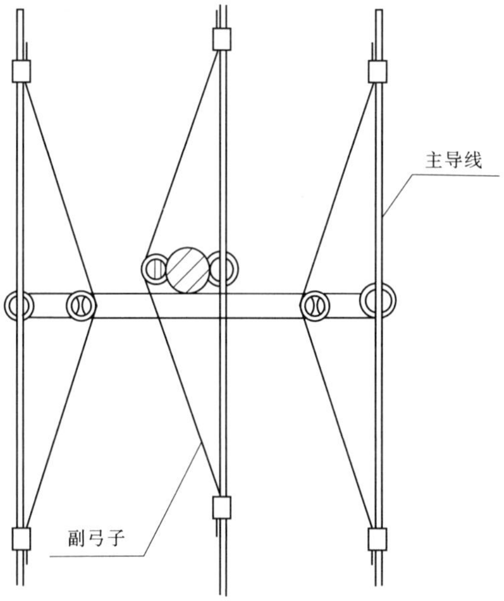

图 6-16　直线跨越杆

（2）导线固定采用绑扎法，10 kV 线路采用双十字绑扎法，见图 6-17，低压线路采用单十字绑扎法。

（3）裸绞线及中低压绝缘线、绑扎用的绑线应选用与导线同金属的单股线，其直径不应小于 2.5 mm，绑线不得有接头，最后绑小辫 5 圈，压平。

（4）铝绞线或钢芯铝绞线在绝缘子上固定应缠绕铝包带，铝包带的绕向应与导线外层绞向一致，且缠绕长度应超出绑扎部分 30 mm；10 kV 绝缘线在绝缘子上固定可不缠绕铝包带。

（5）绑缠方法正确，导线固定牢固。

3. 10 kV 绝缘线在放电箍位绝缘子上固定

剥除绝缘层宽 100 mm，顺导线绞向绑缠铝包带，扣合铝压板，紧固螺栓，扣牢绝缘护罩（边相绝缘罩喷弧口向外侧），引弧板垂直线路安装。

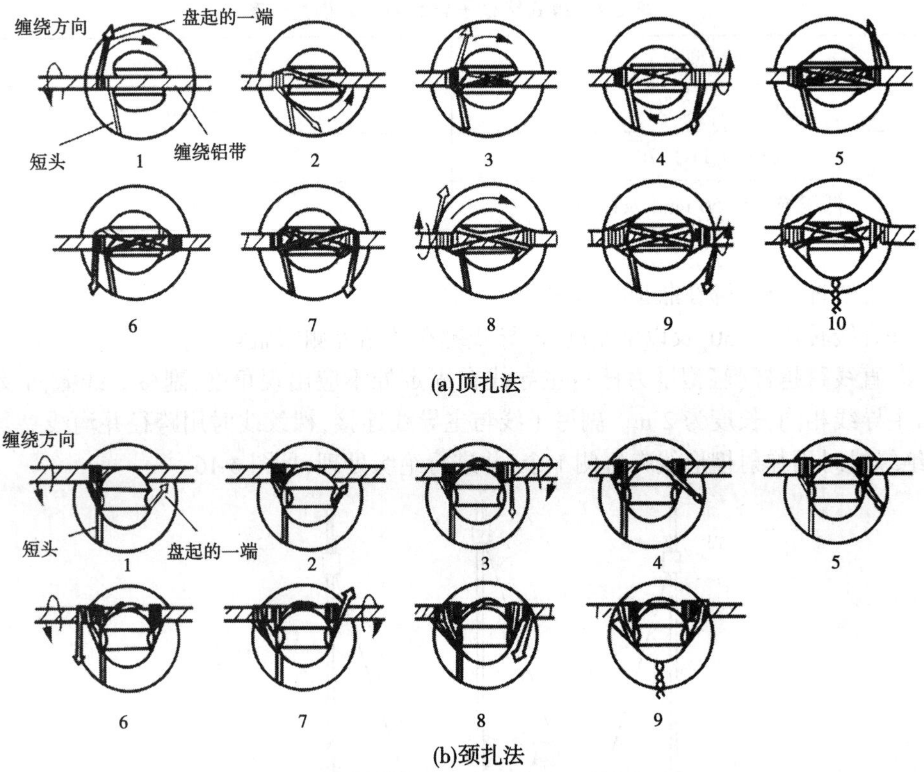

图 6-17　10 kV 线路绝缘子双十字绑扎法

(二)工艺要求

(1)绝缘导线在绝缘子或线夹上固定应缠绕绝缘带,缠绕长度应超过接触部分 30 mm,缠绕绑线应采用不小于 2.5 mm^2 的单股塑铜线。裸导线应采用同样材质的单股线。

(2)符合“前三后四双十字”工艺标准。“前三”是指绝缘子瓶颈缠绕“三圈”后在绝缘子外侧中心交叉拧 2~3 个绞绕后拧一小辫收尾;“后四”是指绝缘子瓶颈缠绕“四圈”;“双十字”是指在“前三后四”后用盘起来的绑线经过绝缘子顶部两次交叉压在导线上,形成两个“十字”压在绝缘子上面的导线上。

(3)直线转角杆(直线跨越杆),导线应使用双绝缘子固定在转角外侧绝缘子的槽内。

(4)导线本体不应在固定处出现角度。缠绕绑线严禁使用裸导线。

(5)附件安装:接地环一般安装在线路分段开关、联络开关前、后一基电杆处;分支杆、耐张杆、终端杆的一侧或两侧。

(6)接地环除下端环裸露外,其余部分均应用绝缘自粘带包缠两层,其表层再缠绕一层防老化、具有憎水性能的自粘带。

(7)中相接地环一般距横担 800 mm,边相接地环一般距横担 500 mm。

(8)故障指示器的安装位置一般为距离杆塔绝缘子 700~1 000 mm 处。

(9)引线连接:连接处涂抹电力复合脂,绝缘带密封。

(10)使用 H 形液压接续线夹连接导线时,每个导线连接处使用 1 个线夹,完成压接后用绝缘罩密封,并做好防水处理。

(11)使用并沟线夹连接导线时,每个导线连接处使用 2 个线夹,用线夹安装后,用绝缘罩密封,并做好防水处理。

七、配电变压器安装施工工艺

(一)配电变压器

(1)新装变压器应选用 S11 型及以上节能、环保型变压器。

(2)宜采用配变 U 形抱箍与压板将配电变压器固定在台架铁横担上,并加装防盗螺帽。

(3)配电变压器高低压接线柱应安装绝缘罩,绝缘罩颜色应与线路相色相对应。

(二)配变台架

(1)配变台架宜采用 15 m 杆架设。

(2)配变台架根开为 2.5 m。

(3)检修平台只允许在低压侧安装,高压侧不可安装。

(4)综合配电箱下方引线电缆对地高度≥1.8 m。

(三)隔离开关

(1)变压器台架,10 kV 进线端宜加装隔离开关。

(2)隔离开关安装在支架上应固定可靠,操作机构动作灵活,与引线的连接应紧密可靠。

(3)隔离开关水平相间距离应不小于 500 mm。

(4)引线应有一定弧度,并保证三相弧度一致,引线相间距离不应小于 300 mm,与水泥杆、拉线、横担的净空距离不应小于 200 mm。

(5)静触头应安装在电源侧,动触头安装在负荷侧。

(四)跌落式熔断器

(1)跌落式熔断器安装在支架上应固定可靠。

(2)跌落式熔断器距变压器台架的高度不小于 2.5 m,安装时应与杆塔保持 15°~30°的倾斜度。

(3)跌落式熔断器水平相间距离应不小于 500 mm。

(4)引线应有一定弧度,并保证三相弧度一致,连接紧密,引线相间距离不小于 300 mm,引线与水泥杆、拉线、横担的净空距离不应小于 200 mm。

(5)操作应灵活可靠,接触紧密,合熔丝管时上触头应有一定的压缩行程。

(6)熔丝选择:100 kVA 容量配变一次侧宜选用额定电流为 10 A 的熔丝,200 kVA 容量配变一次侧宜选用额定电流为 20 A 的熔丝,400 kVA 容量配变一次侧宜选用额定电流为 40 A 的熔丝。

(五)避雷器

(1)避雷器安装在支架上应固定可靠,排列整齐,高低一致,垂直安装,倾斜角不应大于 15°,倾斜度小于 2%。

(2)避雷器应安装绝缘罩,绝缘罩颜色应与线路相色相对应,相间距离不小于 350 mm,避雷器上、下引线不应过紧或过松,与电气部分连接不应对避雷器产生外加应力。

(3)避雷器引流线短而直、连接紧密,高压引流线应采用不小于 35 mm^2 的绝缘铝导线,长度不应小于 100 mm。

(4)避雷器引下线应可靠接地,引下线应采用截面不小于 25 mm^2 的铜线或不小于 35 mm^2 的铝线;三相高压避雷器每相接地引下线应制作单独的接地线三相互连后再接到接地体上。连接线要顺直、无弓弯,在电杆适当位置用钢包带固定。

(5)避雷器上端引流线和下端接地线应采用铜铝或铜镀锡端子连接,严禁将导线直接锁在接线柱上。

八、高低压电器及配电装置安装工艺

(一)开关柜安装

1. 施工前检查

(1)检查开关柜规格、型号符合设计图纸要求和规定。

(2)外观应无机械损伤、变形和外观脱落,附件齐全。

(3)基础预埋件及预留孔洞应符合设计要求。

(4)手车上导电触头与静触头应对中、无卡涩、接触良好。

(5)气室气压应在允许范围内(气压检测装置显示正常)。

2. 施工前检查要点

(1)活动部件动作灵活、可靠,传动装置动作正确,现场试操作 3 次。

(2)基础槽钢水平误差<1 mm/m,全长水平误差<5 mm;柜体槽钢不直度误差<1 mm/m,全长不直度误差<5 mm,位置误差及不平行度<5 mm。

(3)手车上导电触头与静触头应对中,无卡涩,接触良好。

3. 开关柜安装

(1)开关柜与基础应固定可靠,平行排列的柜体安装应以联络母线桥两侧柜体为准,保证两面柜就位正确,其左右偏差<2 mm,其他柜依次安装。

(2)开关柜箱内配电设备均应采用扁钢与接地装置相连,每处设备的连接点应不少于 2 处。

(3)进入开关柜的三芯电缆用电缆卡箍固定在高压套管的正下方。

(4)电缆接线端子压接时,接线端子平面方向应与母线套管铜平面平行;电缆从基础下方进入开关柜时,应有足够的弯曲半径能够垂直进入。

(5)柜体、互感器外壳、底座应可靠接地,装有电器可开启门的接地用 4 mm^2 软铜导线可靠接地,备用 CT 二次短路接地。

4. 安装施工要点

(1)柜体应满足垂直度<1.5 mm/m;相邻两柜顶部水平误差<2 mm,成列柜顶部<5 mm;相邻两柜边盘面误差<1 mm,成列柜面小于 5 mm,柜间接缝<2 mm。

(2)电缆各相线芯应垂直对称,离套管垂直距离应不小于 750 mm。

(3)柜内带电部分对地距离:一次回路大于 125 mm,二次回路大于 8 mm。

(4)基础型钢安装过程中应调直型钢。

(5)安装过程中,应使用水准仪或水平尺找平、找正,找平过程中需要垫片的地方最多不能超过 3 片,基础型钢顶部宜高出抹平地面 10 mm。

(6)手车式、抽屉式柜的动静触头中心线应调整一致,接触紧密。

(7)充气式柜 GIS 采用 SF_6、N_2 等气体或其复合气体作为绝缘介质,绝缘性能强,宜配置气体泄漏监测仪。

(8)环网型开关柜安装后,应用连接铜板将各环网柜之间的接地铜板连接起来;带有气压表的全密封环网柜应确认工作气压在正常绿色范围内,安装时要注意不要破坏气箱防爆片;需检查环网柜防电气操作的“五防”装置,动作要灵活可靠。

5. 二次接线

(1)按二次接线图进行施工,接线正确。

(2)配线整齐、美观,导线绝缘良好、无损伤。

(3)柜上装置的元件、零部件均应完好无损,标志清晰正确,各指示灯指示正确;控制开关、按钮及信号继电器等型号规格与有关图纸相符,接线无松动脱落现象且标识正确;压板标志准确、齐全;空置的标注“备用”,柜内照明应完好。

(4)柜内二次接线正确,接触良好,接线工艺良好、美观,端子排子牌及二次空开标识正确。

(5)二次插头完好无损,插接可靠。

6. 二次接线施工要点

(1)导线先用黑色,二次保护接地线为黄绿双色线,工程有特殊要求时则按工程要求选线,电流回路采用 2.5 mm^2 导线。

(2)导线与电器元件采用螺栓连接、插接、焊接等,导线的芯线应无操作;每个接线端子应只接 1 根导线,最多不超过 2 根。

(3)用于连接可动部分应采用多股软导线,并留有适量的裕度;手车式高压开关柜门上的电器元件导线应采用多股导线,并套上波纹管。

(4)所配导线的两端应用号码管,号码管编号应正确,号码的视读方向在装配位置以开关板维护面为准,字的顺序自下而上,自左而右;各导线号码管长度应基本一致。

(5)线束穿越金属孔或在过门处、转角处,应在线束穿越部位缠上胶带;当悬挂线束未固定长度超过 300 mm 时,应固定导线。

(6)对于柜后二次配线(如互感器线、行程开关线等)在下线时,应注意柜体的宽度、深度及柜体结构,选择合适的走线方式。

(7)站内各小开关及所有二次回路各元件,如空开、刀闸、指示灯、交直流熔丝、压板名称等应有明确的标识,其标牌均采用电脑打印,粘贴标识;开关站、配电室变压器温控箱名称应采用电脑打印的标牌,粘贴标识;设备标识均采用标签机色带宽度为 12 mm 的标签色带打印,黄底黑字。

7. 其他

(1)安装完成后应进行绝缘试验、工频耐压试验、继电保护装置整定试验、主回路电阻测量及接地电阻测量。

(2)开关柜(柜体)设备名称、双重编号应完整,柜前、柜后设备名称编号应一致。

(3)切换开关操作灵活,柜内照明充足、完好。

(4)状态指示器及带电显示器工作正常。

(5)接地开关操作灵活,合、分位正确无误。合位时,操作孔封闭要良好,各连接部分应紧固,螺纹连接部分应无脱牙及松动。

(6)手车在柜外推动应灵活,无卡滞现象,手车在柜内能轻便地推入及推出,可靠地定位于“工作位置”与“试验位置”;机械连锁装置可靠灵活,无卡滞现象,柜内机械转动部分要涂抹润滑油。

8. 其他施工要点

(1)柜的名称编号正确,粘贴整齐。配电柜双重编号,反光标识牌,手车开关上贴断路器双重名称(如10 kV 荆民线9K1断路器),银灰底,红字,红边框,规格:160 mm×110 mm;在开关操作把手上贴开关编号(如9K1开关);间隔双重名称(如10 kV 荆民线9K1间隔),银灰底,红字,红边框;贴在开关柜前门上的规格:270 mm×220 mm;贴在开关柜后门上的规格:270 mm×220 mm。接地刀闸双重名称(如10 kV 荆民线9K16接地刀闸)银灰底,黑字,红边框;贴在线路地刀操作孔上,规格:220 mm×70 mm。

(2)带电显示器应用感应式且为Ⅱ型的,带电显示器的电源应独立。

(3)行程开关的位置应合适,保证手车联锁杆能与行程开关触点可靠接触;行程开关二次接线时可同电流互感器的一线一起捆扎,手车室部分应在柜体母线下穿越,并固定于底盘。为并列柜时,当行程开关装至柜右前立柱内侧时,应保证上门关闭时行程开关闭触点断开。

(二)互感器安装

1. 互感器安装

1)工艺规范

(1)互感器(电流、电压)、避雷器必须根据产品组件编号进行安装,不得随意互换,法兰间连接可靠。

(2)互感器(电流、电压)、避雷器电气试验应合格,符合运行规范;二次接线符合规范,接地应可靠。

(3)电流互感器安装在变压器的低压侧,二次接线端子应装在维护侧,安装应牢固可靠。极性应正确接线,负极端应可靠接地,保护接地应牢固。

(4)电流互感器安装完毕,应量取回路电阻,确保无开路和寄生回路存在。

2)施工要点

(1)互感器(电流、电压)、避雷器各项铭牌安装朝向应一致(应位于易于观察的一侧)。

(2)安装过程中应采取防止电流互感器二次开路、二次短路的安全措施。

(3)做电流互感器极性试验,确保三相电流互感器极性一致。

(4)电流互感器安装完毕,应量取回路电阻,确保无开路和寄生回路存在。

(5)电流互感器的铁芯与其他导磁体间不应构成闭合回路。

2. 零序电流互感器安装

1)工艺规范

(1)电流互感器安装在电缆护套接地引线端上方时,接地线直接接地。

(2)电流互感器安装在电缆护套接地引线端下方时,接地线必须回穿电流互感器一次,回穿的接地线必须采取绝缘措施。

2)施工要点

(1)用双半圆、环氧树脂浇注式结构,中心孔径≥120 mm。

(2)零序电流互感器固定时应采用专门支架固定,不得简单采用导线绑扎固定。

(三)屏柜(端子箱)

1. 施工前准备

1)工艺规范

(1)检查屏柜(端子箱)规格、型号符合设计图纸要求和规定。

(2)外观应无机械损伤、变形和外观脱落,附件齐全。

(3)基础预埋件及预留孔洞应符合设计要求。

2)施工要点

(1)外观检查无破损,内部附件无位移、无损伤,内部电器元件固定牢固。

(2)屏柜型钢及端子箱底座与站房主接地网连接牢靠,基础型钢按照施工图要求进行安装。

(3)户内屏柜固定应采用在基础型钢上钻孔后螺栓固定,不宜采用点焊的方式。

2. 安装过程

1)工艺规范

(1)屏柜(端子箱)与基础应固定可靠。

(2)柜体应可靠接地。屏柜(端子箱)内各空开、熔断器位置正确,所有内部接线、电器元件紧固。

(3)二次连接应将电缆分层逐根穿入二次设备,在进入二次设备时应在最底部的支架上进行绑扎。

(4)二次接线可靠,绝缘良好,接触良好、可靠。

2)施工要点

(1)柜内带电部分对地距离大于 8 mm。

(2)屏柜(端子箱)可开启门应用软铜导线可靠连接接地。

(3)柜内二次接线应用接线槽固定,并排列整齐。

九、进户线、接户线的施工工艺

(1)进户线可采用沿绝缘子架空布线、直敷布线、套管布线、线槽布线等敷设方式,并与广播电视、电话等弱电线路分开进线。架空、直敷导线选用 BVV-2×6 铜芯护套线,套管、线槽敷设导线选用 BVV-2×10 铜芯护套线。

(2)进户沿建筑物外墙敷设时,应与墙角、屋檐等外观走向保持一致,避开厨房排气扇、空调外机等有高温辐射或对绝缘层有腐蚀的位置。

(3)沿绝缘子架空敷设时,其档距不应大于 25 m,绝缘子沿墙敷设时固定点间距不应大于 3 m。绝缘导线至地面的最小距离:屋内水平敷设时为 25 m,垂直敷设时为 1.8 m,屋外均为 2.7 m。小于上述数值时,导线应套管保护。

(4)直敷布线时固定点间距不应大于 300 mm,在建筑物顶棚内严禁采用绝缘导线直敷布线。并行敷设的进户线,在一个固定点间距不应有 1 个以上的连接头。不同金属、不同规格、不同绞向的导线严禁直接连接。

(5)穿管布线时,固定点间距不应超过 1 m,导线绝缘等级不得低于交流 750 V,与煤气管道的净距不小于 0.5 m;与水管平行敷设时,宜在水管的上方,净距不小于 0.1 m;3 根以上绝缘导线穿同一根管时,导线的总截面面积不应大于管内净面积的 40%,2 根绝缘导线穿同一根管时,管内径不应小于 2 根导线直径之和的 1.35 倍。

(6)线槽布线宜用于干燥和不易受机械损伤的场所,固定点间距不应超过 2 m,在首末端 20 cm 处及转角位置应增加固定点;采用塑料线槽时应为氧指数在 27 以上的难燃材料,线槽内导线总截面面积不应超过线槽内截面积的 20%。

(7)接户线通道安全距离要求与进户线相同。

(8)接户线的相线、中性线应从同一基杆塔引下,其档距不应超过 25 m。

(9)接户线对公路、街道和人行道的垂直距离,在导线最大弧垂时,距离公路路面不小于 6 m。

(10)每回单相接户线不得超过 3 户。

十、电能计量装置安装工艺

(1)电表箱宜选用非金属外壳表箱,如采用金属外壳表箱,应确保表箱外壳可靠接地。

(2)单表位表箱应安装于对应用户住宅处。集装表箱安装地点的选择,应确保电表箱后进户线至各用户室内第一支持物或配电装置的最大距离不大于 45 m。

(3)电表箱安装高度:电表箱下沿离地高度≥140 cm。

(4)电表箱安装位置应便于现场抄表、巡视、运维等。不得安装于杆上、用户室内和独立围墙内及危险场所;电表箱安装位置应满足防火要求,不应直接安装于木板墙面,安装地点周边应无可燃物;当电表箱安装于户外墙上时,宜选择在庇荫处,正面留有足够的打开空间,尽量避开屋顶雨水集中排水口和阳光直射处;用于固定电表箱的支撑物(墙面等)应有足够强度;单个墙面安装集中电表箱数量不宜超过 2 面。

(5)电表箱安装后,箱体应垂直、牢固,进出线遗留孔洞应实施封堵。

(6)接户线应三相平衡搭接,对三表位及以上的单相电表箱应采用三相供电,以平均分配负荷;集中电表箱不应超过 9 表,超过 9 表应另设电表箱。

十一、接地装置施工工艺

(1)接地体规格、埋设深度应符合设计规定,当设计无规定时,不宜小于 0.6 m。

(2)接地装置的连接应可靠,连接前应清除连接部位的铁锈及其附着物。

(3)接地体的连接采用搭接焊时,应符合下列规定:①扁钢的搭接长度应为其宽度的 2 倍,四面施焊。②圆钢的搭接长度应为其直径的 6 倍,双面施焊。③圆钢与扁钢连接时,其搭接长度应为圆钢直径的 6 倍。

(4)接地电阻值,应符合有关规定:接地极安装时,接地电阻应该小于 10 Ω;环网柜的接地电阻不能大于 4 Ω。

(5)接地沟的回填宜选取无石块及其他杂物的泥土,并应夯实;在回填后的沟面应设有防沉层,其高度宜为 100~300 mm。

(6)接地引线与接地圆钢或扁铁应用压接型接线端子或并沟线夹连接,采用并沟线夹连接的并沟线夹不应少于 2 个。

(7)接地引下线应紧靠水泥杆和横担,安装应横平竖直并每隔 1.5~2.0 m 用不锈钢扎带固定一次。

(8)电缆保护管与接地引线连接应采用螺栓连接,接地螺栓焊接处应有防锈处理。

(9)接地体引出上杆的圆钢或扁铁应用 PVC 套管套住不裸露,高度不低于 2.5 m。

(10)变压器防雷装置接地线应与变压器二次侧中性点及变压器的金属外壳相连并接地。

(11)变压器中性点接地应与外壳相连后再接到接地体上。

(12)变压器、综合配电箱外壳接地与接地体的连接应使用铜铝或铜镀锡端子连接,严禁将导线直接锁在接线柱上。

(13)接地引下线的截面面积不能小于 25 mm^2。

十二、接地电阻测量施工工艺

(1)将两个接地探针沿接地体辐射方向分别插入距接地体 20 m、40 m 的地下,插入深度为 400 mm,如图 6-18 所示。

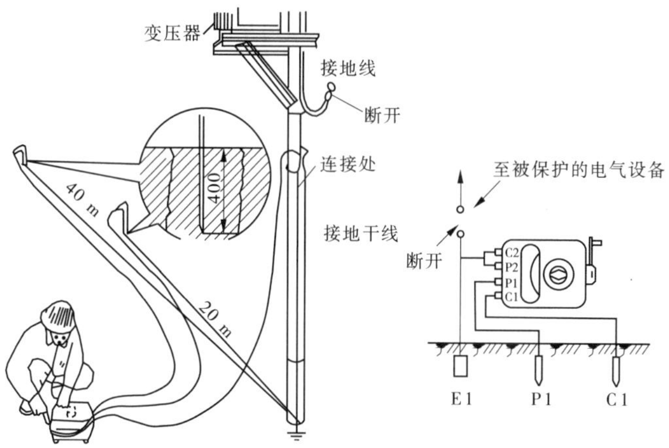

图 6-18 接地电阻测试使用图解

(2)将接地电阻测量仪平放于接地体附近,并进行接线,接线方法如下:

①用最短的专用导线将接地体与接地测量仪的接线端“E1”(三端钮的测量仪)或与“C2”(四端钮的测量仪)短接后的公共端相连。

②用最长的专用导线将距接地体 40 m 的测量探针(电流探针)与测量仪的接线钮“C1”相连。

③用余下的长度居中的专用导线将距接地体 20 m 的测量探针(电位探针)与测量仪

的接线端"P1"相连。

④将测量仪水平放置后,检查检流计的指针是否指向中心线,否则调节"零位调整器"使测量仪指针指向中心线。

⑤将"倍率标度"(或称粗调旋钮)置于最大倍数,并慢慢地转动发电机转柄(指针开始偏移),同时旋动"测量标度盘"(或称细调旋钮)使检流计指针指向中心线。

⑥当检流计的指针接近于平衡(指针近于中心线)时加快摇动转柄,使其转速达到120 r/min以上,同时调整"测量标度盘",使指针指向中心线。

⑦若"测量标度盘"的读数过小(小于1)不易读准确,说明倍率标度倍数过大。此时应将"倍率标度"置于较小的倍数,重新调整"测量标度盘"使指针指向中心线上并读出准确读数。

⑧计算测量结果,即 $R_{地}$ ="倍率标度"读数×"测量标度盘"读数。

任务三　线路防护设施与电力电缆线路工程

一、基础护坡施工工艺

(一)施工准备

(1)根据设计要求定出护坡或挡土墙砌筑的位置。

(2)砌筑用块石尺寸一般不小于250 mm,石料应坚硬,不易风化。其余原材料应符合基础工程使用的原材料要求。

(3)护坡砌筑前,底部浮土必须清除,在砌体外将石料上的泥垢冲洗干净,砌筑时保持砌石表面湿润。

(二)护坡、挡土墙施工

(1)采用坐浆法分层砌筑,铺浆厚宜3~5 cm,用砂浆填满砌缝,不得无浆直接贴靠,砌缝内砂浆应采用扁铁插捣密实。

(2)上下层砌石应错缝砌筑;砌体外露面应平整美观,外露面上的砌缝应预留约4 cm深的空隙,以备勾缝处理;水平缝宽应不大于2.5 cm,竖缝宽应不大于4 cm。

(3)砌筑因故停顿,砂浆已超过初凝时间,应待砂浆强度达到2.5 MPa后方可继续施工;在继续砌筑前,应将原砌体表面的浮渣清除;砌筑时应避免振动下层砌体。

(4)勾缝前必须清缝,用水冲净并保持槽内湿润,砂浆应分次向缝内填塞密实;勾缝砂浆标号应高于砌体砂浆;应按实有砌缝勾平缝,严禁勾假缝、凸缝;砌筑完毕后应保持砌体表面湿润,做好养护。

(5)砂浆配合比、工作性能等,应按设计标号通过试验确定,施工中应在砌筑现场随机制取试件。

(6)护坡、挡土墙按相关要求设置排水孔。

(三)现场清理

护坡或挡土墙浇制完毕后,应及时清理现场多余的原材料,做好环境保护工作。

二、排水沟施工工艺

(一)施工准备

(1)根据地形需要或设计要求确定需要开挖排水沟的桩号。

(2)施工现场备齐原材料和施工工器具,原材料的选用标准与送电线路基础工程的要求一致。

(二)排水沟施工

(1)排水沟施工应按施工图进行。山地基础的排水沟一般沿基础的上山坡方向开挖浇制。

(2)混凝土的强度等级应达到设计要求。

(3)浇制的控制要点和基础施工一致。

三、线路防护标识施工工艺

(一)警示标识

(1)在道路中央或道路边沿 1 m 内的杆塔下部,应涂刷或粘贴防撞警示标识,警示标识距离地面高度为 0.5 m。涂刷的防撞警示标识应采用道路标线涂料涂刷,带荧光,粘贴的防撞警示也应带有荧光,标识带宽度为 200 mm,黄黑相间,且从地面往上第一层为黄色,间距 200 mm,其总高度不小于 1.2 m。

(2)水泥杆出厂时应有 3 m 画线,并在距离水泥杆根部 4.5 m 高度用黑色油漆喷涂“有电危险,严禁攀登”的警示标志,字体采用黑色字体,字体大小规格为 100 mm×100 mm。

(3)铁塔及钢管杆距离基础 2.5 m 高度应悬挂“禁止攀登、高压危险”的警示牌。

(4)警示标识牌材质可选用铝质板或搪瓷牌等,规格为 400 mm×320 mm。

(二)杆号、开关标识

(1)杆号牌、开关牌应挂在、贴在或喷在距离地面 3.5 m 以上的杆塔上,安装方向面向巡视通道侧。

(2)标识牌材质可选用铝质板、搪瓷牌或粘纸等,标识牌为白底黑字(白色底漆,规格为 260 mm×320 mm),临时可采取在杆塔直接喷涂的方式;应印有电压等级、线路名称、杆号、刀闸和开关编号,刀闸和开关编号牌可合在一块;杆号字体采用黑体,线路名称的长度不超过 1 行。

(3)铭牌内容完整、字迹清楚、漆面完整、无划痕、无脱落。

(4)高低压同杆的,高低压均需有杆号,高压杆号应在上方,低压杆号在下方。

(三)相位标识

(1)10 kV 架空配电线路相位标识采用黄、绿、红三色表示 A、B、C 相。

(2)每条线在变电站出线的第一基杆塔、分支杆、45°以上的转角杆均应安装相位标识。

(3)电缆为单相时,应注明相位标识。

(4)相位标识可采用在水泥杆上刷漆(喷漆)、粘贴,或悬挂的方式,一般距离地面高度不应小于 2.5 m。

(5)相位标识也可悬挂于横担处,标识基本形状,参数 $A=100$ mm、$B=80$ mm、$C=60$ mm,颜色为白色,字体采用黑体加粗。

四、电力电缆线路开挖排管工程施工工艺

(一)基坑开挖施工要点

(1)复核排管中心线走向、折向控制点位置及宽度的控制线。调查临近建筑、地下工程、周边道路及有关管线等情况,必要时可进行试挖,以确定地下管线情况。

(2)在场地条件、地质条件允许的情况下,既可放坡开挖,也可根据排管埋深及地质条件作相应调整。

(3)基坑开挖采用机械开挖、人工修槽的方法时,机械挖土应严格控制标高,防止超挖或扰动地基,分层分段开挖,设有支撑的基坑须按施工设计要求及时加撑;槽底设计标高以上 200~300 mm 应用人工修整。

(4)超深开挖部分应采取换填级配良好的砂砾石或铺石灌浆等适当的处理措施,保证地基承载力及稳定性。

(5)基坑开挖完成后,应进行钎探验槽,验收合格后方可进行下道工序施工。

(6)沟槽边沿 1.5 m 范围内严禁堆放土、设备或材料等,1.5 m 以外的堆载高度不应大于 1 m。

(7)做好基坑降水工作,以防止坑壁受水浸泡造成塌方。地下水应降至基坑底部 1.0~1.5 m。

(8)基坑四周用钢管、安全网围护,设安全警示杆,夜间设灯,并安排专人看护。

(9)雨期施工时,应尽量缩短开槽长度,逐段、逐层分期完成,并采用措施防止雨水流入基坑。

(10)冬季施工时,基坑挖至基底时要及时覆盖,以防基底受冻。

(二)排管基坑稳定及围护处理施工要点

(1)基坑周围如有其他设施或障碍物应根据实际情况进行相应的论证并采取相对应的保护措施。

(2)若因为客观条件限制无法放坡开挖,应在基坑开挖前及过程中根据相关规程、规范要求,设置基坑的围护或支护措施。基坑围护的样式和尺寸应满足工程所在地的安全文明施工要求。一般情况下,开挖深度小于 3 m 的沟槽可采用横列板支护;开挖深度不小于 3 m 且不大于 5 m 的沟槽宜采用钢板桩支护。

(3)若有地下水或流砂等不利地质条件,应采取必要的处理措施。

(4)沟槽边沿 1.5 m 范围内严禁堆土或堆放设备、材料等,1.5 m 以外的堆载高度不应大于 1 m。

(5)当无法放坡开挖,需采用钢板桩支护时,钢板桩的施工方法及布桩形式应满足相关规程、规范及技术标准的要求,坑底以下入土深度一般由有资质的设计单位出具。

(6)必要时,应进行深基坑的支护,确定支护桩的深度及横向支撑的大小及间距,一般支撑的水平间距不大于 2.0 m。

(7)做好基坑降水工作,以防止坑壁受水浸泡造成塌方。

(8)特殊地段基坑支护时,应加强基坑监测,根据监测数据采取有效可靠的加固处理措施。

(三)回填施工要点

(1)对回填的土、黄沙或其他材料进行检查。回填料中不应含有建筑垃圾、树根、冻块、黏土或其他有腐蚀作用的物质。

(2)在排管本体上部铺设防止外力损坏的警示带后再分层夯实(按设计要求的压实度)回填至地面修复高度,分层厚度不超过 300 mm。

(3)管群两侧应严格按照均匀、同步进行的原则回填。

(4)管顶以上 50 cm 范围内不得使用压路机压实。

(5)施工时,应及时进行基坑回填,控制回填土的含水量。

(6)施工时,沟槽两侧及管顶以上 50 cm 范围内不得回填冻土,当天填土必须完成碾压。

(四)排管本体工程垫层施工要点

(1)地基应稳定且应夯实、平整。

(2)混凝土应密实,上表面应平整。

(3)地下水应采取适当的处理措施,在垫层混凝土浇筑时应保证无水施工。

(五)高强度管的铺设(混凝土不包封)施工要点

(1)保证连接的管材之间笔直连接,接口不得出现错台、弯折现象,接口处采用相应的防锈、防腐及可靠的管道密封措施。

(2)管材接头错开布置。

(3)垫块应分层放置,管材间上下两层的管材垫块应错开放置,垫块应有一定强度。

(4)若采用排管托架,托架的布置间距应满足管材铺设及混凝土振捣的相关要求。

(5)宜采用管材配套管枕,管枕间距不宜于 2.0 m。

(6)管材之间的橡皮垫任何情况下不得取消。

(7)管道疏通器应具有长度和硬度的要求,长度根据管材内径规格选择,不宜小于 600 mm,硬度≥35 HBa(巴氏硬度)。

(8)管道施工中管道内应贯穿镀锌铁丝(尼龙绳),供电缆敷设使用。

(9)管道安装完成后,进行拉棒试通,不合格接口处应及时调整。

(六)排管支模及钢筋绑扎

(1)模板与混凝土接触表面应涂抹脱模剂,不得粘污钢筋和混凝土。

(2)在浇筑混凝土之前,模板内部应清洁干净无任何杂质。

(3)模板安装应从一端向另一端顺序进行,模板采取必要的加固措施,提高模板的整体刚度,保证模板拼缝严密。

(4)绑扎的铁丝头应向内弯。

(5)钢筋的交叉点可每隔一根相互呈梅花式扎牢,但在周边的交叉点,每处都应绑扎。

(6)箍筋转角与钢筋的交叉点均应扎牢,箍筋的末端应向内弯。

(7)钢筋的底部和侧部均应安置水泥砂浆垫块,钢筋安好后防止踩踏变形。

(七)混凝土浇筑、养护

(1)材料:宜采用普通硅酸盐水泥,强度等级≥42.5,质量要求符合《通用硅酸盐水泥》(GB 175)。粗骨料采用碎石或卵石,当混凝土强度≥C30时,含泥量≤1%;当混凝土强度<C30时,含泥量≤2%。细骨料应采用中砂,当混凝土强度≥C30时,含泥量≤3%;当混凝土强度<C30时,含泥量≤5%。其他质量要求符合《普通混凝土用砂、石质量及检验方法标准》(JGJ 52)。宜采用饮用水拌和、养护,当采用其他水源时水质应达到《混凝土用水标准》(JGJ 63)的规定。

(2)浇筑前,应检查埋管端口是否用软木封堵严实,防止混凝土进入管道。混凝土应搅拌均匀,满足相关的技术标准。

(3)混凝土应分层浇筑,振捣密实,并检查模板、垫块、管材等有无移位,混凝土自由下落高度不大于2 m,浇筑过程中不得出现离析现象,且下灰口不得集中于一点,尽量分散布置。为防止漂管,严禁混凝土直接倾倒于管内,而应在下灰口处铺薄铁板,混凝土倾倒于铁板上,通过混凝土自身流动性流入管间空隙,或人工导入管间空隙。

(4)在采用插入式振捣时,混凝土分层浇筑时应注意振捣器的有效振捣深度,振捣时必须仔细,不能碰撞管道接头及定位钢筋、垫块,防止管道移位。

(5)捣固时间宜控制在20~30 s,以混凝土表面呈水平并出现均匀的水泥浆和不再冒气泡为止,不显著下沉,即可停止振捣。

(6)混凝土浇筑完毕后应加强养护,当混凝土达到设计强度的75%后方可拆除模板。

(7)做好成品的保护工作,拆模时不得使混凝土表面和棱角受损。

五、电力电缆线路非开挖拉管工程施工工艺

(一)导向孔轨迹控制

(1)复核管道拟穿越地段的土层结构和分布特征、工程地质性质、管线情况及地震设防烈度等。

(2)对可能出现的岩土工程问题采取防治措施。

(3)入、出土点与拟穿越的第一障碍物(如道路、沟渠等)之间的距离宜为3根钻杆长度。

(4)为防止管道之间的缠绕,每孔拖管最多9孔。

(二)非开挖拉管钻进、扩孔和管道铺设

(1)成孔机械在施工前应做好可靠的地基处理,防止机械倾斜而影响成孔质量。

(2)按施工措施确定钻进轨迹面并设置标识,对地下管线交叉的地方应在地面设置明显标识。

(3)根据设计要求开挖工作坑,如不需要工作坑,应平整场地,用地锚固定钻机,保证在钻进过程中不发生移动。

(4)导向孔钻至交叉管线前应慢速钻进并复核导向孔轨迹,测算与交叉管线的距离,确认符合钻进轨迹提供的技术数据后,再恢复正常钻进。

(5)拉管头与待铺管材应保证可靠连接。

(6)管材铺设完毕后,应做好管材的疏通及封口工作,回拖施工完成后,进行注浆填充地下孔洞空隙,注浆时将注浆管孔一端封堵,注浆时间在拖管完成后 4 h 内进行。

(7)管材在施工前应注意保护,避免阳光暴晒,管材焊接应满足要求。

(8)拉管接进工作井时应确保角度满足 2.5°,且孔位排序一致、无缠绕。

六、电力电缆线路敷设施工工艺

(一)电缆穿管敷设

(1)排管建成后及敷设电缆前,对电缆敷设所用到的每一孔排管管道都应用相应规格的疏通工具进行双向疏通。

(2)清除排管内壁的尖刺和杂物,防止敷设时损伤电缆。

(3)疏通检查中如有疑问,应用管道内窥镜进行探测,排除疑问后才能使用。

(4)电缆敷设前,在线盘处、工井口及工井内转角处搭建放线架,将电缆盘、牵引机、履带输送机、滚轮等布置在适当的位置,电缆盘应有刹车装置。

(5)电缆应有牵引头,如没有,则在敷设前应制作牵引头并安装防捻器。电缆牵引头处必须密封严实,宜采用金属性密封方式。电缆牵引头处加保护帽,防止电缆进入管口时受损伤,在电缆牵引头、电缆盘、牵引机、转弯处及可能造成电缆损伤的地方应采取保护措施,有专人监护并保持通信畅通。

(6)电缆敷设后,按设计要求将工井内的电缆固定在电缆支架上,并将排管口封堵好。

(7)工作井内的电缆进入排管前,宜在电缆表面涂中性润滑剂。

(8)电缆敷设时,排管管口应安装光滑的喇叭口,保证电缆敷设时不损伤电缆外护套。

(9)排管口到接头支架之间的一段电缆,要弯成 2 个相切的圆弧形状(即形成伸缩弧),弯曲半径应不小于电缆允许弯曲半径,以吸收排管电缆因温度变化所引起的热胀冷缩,从而保护电缆和接头免受热机械力的影响。

(二)电缆隧道/电缆沟敷设

(1)电缆敷设前,在线盘处、隧道口、隧道竖井内及隧道内转角处搭建放线架,将电缆盘、牵引机、履带输送机、滚轮等布置在适当的位置,电缆盘应有刹车装置。

(2)敷设电缆时,在电缆牵引头、电缆盘、牵引机、履带输送机、电缆转弯处等应设有专人负责检查并保持通信畅通。

(3)电缆敷设后,应根据设计要求将电缆固定在电缆支架上,如采用蛇形敷设应按照设计规定的蛇形节距和幅度进行固定。

(4)当 500 kV 电缆敷设施工,在隧道内宜采用滚轮进行长距离电缆敷设时,可每隔 5 m 放置 1 台动力轮,2 台动力轮之间根据电缆重量、粗细不同,放置 1~2 台从动轮,每个滚轮两侧均要有防止电缆滑落的档棒,档棒应选用不会损伤电缆护层且弹性较好的材质。

(5)联动控制系统应能在总控设备上统一控制所有输送设备的启动和停止,也应装置分控设备,一旦有输送设备或电缆出现异常,能及时制停整个系统。

(三)电缆刚性固定

(1)水平敷设时,在终端、接头或转弯处紧邻部位的电缆上,应设置不少于1处的刚性固定。

(2)在垂直或斜坡的高位侧,宜设置不少于2处的刚性固定。

(3)固定电缆用的夹具应具有表面平滑、便于安装、足够的机械强度和适合使用环境的耐久性特点。

(4)交流单芯电缆的刚性固定,宜采用铝合金等不构成磁性闭合回路的夹具。

(5)夹具数量应符合计算要求,电缆支持点间距离应符合验收规范要求。固定夹具的螺栓、弹簧垫圈、垫片齐全,螺栓长度宜露出螺母2~3扣。

(6)固定夹具应由有经验的人员进行操作,安装时宜使用力矩扳手对夹具两边螺栓交替地进行紧固,使所有夹具松紧程度一致,电缆受力均匀。

(四)电缆挠性固定

(1)挠性固定电缆用的夹具、扎带、捆绳或支托架等部件,应具有表面光滑、便于安装、足够机械强度和适合使用环境的耐久性特点。

(2)电缆敷设在工井的排管出口处可做挠性固定。

(3)竖井内的大截面电缆可借助夹具做蛇形敷设,并在竖井顶端作悬挂式,以吸收由热机械力带来的变形。

(4)市政桥梁敷设的电缆优先选用铝护套,以降低桥梁振动对电缆金属护套造成的疲劳应变,敷设方式可参照排管或隧道,需要注意的是,在考虑电缆热伸缩的同时,还需考虑桥梁的伸缩,在桥梁伸缩缝处、上下桥梁处必须采取挠性固定,或选用能使电缆伸缩自如的排架(伸缩弧)。

(5)电缆蛇形敷设的每一节距部位,宜采用挠性固定,以吸收由热机械力带来的变形。每3~5 m可采用具有一定承载力的尼龙绳索或扎带绑扎固定电缆,绑扎数量需经过核算和验证。

(6)挠性固定方式的夹具间距在垂直敷设时,取决于电缆自重下垂所形成的不均匀弯曲度,一般采用的间距为3~6 m。当为水平敷设时,夹具的间距可以适当放大。

(7)不得采用磁性材料金属丝直接捆扎电缆。

七、电力电缆附件安装施工工艺

(一)交联电缆预制式中间接头安装(35 kV及以下)

(1)电缆中间接头前,对电缆进行校潮、主绝缘测试,并核对电缆相序。

(2)检查附件规格与电缆规格是否一致。

(3)剥切电缆护层时,不得损伤下一层结构,护套断口要均匀整齐,不得有尖角及缺口。

(4)绝缘处理后直径应注意工艺过盈配合要求,绝缘表面处理应光洁、对称。

(5)选择与电缆截面相配的模具进行压接,压接前应除去导体和连接管内壁油污及氧化层,压接后压接管表面应保持光洁无毛刺。

(6)预制件定位前应在接头两侧做标记,并均匀涂抹硅脂。如使用氮气辅助定位,则完毕后应施放余气,检查预制件表面是否有损伤。

(7)接地线宜采用锡焊,接地要牢固、平整无毛刺。

(8)直埋电缆接头应有防止机械损伤的保护结构或外设保护盒。

(9)电力电缆中间接头,其电缆两侧铠装、金属屏蔽层应分别连接良好,不得中断。跨接线的截面应不小于电缆铜屏蔽截面并满足系统短路容量。

(二)交联电缆预制式终端安装(35 kV 及以下)

(1)电缆终端接头前,对电缆进行校潮、主绝缘测试,并核对电缆相序。

(2)检查附件规格与电缆规格是否一致。

(3)户外终端应使用专用定位支架。

(4)剥切电缆护层时不得损伤下一层结构,护套断口要均匀整齐,不得有尖角及缺口。

(5)接地线锡焊要牢固、平整无毛刺。

(6)热缩管热缩要均匀无气泡、无碳化痕迹。

(7)绝缘处理后直径应注意工艺过盈配合要求,绝缘表面处理应光洁、对称。

(8)增绕半导电带的尺寸、直径应符合工艺要求。

(9)预制件定位前应将电缆表面清洁干净,并均匀涂抹硅脂。

(10)选择点压或六角形围压进行压接,压接后接管表面应保持光洁无毛刺。

(11)户内预制终端接头,预制件下口与电缆应保持大于 100 mm 的直线距离。

(12)电缆终端上应有明显的相位标识,且与系统的相位一致。相色带绕包应统一、规范,线路铭牌应挂在终端接头的明显处。

(13)电缆终端头处,电缆铠装、金属屏蔽层应用接地线分别引出,并接地良好。

(14)单芯电缆或分相后的各相终端的固定不应形成闭合的铁磁回路,固定处应加装符合规范要求的衬垫。

(三)接地箱、交叉互联箱

(1)剥切接地绝缘电缆或同轴电缆,并做好尺寸标记。

(2)接地电缆或同轴电缆端子宜采用压接方式,压接时应先用适合的压接钳和匹配的压接模具。同轴电缆的外芯导体应处理整齐,在圆周上均匀分布。

(3)箱体安装后接上接地线,保证接地连通好。

(4)根据接头盒引出相位,在同轴电缆上正确绕包相色带。

(5)接地箱、交叉互联箱的箱体必须有接线图和铭牌,金属箱体应接地,箱体应采用非磁性材料。

(6)接地箱、交叉互联箱安装前、后应检查箱体外观无变形、划痕,并有可靠的防水、防尘、防潮措施。

八、电力电缆线路防火、防水封堵施工工艺

(一)电缆防火

1. 防火包带

(1)使用前将电缆表面油污尘土等清洁干净。

(2)防火包带采取半搭盖方式绕包,包带要求紧密地覆盖在电缆上。

2. 防火封堵

1)工艺标准

(1)当贯穿孔口直径不大于150 mm时,应采用无机堵料(如防火灰泥)、有机堵料(如防火泥、防火密封胶、防火泡沫或防火塞)等封堵。

(2)当贯穿孔口直径大于150 mm时,应采用无机堵料(如防火灰泥)或有机堵料(如防火发泡砖、堵矿棉板或防火板),并辅以有机堵料(如膨胀型防火密封胶或防火泥)等封堵。

(3)当电缆束贯穿轻质防火分隔墙体时,其贯穿孔口不宜采用无机堵料防火灰泥封堵。

(4)防火墙及盘柜底部封堵,防火隔板厚度不宜少于10 mm。

2)施工要点

(1)施工时将有机防火堵料密实嵌于需封堵的孔隙中,应包裹均匀密实。

(2)用隔板与有机防火堵料配合封堵时,有时防火堵料应略高于隔板,高出部分宜形状规则。

(3)电缆预留孔和电缆保护管两端口用有机堵料封堵严实。填料嵌入管口的深度不小于50 mm。预留孔封堵应平整。

(二)电缆防水

1. 工艺标准

(1)电缆进出线孔外宜保持1 m以上直线段以确保防水可靠。

(2)穿墙电缆孔洞应做到双面封堵。

(3)封堵密实牢固,达到防水、密封、平整、美观。

2. 施工要点

(1)将电缆略微抬起,将阻水带塞入电缆与孔壁间的空隙。在外墙和内墙电缆四周用封堵水泥进行封堵,封堵时将一塑料管插入内墙封堵水泥中。

(2)用压制机将灌浆剂从塑料管孔灌入电缆与孔壁间的空隙,灌满为止。将塑料管截断,用封堵水泥将塑料管孔封堵密实。

(3)整个封堵要求形状规范、整齐、美观、不透水。

(4)地下变电站隧道与变电站夹层电缆进出线孔隔墙两侧宜安装阻水法兰,阻水法兰材质为非磁性材料,安装正确,密封严实。

九、电力电缆线路接地装置施工工艺

(一)接地线

1. 工艺标准

(1)接地电缆导体截面的选择应满足规划载流量和通过系统最大短路电流时热稳定的要求。

(2)接地线沿建筑物墙壁水平安装时,离地面距离宜为250~300 mm,接地线与墙壁间的间隙宜为10~15 mm。

(3)明敷接地线(接地排)应在每个区段或者可接触到的地方,表面涂以15~100 mm宽度相等的绿色和黄色相间的条纹,一般为三间隔。有接地线引至的接地点处,均应标以接地符号。

(4)箱体与支架接地良好,接地干线应与接地网直接相连。

2. 设计要点

(1)电缆的接地线截面面积应满足热稳定要求。

(2)接地线应尽量短且不允许接续。制作塑料绝缘电力电缆终端时,应防止尘埃、杂物落入绝缘内。严禁在雾或雨中施工。

3. 施工要点

(1)安装位置不应妨碍设备的拆卸和检修,便于检查。

(2)接地线应按垂直或水平安装,亦可与建筑物倾斜结构平行安装,在直线段上不应有高低起伏及弯曲等状况。

(3)接地线跨越建筑物伸缩缝、沉降缝处时,应设补偿器。补偿器可用接地线本身弯成弧状代替。

(4)中间接头的接地线处理应严格按照附件设计图纸进行。

(5)每个电气装置的接地应以单独的接地线与接地干线相连,不得在一个接地线中串接几个需要接地的电气装置。

(6)接地线的接线端子宜采用压接方式。

(7)接地线应有明显的接地标识。

(二)接地装置

1. 工艺标准

接地体(线)连接宜使用焊接,焊接应采用搭接焊,其搭接长度必须符合以下规定:

(1)扁钢为其宽度的2倍,且至少3个棱边焊接。

(2)圆钢为其直径的6倍。

(3)圆钢扁钢焊接时,长度为圆钢直径的6倍。

2. 施工要点

(1)在防腐处理前,表面必须除锈并去掉焊接处残留的焊药。

(2)与公路、铁路或者管道交叉及其他可能使接地线遭受损伤处,均应用管子或者角钢加以保护。接地体敷设完后的土沟,其回填土内不应夹有石块和建筑垃圾。外取的土壤不得有较强的腐蚀性。回填土时应分层夯实。

(3)扁钢与钢管、扁钢与角钢焊接时,除在其接触部位两侧进行焊接外,还应焊以由钢带弯曲成的弧形或直角形卡子,或直接由钢带本身弯成弧形或直角形,再与钢管或角钢焊接。接地体引出线的垂直部分和接地装置焊接部分应做防腐处理。接地线在穿过墙壁、楼板和地坪处应加装钢管或其他坚固的保护套,有化学腐蚀的部位还应采取防腐措施。

(4)当采用热熔焊时,应注意熔接模具的防潮,每次使用前用喷灯予以驱除潮气。接地线夹入模腔应紧密。

【课程思政】 宁夏“西电东送”年度外送电量累计突破6 000亿kW·h。

2022年,国网宁夏电力完成发展投入70.33亿元,区内售电量881.47亿kW·h,外送电量945亿kW·h。宁夏“西电东送”年度外送电量再创新高,累计突破6 000亿kW·h。新能源装机容量3 040.24万kW,占比50.22%,成为全国第四个新能源装机占比突破50%的省级电网。2023年2月,宁夏电网侧储能并网容量达到113万kW/226万kW·h,在全国率先突破百万千瓦,位居全国第一。

2022年,国网宁夏电力高水平建设全国首个新能源综合示范区,宁夏电网成为全国首个新能源发电出力超过全区用电负荷的省级电网,宁夏单位国土面积新能源装机居全国首位,新能源利用率连续4年保持在97%以上。

习　题

扫以下二维码,做相关习题。

项目七 识别、分析工程质量通病和危险源

任务一 识别、分析工程质量通病、产生原因及防治措施

一、基础施工

(一)基础蜂窝、麻面、裂缝、二次修饰

防治措施:浇筑混凝土的模板表面应平整且接缝严密,混凝土浇筑前模板表面应正确涂刷脱模剂。基础混凝土应一次浇筑成型,内实外光,杜绝二次抹面、喷涂等修饰。

(二)基础棱角磕碰、损伤

产生原因:未对基础进行成品保护,造成基础棱角磕碰、损伤。

防治措施:基础完成后,应对基础棱角做好成品保护。

(三)钢筋保护层厚度不符合设计要求

防治措施:基础施工完成后,严格执行验收制度,检查钢筋保护层厚度是否符合设计要求。

(四)保护帽麻面、磕碰、二次修饰、混凝土浆污染塔材及螺栓

防治措施:保护帽模板表面应平整且接缝严密,表面应涂脱模剂,混凝土浇筑一次成型,拆模时保护棱角及表面,及时清理塔腿及基础顶面的混凝土浆。

(五)基础回填土沉降或防沉层设置不符合要求

防治措施:基础坑的回填应分层夯实,回填后坑口上应筑防沉层,沉降的基础防沉层应及时补填夯实。

二、接地工程

(一)接地体焊接防腐措施不到位

防治措施:焊痕外 100 mm 范围内刷防腐漆,防腐措施要可靠。

(二)接地引下线螺栓未采取防松措施

防治措施:接地螺栓安装使用防松螺母或防松垫片,宜采用可拆卸的防盗螺栓。

(三)接地引下线镀锌层损伤、锈蚀

防治措施:接地引下线应进行热镀锌处理,煨弯时保护镀锌层不受损伤。

(四)接地埋深不够,接地体焊接长度、接地电阻不合格

防治措施:应采用焊接或液压方式连接。当采用搭接焊接时,圆钢的搭接长度不应少于其直径的 6 倍并应双面施焊;扁钢的搭接长度不应少于其宽度的 2 倍并应四面施焊。

三、铁塔工程

(一)塔脚板与铁塔主材间有缝隙,未封堵防水

防治措施:塔脚板与铁塔主材间应贴合紧密,有缝隙时用防水密封胶进行封堵。

(二)防盗螺栓缺失、安装不到位

防治措施:防盗螺栓安装到位,安装高度应符合设计要求。防松帽应安装齐全。

(三)螺栓未露扣

防治措施:螺母紧固后,螺栓露出螺母的长度,对单螺母,不应小于两个螺距;对双螺母,可与螺母相平。

螺栓穿向应一致、美观。螺母拧紧后,螺杆露出螺母的长度:对单螺母,不应小于 2 个螺距;对双螺母,可与螺母相平。螺栓露扣长度不应超过 20 mm 或 10 个螺距。

(四)同一部位螺栓规格不一致

防治措施:螺栓安装时同一部位使用的螺栓出扣一致。

(五)塔材交叉处垫圈或垫板安装错误

防治措施:杆塔各构件的组装应牢固,交叉处有空隙时应装设相应厚度的垫圈或垫板。

(六)螺孔扩孔超标

防治措施:杆塔部件组装有困难时应查明原因,不得强行组装。当个别螺孔需扩孔时,扩孔部分不应超过 3 mm,当扩孔需超过 3 mm 时,应先堵焊再重新打孔,并应进行防锈处理,不得用气割扩孔或烧孔。

(七)脚钉弯钩朝向不一致,脚蹬侧露丝

防治措施:杆塔脚钉安装应齐全,脚蹬侧不得露丝,弯钩朝向应一致向上。

四、架线工程

(一)悬垂绝缘子串偏移超差

防治措施:悬垂线夹安装后,绝缘子串应竖直,顺线路方向与竖直位置的偏移角不应超过 5°,且最大偏移值不应超过 200 mm。连续上(下)山坡处杆塔上的悬垂线夹的安装位置应符合设计规定。

(二)导线间隔棒不在同一竖直面上

防治措施:分裂导线的间隔棒的结构面应与导线垂直,杆塔两侧第一个间隔棒的安装距离允许偏差为端次档距的±1.5%,其余为次档距的±3%。各相间隔棒宜处于同一竖直面。

(三)防振锤与导地线未在同一铅垂面

防治措施:防振锤及阻尼线与被连接的导线或架空地线应在同一铅垂面内,设计有要求时应按设计要求安装。其安装距离允许偏差为±30 mm。

(四)压接管弯曲,表面有飞边、毛刺

防治措施:压接管弯曲超差的进行校直,飞边理平,毛刺打磨。

(五)金具销子穿向不一致,开口不到位

防治措施:绝缘子串、导线及架空地线上的各种金具上的螺栓、穿钉及弹簧销子除有固定的穿向外,其余穿向应统一;金具上所用的闭口销的直径应与孔径相配合,且弹力适度。开口销和闭口销不应有折断和裂纹等现象,当采用开口销时应对称开口,开口角度不宜小于60°,不得用线材和其他材料代替开口销和闭口销。

铝包带应缠绕紧密,缠绕方向应与外层铝股的绞制方向一致;所缠铝包带应露出线夹,但不应超过10 mm,端头应回缠绕于线夹内压住。

(六)悬垂线夹铝包带缠绕不规范

防治措施:铝包带缠绕紧密,端头应回缠绕于线夹内压住。

(七)光缆引下线、余缆盘安装不规范

防治措施:引下线夹要自上而下安装,安装距离在1.5~2.0 m范围之内。线夹固定在突出部位,不得使余缆线与角铁发生摩擦碰撞。引线要自然顺畅,两固定线夹间的引线要拉紧。余缆要按线的自然弯盘入余缆架,将余缆固定在余缆架上,固定点不少于4处,余缆长度总量放至地面后应有不少于5 m的裕度。

(八)引流板未涂抹电力复合脂

防治措施:使用汽油洗擦连接面及导线表面污垢后,先涂一层电力复合脂,再用细钢丝刷清除有电力复合脂的表面氧化膜;保留电力复合脂,并逐个均匀地紧固连接螺栓。

任务二　识别施工现场与物、人、管理等不安全状态有关的危险源

一、基础施工危险源分析(物)

(1)基坑开挖、支模找正或混凝土浇制时基面或坑口边有土块、活石。施工时应该将基面上浮石、松石或坑边浮石、土块清除掉,避免施工时活石掉下砸伤施工人员。

(2)搭设探头跳板或跳板有缺陷(强度不够裂纹、腐蚀等)。

(3)大坑口基础浇制时搭完的浇制平台横梁中间没有撑杆。

(4)水坑抽水时潜水泵漏电。

(5)发电机、搅拌机外壳不接地。

(6)搅拌机料斗提升钢绳断股、变形、严重锈蚀,料斗没有挂钩。

(7)夜间施工照明不足。

二、杆塔组立施工危险源分析(物)

(1)地锚埋深不够或夯得不实,不设马道。

(2)工器具以小代大或使用有缺陷的工器具。

(3)各种起重工器具、绝缘工具有缺陷。

(4)抱杆外拉线间角度不对。

(5)杆塔缺件、螺栓紧固不好。

三、架线施工危险源分析(物)

(1)放线、地线滑车使用前不做外观检查,没有关门保险。
(2)放导引绳时将导引绳临时锚在越线架上。
(3)越线架顶部横杆磨损。
(4)导引绳连接的无头环圈数少或钢绳规格不合格。
(5)牵引设备或引力设备施工时滑车没有安装接地。
(6)放导引绳、放紧导地线时,在中断信号情况下继续牵引。

四、基础施工危险源分析(人)

(1)在林区施工时吸烟。
(2)基础开挖坑内多人同时作业。
(3)临时用电无专人负责,电源乱拉、乱扯。

五、杆塔组立施工危险源分析(人)

(1)塔上作业人员随意向地面扔工器具、物料等。
(2)高空作业不系安全带。
(3)在林区施工时,施工人员吸烟。
(4)在起吊物垂直下方停留或通过。

六、架线施工危险源分析(人)

(1)架线前没进行安全技术交底。
(2)架线前对使用的工器具不认真检查。
(3)架线前对通信设备不认真检查。
(4)铁路附近施工戴红安全帽。
(5)进入施工现场不戴安全帽。
(6)挂瓶子时塔上人员不系安全带。
(7)架线队在架线前对放紧线段的越线架不认真检查。
(8)导地线升空时施工人员用身体压线。
(9)现场施工车辆运送施工人员,车上人员打闹;车上安全没人监护。

七、基础施工危险源分析(管理缺失)

(1)施工前对施工人员没进行安全技术交底。
(2)违章指挥,违章作业。

八、杆塔组立施工危险源分析(管理缺失)

(1)未经技术人员同意,班组擅自更改方案。
(2)临时用电无专人管理。

九、架线施工危险源分析(管理缺失)

(1)架线前没进行安全技术交底。
(2)挂瓶子时施工人员在垂直下方作业。
(3)放导引绳时越线架不派专人看护。
(4)换线轴时没有专人指挥。
(5)施工时由无证人员爆压导、地线。
(6)不按施工方案要求施工。
(7)违章指挥。
(8)吊车在高压线附近施工时没有安全监护。

【课程思政】 “神24”电力机车　重载铁路“动力之王”。

此前,世界轨道交通装备重载纪录一直由中车株洲电力机车研究所有限公司保持,为功率14 400 kW、牵引力1 140 kN的12轴重载机车。“神24”电力机车的问世,以16项技术创新成功刷新纪录,成为全球最大单机功率、全球最大单机牵引力、可灵活编组及智能驾驶的重载铁路“动力之王”。该机车搭载可实现智能驾驶、智能运维的“智慧大脑”,具备自动唤醒、自动起车、机车状态智能感知、故障智能识别等功能,内部对牵引变流器、制动机等核心部件进行一系列技术创新,基于北斗导航差分定位更能实现机车精准控制,全车安全性与可靠性更高。机车采用环保水性漆,可减少40%挥发性有机化合物的排放。

重载、高速是我国轨道交通装备的发展总方向。“神24”电力机车的诞生,将把中国重载牵引推向世界第一。

习　题

扫以下二维码,做相关习题。

项目八 调查分析工程质量、职业健康安全与环境问题

任务一 分析判断施工质量问题的类别、原因和责任

一、质量问题的类别

(一)工程质量事故

工程质量事故是指在工程建设过程中或交付使用后,对工程结构安全、使用功能和外形观感影响较大、损失较大的质量损伤,如住宅阳台、雨篷倾覆,桥梁结构坍塌,大体积混凝土强度不足,管道、容器爆裂使气体或液体严重泄漏等。它的特点是:

(1)经济损失达到较大的金额。

(2)有时造成人员伤亡。

(3)后果严重,影响结构安全。

(4)无法降级使用,难以修复时,必须推倒重建。

(5)根据《关于做好房屋建筑和市政基础设施工程质量事故报告和调查处理工作的通知》(建质〔2010〕111 号),工程质量事故造成的人员伤亡或者直接经济损失,工程质量事故分为 4 个等级:

①特别重大事故,是指造成 30 人以上死亡,或者 100 人以上重伤,或者 1 亿元以上直接经济损失的事故;

②重大事故,是指造成 10 人以上 30 人以下死亡,或者 50 人以上 100 人以下重伤,或者 5 000 万元以上 1 亿元以下直接经济损失的事故;

③较大事故,是指造成 3 人以上 10 人以下死亡,或者 10 人以上 50 人以下重伤,或者 1 000 万元以上 5 000 万元以下直接经济损失的事故;

④一般事故,是指造成 3 人以下死亡,或者 10 人以下重伤,或者 100 万元以上 1 000 万元以下直接经济损失的事故。

此等级划分所称的“以上”包括本数,所称的“以下”不包括本数。

(6)工程质量事故按事故责任分为三类:

①指导责任事故:指由于工程实施指导或领导失误而造成的质量事故。例如,由于工程负责人片面追求施工进度,放松或不按质量标准进行控制和检验,降低施工质量标准等。

②操作责任事故:指在施工过程中,由于实施操作者不按规程和标准实施操作,而造成的质量事故。例如,浇筑混凝土时随意加水,或振捣疏漏造成混凝土质量事故等。

③自然灾害事故:指由于突发的严重自然灾害等不可抗力造成的质量事故。例如,地

震、台风、暴雨、雷电、洪水等对工程造成破坏甚至倒塌。这类事故虽然不是人为责任直接造成的，但灾害事故造成的损失程度也往往与人们是否在事前采取了有效的预防措施有关，相关责任人员也可能负有一定责任。

(二)质量缺陷

1. 工程质量缺陷

工程质量缺陷是指工程达不到技术标准允许的技术指标的现象。

2. 工程质量通病

工程质量通病是指各类影响工程结构、使用功能和外形观感的常见性质量损伤，犹如"多发病"一样，而称为质量通病。目前建筑安装工程最常见的质量通病主要有以下几类：

(1)基础不均匀下沉，墙开裂。

(2)现浇钢筋混凝土工程出现蜂窝、麻面、露筋。

(3)现浇钢筋混凝土阳台、雨篷根部开裂或倾覆、坍塌。

(4)砂浆、混凝土配合比控制不严，任意加水，强度得不到保证。

(5)屋面、厨房渗水、漏水。

(6)墙面抹灰起壳、裂缝、起麻点、不平整。

(7)地面及楼面起砂、起壳、开裂。

(8)门窗变形、缝隙过大、密封不严。

(9)水暖电卫安装粗糙，不符合使用要求。

(10)结构吊装就位偏差过大。

(11)预制构件裂缝，预埋件移位，预应力张拉不足。

(12)砖墙接槎或预留脚手眼不符合规范要求。

(13)金属栏杆、管道、配件锈蚀。

(14)墙纸粘贴不牢、空鼓、折皱、压平起光。

(15)饰面板、饰面砖拼缝不平、不直、空鼓、脱落。

(16)喷浆不均匀，脱色，掉粉等。

项目部应针对容易发生质量通病的分部分项工程编制作业指导书，进行技术交底，必要时先行样板施工。分部分项工程开工前，项目总工应组织施工员(专业工程师)编制工程质量通病预防措施，质量预防措施可单独编制，也可编制在施工组织设计或施工方案中。项目施工员在对施工班组进行施工技术交底时，要详细说明预防质量通病的具体措施。质量员监督工程质量预防措施的落实情况，并对质量通病的预防效果进行检验。

二、从管理上分析质量问题的原因

(1)项目施工组织者或管理者或作业者缺乏质量意识，没有牢固树立质量第一的观念。

(2)缺乏质量意识的情况下，导致违背施工程序不按工艺规律办事，不按规范要求作业，不按技术标准严格检查，忽视工序间的交接检查，总之指挥者或作业者没有按质量责任制的规定各负其责。

①管理混乱、机制不健全。

②项目部组织结构的设置及人员配备不能适应工程项目施工管理和施工作业的需要。

③由于不适应需要,表现为技术能力、质量管理能力不足,使用不合格的材料、不能正确采用合理的工艺、工序衔接混乱等现象的发生,使质量问题频发。

(3)环境条件不符要求,防护措施不当。

如焊接时风雨较大、油漆时湿度大被刷涂表面不干燥、油浸变压器吊芯检查时空气相对湿度较大(超过规定值)、塑料管安装或塑料电缆或塑料电线敷设在极低温度(超过了产品允许的低温作业的温度)下,这些恶劣的环境条件,如不采取措施进行改善,势必影响工程质量而形成质量问题。

三、分析判断施工质量问题的责任

在配电线路施工中出现的质量问题,都离不开管理的问题,如果管理严谨到位,就会减少或者避免出现质量问题的现象。管理人员的责任心和专业素质都是有待提高的。

【例 8-1】

背景:

某工程基坑填方出现橡皮土,从而造成建筑物不均匀下沉,出现开裂。直接经济损失 4 800 元。经调查还得知承包单位将裙楼部分转包给等级相等企业施工完成。

问题:

(1)分析填方出现橡皮土的原因。

(2)如何防止填方出现橡皮土?

(3)该质量问题责任如何划分?为什么?

分析与解答:

(1)造成填方橡皮土的主要原因有:在含水量很大的黏土或粉质黏土、淤泥质土、腐殖土等原状土地基上进行回填,或采用上述土料进行回填时,由于原状土被扰动,颗粒之间的毛细孔被破坏,水分不易渗透和散发。当施工气温较高时,对其进行夯击或碾压,表面易形成一层硬壳,更阻止了水分的渗透和散发,使土形成软塑状态的橡皮土。这种土埋藏越深,水分散发越慢,长时间内不易消失。

(2)防止措施如下:

①夯(压)实填土时,应适当控制填土的含水量。

②避免在含水量过大的黏土、粉质黏土、淤泥质土和腐殖土等原状土上进行回填。

③填方区如有地表水,应设排水沟排水;如有地下水,地下水水位应降低至基底 0.5 m 以下。

④暂停一段时间回填,使橡皮土含水量逐渐降低。

⑤用干土、石灰粉和碎砖等吸水材料均匀掺入橡皮土中,吸收土中的水分,降低土的含水量。

⑥将橡皮土翻松、晾晒、风干至最优含水量范围,再夯(压)实。

⑦将橡皮土挖除,然后换土回填夯(压)实,回填 3:7灰土和级配砂石夯(压)实。

(3)该事故主要责任在分包商。总承包商负连带责任。因总承包商将主体工程转包给他人，违反了《中华人民共和国建筑法》及《建设工程质量管理条例》的相关规定。

任务二 分析判断职业健康安全问题的类别、原因和责任

一、安全事故分类

(1)按事故后果严重程度可分为轻伤事故、重伤事故、死亡事故、重大死亡事故、特别重大死亡事故等。

(2)按造成的人员伤亡或者直接经济损失，可分为：

①一般事故，是指造成3人以下死亡，或者10人以下重伤(包括急性工业中毒，下同)，或者1 000万元以下直接经济损失的事故。

②较大事故，是指造成3人以上10人以下死亡，或者10人以上50人以下重伤，或者1 000万元以上5 000万元以下直接经济损失的事故。

③重大事故，是指造成10人以上30人以下死亡，或者50人以上100人以下重伤，或者5 000万元以上1亿元以下直接经济损失的事故。

④特别重大事故，是指造成30人以上死亡，或者100人以上重伤(包括急性工业中毒，下同)，或者1亿元以上直接经济损失的事故。

上述所称的“以上”包括本数，所称的“以下”不包括本数。

二、安全事故的原因

确定事故原因是事故调查分析中最重要的环节。只有正确确定事故原因，才能吸取教训，采取有效防范措施，预防、控制事故的重复发生。但是，事故发生的机理往往很复杂，原因也是多种多样的。有时某一起事故往往有多种原因，而各种原因之间又有着复杂的关联。因此，分析确定事故的原因时，应先从直接原因入手，再分析找出事故的全部原因，从全部原因中分析找出起主导作用的事故原因，即事故的主要原因。

(1)事故直接原因，即直接导致事故发生的原因。属于下列情况者为直接原因：

①机械、物质或环境的不安全状态；

②人的不安全行为。

(2)事故间接原因，是导致事故发生的间接原因，即不安全状态、不安全行为产生和存在的原因：

①技术和设计上的缺陷。工业构件、建筑物、机械设备、仪器、仪表、工艺过程操作方法、维修检验等的设计、施工和材料存在问题；

②教育培训不够或未经培训，缺乏或不懂安全技术知识；

③劳动组织不合理；

④对现场工作缺乏检查或指导错误；

⑤没有安全操作规程或不健全；

⑥没有或不认真实施事故防范措施，对事故隐患整改不力。

(3)事故主要原因,指生产管理上存在的问题导致事故发生的原因。属于下列情况者为主要原因:

①防护、保险、信号等装置缺乏或有缺陷;

②设备、工具、附件有缺陷;

③个人劳动防护用品、用具缺乏或有缺陷;

④光线不足或工作地点及通道情况不良;

⑤安全操作规程没有或不健全;

⑥劳动组织不合理;

⑦对现场工作缺乏检查;

⑧技术和设计上有缺陷;

⑨不懂操作技术知识;

⑩“三违”行为:违反劳动纪律、违章操作、违章指挥。

从上述所讲的情况可看出,相同原因,在不同的事故中起的作用不同。同一种情况,既可成为某些事故的直接原因,也可成为某些事故的间接原因,又可成为某些事故的主要原因。所以,在调查分析事故时,必须针对事故的不同情况,具体分析某种因素在该事故发生中所起的作用和地位,来正确地分析确定事故原因。

【例 8-2】

背景:

某公司承接了某小区 9 号楼的施工任务。2009 年 9 月 16 日,电焊工张某在工地 9 层楼梯间进行配电箱避雷跨接作业。电焊机原来放在 11 层,他本应从楼内将电焊机移到 9 层或从内拉线进行作业,但张某图省事欲将电焊机从 11 层通廊外扔向 8 层通廊,结果焊把线落到了 8 层通廊顶槽内,王某就从 9 层窗口去够焊把线,因重心失稳,不幸从 9 层窗口坠到首层采光井顶板上,当场死亡。经调查,电焊工张某刚参加工作,虽然经过了培训,考核合格,但还未拿到特种作业上岗证。该项目安全管理工作涣散,制度执行不力,缺乏对职工进行安全生产有关法律、法规知识的培训教育,造成施工人员在法律知识和安全意识上淡薄,违章冒险蛮干。

问题:

(1)分析造成这起事故的原因。

(2)简述分部工程安全技术交底的要求和主要内容。

分析与解答:

(1)这起由高处坠落所引起的事故主要原因如下:

①作业中缺乏相互监督,无人制止违章行为,反映出该施工单位安全管理不到位。

②违反了特种作业人员必须持证上岗的规定。

③对作业人员未进行安全生产法律、法规的教育,安全培训工作不到位。

④电焊工张某缺乏安全常识,自我保护意识差,违章、冒险、蛮干。

(2)分部工程安全技术交底要求:安全技术交底工作在正式作业前进行,不但要口头讲解,而且应有书面文字材料,并履行签字手续,施工负责人、生产班组、现场安全员三方各留一份。安全技术交底是施工负责人向施工作业人员进行责任落实的法律要求,要严肃认真地进行,不能流于形式。交底内容不能过于简单、千篇一律,应按分部分项工程和针对具体的作业条件进行。

安全技术交底内容:①按照施工方案的要求,在施工方案的基础上对施工方案进行细化和补充;②对具体操作者讲明安全注意事项,保证操作者的人身安全。

任务三　分析判断环境问题的类别、原因和责任

(1)我国环境保护的方针是全面规划、合理布局、综合利用、化害为利、依靠群众、大家动手、保护环境、造福人民。

(2)建筑设备安装施工活动可能造成环境污染的有固体废弃物污染、噪声污染、水体污染、大气污染和放射性污染等。

(3)环境因素的识别方法有对照经验法、问卷调查法、类比法。环境影响的评价方法有经验评价法和多因子评价法。

【例 8-3】

背景:

某写字楼项目位于城市中心地带,一期工程建筑面积 30 000 m^2,框架-剪力墙结构,箱形基础。施工现场设置混凝土搅拌站。由于工期紧,混凝土需用量大,施工单位自行决定实行"三班倒"连续进行混凝土搅拌和浇筑作业,周边社区居民对此意见很大,纷纷到现场质询并到有关部门投诉,有关部门对项目部进行了经济处罚,并责成项目部进行了整改。

问题:

(1)建筑工程施工常见的引发噪声排放的重要因素有哪些?

(2)《建筑施工场界环境噪声排放标准》(GB 12523—2011)关于建筑工程结构施工阶段的噪声限值是多少?

(3)施工现场因特殊情况确实需要夜间施工的,应该怎么办?

分析与解答:

(1)建筑工程施工常见的引发噪声排放的重要因素主要有施工机械作业、模板拆除清理与修复作业、脚手架安装及拆除作业等产生的噪声排放。

(2)建筑工程结构施工阶段噪声限值:白天施工不允许超过 70 dB,夜间施工不允许超过 55 dB。

(3)夜间施工措施:施工现场因特殊情况确实需要夜间施工的,除采取一定降噪声措施外,还需要办理夜间施工许可证明,并公告附近社区居民。

【课程思政】　我国首套 10 MW 先进压缩空气储能系统并网发电。

2021 年 10 月 22 日,我国自主研发的首套 10 MW 先进压缩空气储能系统经过 4 000 h 试验运行,在贵州毕节正式并网发电,是我国先进压缩空气储能领域的重要里程碑,推动了我国电力储能技术迈向新的台阶,具有划时代意义。

系统成功并网发电，不仅可以增强电网调节峰谷电力负荷的能力，还可以将不稳定的风电、光伏发电等新能源储存起来，相当于装了个“稳定器”和“蓄电池”，也可以形象地称为“充电宝”。

习 题

扫以下二维码，做相关习题。

参 考 文 献

[1] 中共中央,国务院.中共中央　国务院关于推进安全生产领域改革发展的意见[EB/OL].(2016-12-09).https://www.gov.cn/zhengce/2016-12/18/content_5149663.htm? winzoom=1.

[2] 国家发展和改革委员会,国家能源局.国家发展改革委　国家能源局关于推进电力安全生产领域改革发展的实施意见[EB/OL].(2017-11-17).http://zfxxgk.nea.gov.cn/auto93/201711/t20171123_3060.htm.

[3] 中共中央,国务院."十四五"国家应急体系规划[EB/OL].(2022-03-25).https://www.ndrc.gov.cn/fggz/fzzlgh/gjjzxgh/202203/t20220325_1320218.html.

[4] 国务院安全生产委员会."十四五"国家安全生产规划[EB/OL].(2022-04-12).https://www.mem.gov.cn/gk/zfxxgkpt/fdzdgknr/202204/t20220412_411518.shtml.

[5] 国家能源局.国家能源局关于印发《电力安全生产"十四五"行动计划》的通知[EB/OL].(2021-12-08).http://zfxxgk.nea.gov.cn/2021-12/08/c_1310442211.htm.

[6] 孙成明,张万江,马学文.建筑电气施工图识读[M].北京:化学工业出版社,2016.

[7] 周颖,孙耀南.手把手教您绘制建筑施工图[M].2版.北京:中国建筑工业出版社,2020.

[8] 朱莉宏.施工图识读与会审[M].2版.北京:清华大学出版社,2016.

[9] 李亚峰,叶友林.建筑给水排水施工图识读[M].3版.北京:化学工业出版社,2016.

[10] 金忠盛.施工项目管理[M].2版.北京:机械工业出版社,2020.

[11] 国网山东省电力公司.10 kV及以下配电网工程项目部标准化管理[M].北京:中国电力出版社,2022.

[12] 樊晶光.企业安全生产标准化基本规范解读[M].北京:煤炭工业出版社,2017.

[13] 中安华邦(北京)安全生产技术研究院.《企业安全生产标准化基本规范》学习读本[M].北京:团结出版社,2017.

[14] 国家安全生产监督管理总局宣传教育中心.企业安全生产标准化基本规范解读与实施指南[M].北京:团结出版社,2022.

[15] 黄雄,李连成.应急管理政策法规体系和能力建设全书[M].北京:研究出版社,2020.

[16] 国家能源局.发电企业应急能力建设评估规范:DL/T 1919—2018[S].北京:中国电力出版社,2018.

[17] 国家能源局.电网企业应急能力建设评估规范:DL/T 1920—2018[S].北京:中国电力出版社,2018.

[18] 高统彪.电力建设企业应急能力建设实践与评估[M].武汉:武汉理工大学出版社,2020.

[19] 国家电网公司.国家电网公司电力安全工作规程(配电部分)(试行)[M].北京:中国电力出版社,2023.